工程材料与热处理

主　编　李天培
副主编　汪国庆　邓宇翔　王　英
参　编　王　皓　李腾忠

哈尔滨工程大学出版社

内容简介

全书共分为六个项目,主要讲授材料科学与人类文明、工程材料的主要力学性能、金属材料的基础知识、钢的热处理知识、常用机械工程材料、机械工程材料的选材以及热处理工艺的应用等内容。

本书为高职、高专院校机械类或近机械类专业用教材,也适用于普通职业技术学校,同时可供相关专业工程技术人员参考。

图书在版编目(CIP)数据

工程材料与热处理/李天培主编. —哈尔滨:哈尔滨
工程大学出版社,2010.1(2024.1 重印)
ISBN 978 - 7 - 81133 - 760 - 0

Ⅰ.①工… Ⅱ.①李… Ⅲ.①工程材料 - 高等学
校:技术学校 - 教材 ②热处理 - 高等学校:技术学校 - 教
材 Ⅳ.①TB3 ②TG15

中国版本图书馆 CIP 数据核字(2010)第 252633 号

出版发行	哈尔滨工程大学出版社
社　　址	哈尔滨市南岗区南通大街 145 号
邮政编码	150001
发行电话	0451 - 82519328
传　　真	0451 - 82519699
经　　销	新华书店
印　　刷	哈尔滨午阳印刷有限公司
开　　本	787 mm × 1092 mm　1/16
印　　张	12.75
字　　数	318 千字
版　　次	2011 年 1 月第 1 版
印　　次	2024 年 1 月第 12 次印刷
定　　价	26.00 元

http://www.hrbeupress.com
E - mail:heupress@ hrbeu. edu. cn

前　言

为适应新时期高职教育人才培养的基本要求,推进职业教育的教材建设,我们以培养技能型、应用型人才为目标,以工作过程为主线,采用任务引领的项目教学法编写了本书。

全书共分为六个项目,主要讲授材料科学与人类文明、工程材料的主要力学性能、金属材料的基础知识、钢的热处理知识、常用机械工程材料、机械工程材料的选材以及热处理工艺的应用等内容。每一个项目都有具体的任务描述、知识目标和能力目标,力求以项目任务的教学方式,使学生在完成项目任务的过程中,潜移默化地获得机械工程材料的合理选用能力、性能改善能力、失效分析判断能力和解决生产实际问题的应用能力。

为便于教学,本书配套的教学大纲、授课计划、教学课件、授课教案、习题解答、实训指导,请参见《工程材料与热处理教师参考用书》。

本书为高职、高专院校机械类或近机械类专业用教材,也适用于普通职业技术学校教学使用,同时可供相关专业工程技术人员参考。本书由昆明冶金高等专科学校李天培、汪国庆、邓宇翔、王皓、李腾忠、王英负责编写。其中李天培编写项目一(任务二)、项目四;汪国庆编写项目一(任务一)、项目六;邓宇翔编写项目五(任务一至任务三);王皓编写项目二(任务一)、项目三(任务四);李腾忠编写项目三(任务一至任务三);王英编写项目一(任务三)、项目二(任务二)、项目五(任务四)。全书由李天培负责统稿。

编写过程中,我们参阅了国内外的有关教材和资料,在此一并表示衷心的感谢!

由于我们水平有限,书中难免有不妥之处,恳请读者批评指正。

编　者
2010 年 10 月

目　　录

项目一 绪 论

项目描述:本项目主要讲授材料科学与人类文明,金属材料、热处理工艺、非金属材料和复合材料的发展历程以及工程材料在现代工业生产中的重要地位。

任务一 金属材料的发展简介

人类使用金属材料的历史,可以追溯到 5 000 多年以前,早在 5 000 多年前我们的祖先就已开始使用天然存在的红铜。尤其是青铜和铁器的出现,曾作为社会生产力重大发展和人类文明历史的划时代标志。我国在公元前 1 000 多年的殷商时期,就有了高度发达的青铜冶铸技术。在东周春秋时代,我国最早发明了生铁冶炼技术,并用于制作农具,比欧洲国家早 1 900 多年。1939 年在河南安阳武官村出土的殷商祭祀司母戊大鼎,重 875 千克,造型庄重、花纹精美,是世界罕见的古青铜珍品。春秋末期的著名古籍《周礼·考工记》中,对青铜的成分和用途关系有这样的记载:"金有六齐,六分其金而锡居一,谓之钟鼎之齐;五分其金而锡居一,谓之斧斤之齐;四分其金而锡居一,谓之戈戟之齐;三分其金而锡居一,谓之大刃之齐;五分其金而锡居二,谓之削杀矢之齐;金、锡半,谓之鉴燧之齐",这一"六齐"规律,被认为是世界上最早的关于金属合金理论的记载,具有重大的科学意义和社会历史价值。明代宋应星编著的《天工开物》一书,是世界上最早的金属工艺科技文献,书中记载了关于冶铁、炼钢、铸造、锻造、淬火等金属加工方法,充分反映了我国在金属工艺方面的卓越成就。

长期以来,金属材料一直是社会经济建设的主要基础工程材料,关系到社会生产、生活的方方面面,即便如激光、超导、生物工程、信息技术和新能源等高新技术,也离不开金属材料,有些金属新材料已成为高新技术发展的关键。近年来,高性能的金属材料发展很快,金属晶须、非晶体金属、超塑性金属、记忆合金、防振合金、储氢合金、超导合金等金属新材料相继问世,使历史悠久的金属材料在现代工程材料中占有重要地位。

目前,我国钢铁总产量已跃居世界第一,达到年产数亿吨,有色金属的生产和加工技术也有了大幅度的进步。北京奥运场馆鸟巢的建设、我国 500 吨大钢锭的铸造、1 200 吨水压机的生产、10 万吨级油轮的制造、大型加速器运行成功、核潜艇的问世、"一箭多星"的卫星成功发射、载人航天技术等举世瞩目的成就中,金属材料及其加工工艺起着重要的作用。

任务二 热处理的发展简介

在由石器时代发展到铁器时代的过程中,热处理的作用逐渐为人们所认识,人类在生产实践中发现,金属性能会因温度的影响而发生改变。

　　早在公元前 3 000 多年以前,居住在两河流域的人类就开始对陨铁(铁镍合金)这一"天赐"的金属采用退火工艺,以便制作工具或小件物品,这是迄今考古发现中,人类最早的金属热处理工艺。

　　我国热处理工艺可追溯到商周时期,在商周遗址中,共发现了七件带明显退火痕迹的陨铁制品。在东周战国时期,我国已经开始采用脱碳退火处理技术,以便使白口铁铸件表面的含碳量降低,减少其脆性。同时已经开始利用淬火工艺来提高钢剑的硬度。

　　到秦汉以后,热处理技术得到了很大的发展,达到了相当高的水平,出现了局部淬火和表面渗碳的热处理方法。对徐州狮子山楚王陵出土的四件凿刀的分析表明,四件凿刀都经过局部淬火处理,获得了刀头硬、刀体韧的效果。河北满城出土的西汉佩剑及书刀,中心为低碳钢,表面有明显的高碳层,说明进行过表面渗碳处理。在一些西汉的书籍中,也有关于热处理技术的叙述,在司马迁所著《史记·天官书》中有"水与火合为淬",东汉班固所著《汉书·王褒传》中有"巧冶铸干将之朴、清水淬其锋"等有关热处理的记载。

　　三国时期,蜀人蒲元发现,采用不同水质作为淬火介质,对淬火钢的品质影响很大。蒲元曾在今陕西斜谷为诸葛亮打制 3 000 把军刀,相传是专门派人到成都取水来进行淬火的,原因是"汉水钝弱,不任淬用。蜀江爽烈,故命人于蜀取之"。

　　到了南北朝时代,北齐人綦母怀文,在制作"宿铁刀"时已开始应用双液淬火的热处理工艺。其热处理方法是"浴以五牲之溺,淬以五牲之脂",从而制作出了历史上"可斩甲过三十札"的著名"宿铁刀"。

　　时至近代,热处理对改善金属材料组织和性能的重要作用,愈来愈为人们所认识,热处理工艺已从个人"手艺"的范畴,逐渐提升到理论体系高度。1863 年,英国金相学家展示了钢铁在显微镜下的六种不同的金相组织形态,证明了钢铁在加热和冷却过程中,其内部组织会发生改变,从而导致钢铁性能的改变。由法国人奥斯蒙德确立的纯铁的同素异构理论,以及由英国人奥斯汀最早制定的铁碳合金相图,为现代热处理工艺奠定了理论基础。

　　20 世纪以来,随着材料科学的发展和其他新技术的移植应用,使热处理工艺得到更大发展。1910 年,在工业生产中开始应用转筒炉进行气体渗碳。进入 20 世纪 60 年代,热处理工艺开始运用等离子场的作用,发展出了离子渗氮工艺,同时,激光、电子束技术也开始应用于表面热处理,形成了新型表面热处理工艺方法。

任务三　非金属材料与复合材料的发展简介

　　旧石器时代人们用来制作工具的天然石材是最早的非金属材料。在公元前 6 000 ~ 3 000年的氏族公社时期,人类就懂得了用黏土烧制陶器。我国东汉时期出现的青瓷,被认为是迄今发现的最早瓷器。传统上的"陶瓷"是陶器和瓷器的总称,后来发展到泛指整个硅酸盐和氧化物类陶瓷。由于陶瓷具有一系列性能优点,不仅可用于制作餐具之类的生活用品,而且在现代工业中的应用越来越广泛,有些情况下陶瓷已成为目前唯一能选用的材料。例如,内燃机火花塞,用陶瓷制作可承受 2 500 ℃以上瞬间引爆的高温。

　　高分子是生命起源和进化的基础,人类社会一开始就懂得利用天然高分子材料作为生活资料和生产资料,并掌握了其加工技术。如利用蚕丝、棉、毛织成织物,用木材、麻等进行造纸。进入 19 世纪,人类开始使用改造过的天然高分子材料,如火化橡胶。1907 年出现了全人工合成的高分子酚醛树脂,标志着人类人工合成高分子材料的开始,随后各类高分子材料相继问世。20 世纪初,聚氯乙烯开始大规模使用;20 世纪 30 年代,聚苯乙烯开始生产;20 世纪 40 年代,出现了尼龙制品。20 世纪,塑料成为人类最重要的发明,塑料、合成纤维和合成橡胶已经成为现代国民经济建设与人类日常生活所必不可少的重要材料。

　　复合材料的应用历史可追溯到远古,从古至今沿用的稻草增强黏土,就是最原始的复合材料。在 20 世纪的 20 年代,出现了铜 – 钨和银 – 钨电触头复合材料,同时出现了碳化钨 – 钴基硬质合金和其他粉末烧结的复合材料;到了 40 年代,因航空工业的需要,发展了玻璃纤维增强塑料(俗称玻璃钢)的雷达罩;50 年代以后陆续发展了碳纤维、石墨纤维和硼纤维等高强度、高模量纤维复合材料;70 年代又出现了芳纶纤维复合材料。如今,"复合"已成为改善材料性能的重要手段,复合材料愈来愈引起人们的重视,新型复合材料的研制和应用也愈来愈广泛。

项目二　工程材料的力学性能

项目描述:工程材料主要有金属材料和非金属材料。本项目重点介绍的是工程材料的力学性能,包括材料的弹性、塑性、韧性、强度和硬度等。通过本项目的学习,可以基本掌握工程材料力学性能的含义、指标以及测试方法和测试原理,为从事工程设计和生产应用的合理选材打下基础。

任务一　金属材料的力学性能

任务描述:力学性能是金属材料的重要性能,是设计和生产的重要指标。本任务就是通过学习金属材料力学性能的概念、定义和测试方法,最终获得实际应用能力。

知识目标:掌握金属材料的主要力学性能,如弹性、塑性、韧性、强度和硬度的含义、测试方法和应用范围。

能力目标:掌握拉伸试验的原理和方法;学会强度、塑性指标的计算方法;掌握三种硬度指标和测试方法;掌握韧性的概念和测试方法;建立疲劳强度的概念。

知识链接:工程材料的强度、刚度、弹性及塑性;工程材料的硬度;工程材料的冲击韧度;工程材料的断裂韧度;工程材料的疲劳强度。

1.1　强度、刚度、弹性及塑性

1.1.1　拉伸曲线与应力－应变曲线

拉伸曲线是通过试验获得的。该试验是将符合国家标准的试样装在静力拉伸试验机上,不断增加拉伸的载荷,直至试样被拉断为止。在试验过程中,由自动记录仪记录下拉伸载荷和伸长量的数值,并将拉伸载荷作为纵坐标,伸长量作为横坐标,绘制出的曲线称为拉伸曲线。为避免试样横截面尺寸的影响,将载荷 F 除以试样的截面积 A,即得到应力 σ;同时为了避免试样长度的影响,将试样变形量 ΔL 除以试样的原来长度 L 得到应变 ε,这样曲线就变成了纵坐标为应力,横坐标为应变的应力－应变曲线,即 $\sigma-\varepsilon$ 曲线,如图 2－1 所示。

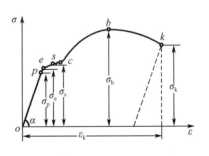

图 2－1　应力－应变曲线

1. 拉伸试样

拉伸试样的形状一般有矩形和圆形两种。国家标准(GB/T 228)中对试样的形状、尺寸和加工均有具体的要求。如图 2－2 中的 d_0 为试样的拉伸前的直径,l_0 为拉伸前的标距长度;d_1 是拉伸后的试样直径,l_1 是拉伸后的试样标距。按照拉伸前,标距长度与直径之间的关系,试样分为长试样和短试样。长试样,标距长度与直径比为$10(l_0/d_0 = 10)$;短试样,标距长度与直径比为$5(l_0/d_0 = 5)$。

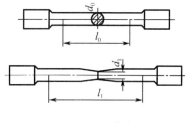

图2-2 拉伸试样

2. 应力-应变曲线分析

如图2-1所示的应力-应变曲线,可以分为以下几个变形阶段。

(1) oe 段

试样在 oe 段所产生的变形,当外载荷去除后试样将恢复原来的形状,也就是所谓的弹性变形,因此一般称为弹性变形阶段。需要注意的是在 oe 段中的 op 是直线,在此阶段中应力与应变成完全正比关系,其比例系数为 op 段的斜率 $\tan\alpha$,称为弹性模量 E。

oe 段中有两个应力 σ_p 和 σ_e 需特别注意,其中 σ_e 是试样去除外载荷后能恢复到原来形状和尺寸的最大加载应力,称为弹性极限。σ_p 是应力与应变成完全正比关系的最大加载应力,称为比例极限。由于 p 点与 e 点两点之间非常的接近,一般不严格区分 σ_p 和 σ_e,均可统称为弹性极限,用 σ_e 表示。

(2) sc 段

当施加的应力超过 σ_e,去除外载荷后,试样的变形就只能部分恢复,而保留了一部分残余变形,这种不能恢复的残余变形称为塑性变形。在图中可以看到,在此阶段图形曲线出现明显的锯齿形或平台,这表明此阶段在外载荷不增加甚至略有减小时,试样的变形会继续增加,这种现象称为屈服现象。σ_s 是屈服阶段中最小的应力值,称为屈服应力。材料出现屈服后,将开始出现明显的塑性变形,因此工程中常根据 σ_s 来确定材料的许用应力。

(3) cb 段

在屈服阶段后,要使试样继续伸长就必须不断增加外载荷。随着外载荷的增加,塑性变形也不断增大,随着变形量的增大,试样变形抗力也在不断的增加,这种现象称为材料的变形强化,也就是生产中常说的加工硬化。在此阶段中试样的变形是均匀发生的,σ_b 是拉伸试验中,试样不发生断裂所能承受的最大外载荷,称为抗拉强度。抗拉强度是零件设计时的重要依据,同时也是评定金属材料强度的重要指标。

(4) bk 段

当外载荷超过抗拉强度 σ_b 后,试样的直径会发生明显的局部收缩,这种收缩称为缩颈。此时施加的外载荷逐渐减小,但试样的变形继续增加,直至达到 k 点时试样发生断裂。

1.1.2 弹性极限与刚度

1. 弹性极限

弹性极限是指材料保持弹性变形所能承受的最大应力,如图2-1中的 σ_e(MPa)。

$$\sigma_e = \frac{F_e}{A_0}$$

式中　F_e——试样不产生塑性变形时所能承受的最大载荷(N);

　　　A_0——试样原始横截面积(mm^2)。

2. 刚度

刚度是指材料抵抗弹性变形的能力,通常刚度采用弹性模量 E 来衡量。如图 2 - 1 所示,弹性模量为 op 段的斜率,故

$$E = \frac{\sigma}{\varepsilon}$$

弹性模量越大,材料的刚度越大。弹性模量的大小主要取决于材料本身,因此,在材料本身不变的条件下,可以通过改变零件的结构或截面尺寸和形状来改变其刚度。

1.1.3 强度

1. 屈服强度

屈服强度是指材料开始产生明显塑性变形时所对应的最小应力,反映了材料抵抗塑性变形的能力,如图 2 - 1 所示的 σ_s(MPa)。

$$\sigma_s = \frac{F_s}{A_0}$$

式中 F_s—— 试样产生屈服时的最小载荷(N);

A_0—— 试样原始横截面积(mm^2)。

需要注意的是对于铸铁和高碳钢等脆性材料,没有明显的屈服现象,按国标 GB/T 228 的规定,可以测定其规定残余伸长应力值 σ_r(MPa),它表示材料在去除外载荷后,试样的残余伸长率达到规定数值时的应力。如 $\sigma_{0.2}$ 表示规定残余伸长率为 0.2% 时的应力,$\sigma_{0.2}$ 可用来表示脆性材料开始产生塑性变形时所对应的最小应力,即以 $\sigma_{0.2}$ 作为脆性材料的屈服强度。屈服强度是机械零件设计中的主要依据,也是评定金属材料性能的主要指标之一。

2. 抗拉强度

抗拉强度 σ_b 是指材料在被拉断前所能承受的最大应力,它反映了材料抵抗断裂的能力,其单位为 MPa,即

$$\sigma_b = \frac{F_b}{A_0}$$

式中 F_b—— 试样拉断前承受的最大载荷(N);

A_0—— 试样原始横截面积(mm^2)。

机械零件在工作中所承受的外载荷,只要超过抗拉强度,零件材料将会发生断裂,因此抗拉强度是机械设计中断裂强度校核的主要依据。

1.1.4 塑性

1. 伸长率

伸长率是指试样拉断后标距增长量与原始标距的百分比,用符号 δ 表示。

$$\delta = \frac{l_1 - l_0}{l_0} \times 100\%$$

式中 δ—— 伸长率(%);

l_1—— 试样拉断后的标距(mm);

l_0——试样的原始标距(mm)。

由于相同材料长试样和短试样的伸长率是不相同的,故应明确是何种试样。长、短试样的伸长率分别用符号 δ_{10} 和 δ_5 表示。材料的伸长率数值越大说明其塑性越好。

2. 断面收缩率

断面收缩率是指试样拉断后,缩颈处横截面积的缩减量与原始横截面积的百分比,用符号 ψ 表示。

$$\psi = \frac{A_0 - A_1}{A_0} \times 100\%$$

式中　　ψ——断面收缩率(%);

　　　　A_0——试样原始横截面积(mm^2);

　　　　A_1——试样拉断后缩颈处的横截面积(mm^2)。

材料的断面收缩率与伸长率一样,数值越大说明材料的塑性越好。

1.2　硬度

硬度是指材料抵抗比它更硬的硬物压入的能力。它反映了材料抵抗局部塑性变形的能力。材料硬度越高,产生塑性变形就越困难,材料的耐磨性也就越好,故硬度常作为衡量材料耐磨性的一个重要指标。硬度测试的方法很多,根据测试方法的不同,最常用的有布氏硬度、洛氏硬度和维氏硬度三种。

1.2.1　布氏硬度

布氏硬度测试法如图 2 – 3 所示。将直径为 D 的球体(淬火钢球或硬质合金球),以规定的载荷 P 压入被测材料表面,保持一定时间后撤除载荷,此时材料表面形成直径为 d 的压痕。布氏硬度值是用压痕单位面积上所承受的平均压力来表示,即

$$HBS(HBW) = \frac{P}{S} = 0.102 \frac{2P}{\pi D(D - \sqrt{D^2 - d^2})}$$

式中　　P——试验载荷(N);

　　　　D——钢球或硬质合金球直径(mm);

　　　　d——压痕平均直径(mm)。

当采用淬火钢球作为压头时,用符号 HBS 表示,一般适用于测量硬度值小于 HBS 450 的材料;当用硬质合金球作为压头时,用符号 HBW 表示,适用于测量硬度值在 HBW 450 ~ 650 的材料。当试验载荷 P 和球体直径一定时,压痕直径 d 越小,则布氏硬度值就越大,即材料的硬度越高。

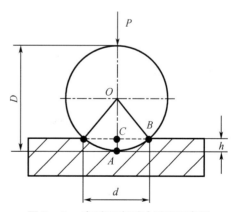

图 2 – 3　布氏硬度测试原理示意图

做布氏硬度测试时,压头球体的直径 D、试验载荷 P 以及试验载荷保持的时间 t,应根据被测金属材料的种类、硬度值的范围和金属的厚度进行选择。布氏硬度的单位为 MPa,一般不标出。布氏硬度在生产中一般不采用上述的公式进行计算,通常是先测出压痕直径 d,然后根据 d 值从硬度表中直接查出相应

的布氏硬度值。

1.2.2　洛氏硬度

洛氏硬度测试法如图 2 - 4 所示,在初始测试力 F_0 作用下,压入深度为 h_1,目的是消除零件表面不光滑可能造成的误差。然后,在主测试力 F_1 和初始测试力 F_0 共同作用下,压头压入的深度为 h_2。撤除主测试力后,由于金属弹性变形的恢复,压头回升到 h_3 的位置,由主测试力所引起的塑性变形的深度为 $h = h_3 - h_1$。

为适应人们习惯上数值越大硬度就越高的观念,用一个常数 K 减去 h 来表示硬度的大小,并以 0.002 mm 作为一个硬度单位,即可得到洛氏硬度

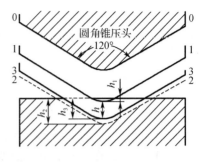

图 2 - 4　洛氏硬度测试示意图

值。洛氏硬度测试采用的压头主要有两种形式,120°金刚石圆锥体和 ϕ1.588 mm 钢球。其中,采用 120°金刚石圆锥体压头时,当总测试力为 1 471 N 时,洛氏硬度值用 HRC 表示,硬度值有效范围为 HRC 20 ~ 70;当总测试力为 588.4 N 时,洛氏硬度值用 HRA 表示,硬度值有效范围为 HRA 20 ~ 88;采用 ϕ1.588 mm 钢球为压头时,洛氏硬度值用 HRB 来表示,硬度值有效范围为 HRB 20 ~ 100。

$$HR = \frac{K - h}{0.002}$$

式中　　K——常数,采用金刚石压头时为 0.2,采用钢球压头时为 0.26;

　　　　h——压痕深度。

洛氏硬度值的测量十分简便迅速,可以从刻度盘上直接读出硬度值。同时硬度值测试的范围较广,适用于很软到很硬的材料。在生产中为避免材料内部不均匀,一般测量洛氏硬度时,应测量多个位置的硬度值,然后取其平均值作为材料的硬度值。

1.2.3　维氏硬度

维氏硬度测试法如图 2 - 5 所示,其测试原理与布氏硬度测试法基本相同,主要区别在于采用了 136°的金刚石正四棱锥作为压头,因此其压痕为四方锥形。用测量压痕的对角线长度来计算维氏硬度,并用 HV 来表示。

$$HV = 0.189\ 1\ \frac{P}{d^2}$$

式中　　P——试验力(N);

　　　　d——压痕两对角线长度的算术平均值(mm)。

维氏硬度和布氏硬度一样,一般不进行计算,而是根据 d 值进行查表。维氏硬度因测试采用的测试力较小,压入的深度较浅,故常用于较薄的材料硬度、表面渗碳或渗氮以及镀层表面硬度的测定。同时维氏硬度可测定的硬度范围较宽(HV 10 ~ 1 000),可以测定从很软到很硬的材料。

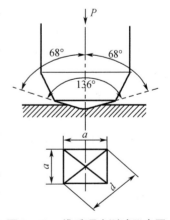

图 2 - 5　维氏硬度测试示意图

1.3 冲击韧度

前面介绍的强度、塑性和硬度等金属材料的力学性能,都是在静载荷作用下测得的。在生产实践中,很多零部件受到的载荷常常为冲击载荷。金属材料在冲击载荷作用下,抵抗冲击载荷破坏的能力,称为冲击韧度,也称为冲击韧性。在工程中冲击韧度常用一次摆锤冲击试验来测定。

1.3.1 冲击试验及其指标

冲击试样:为了保证试验的结果具有可比较性,冲击试验的试样应按照一定的标准制造,国家对冲击试样有明确的标准。常见的试样有 10 mm × 10 mm × 55 mm 的 U 形缺口或 V 形缺口试样,其尺寸如图 2 - 6 所示。

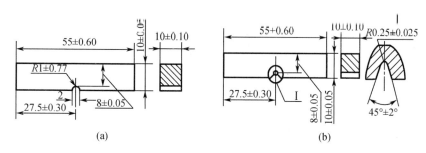

图 2 - 6 冲击试样图

(a)U 形缺口试样;(b)V 形缺口试样

冲击试验原理:冲击试验是利用能量守恒原理,试样被冲断所吸收的能量来自于摆锤势能的损耗,摆锤下摆将势能转换为动能,动能冲断试样而损耗,剩余动能又转换为势能。

冲击试验的方法:如图 2 - 7 所示,将冲击试样安装在冲击试验机上,注意试样的缺口应背向摆锤落下的冲击方向。将重力为 mg 的摆锤抬高到一定的高度 H,这样摆锤就具有一定的势能 mgH。然后,将摆锤从此高度自由落下,摆锤冲断试样后继续向前运动,升高到一定高度 h 后不再升高,此时摆锤的剩余势能为 mgh,由此可以计算出在冲击过程中被试样吸收的能量,即冲击吸收功 A_k,其单位为焦耳(J)。

$$A_k = mg(H - h)$$

式中　　mg—— 摆锤的重力(N);

　　　　H—— 冲击前摆锤抬起的高度(m);

　　　　h—— 冲断试样后,摆锤上升的高度(m)。

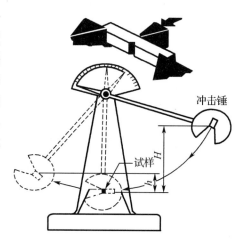

图 2 - 7 摆锤式冲击试验机示意图

冲击韧度的计算:用冲击吸收功 A_k 作为被除数,以试样缺口处截面积 S_0 作为除数,

即可得到冲击韧度 $\alpha_{\mathrm{k}}(\mathrm{J/cm^2})$,其计算公式为

$$\alpha_{\mathrm{k}} = \frac{A_{\mathrm{k}}}{S_0}$$

根据不同的试样缺口,冲击吸收功可以分为:U 形缺口试样的 A_{kU} 和 V 形缺口试样的 A_{kV} 两种,同样也就有两种冲击韧度:α_{kU} 和 α_{kV}。

材料的冲击吸收功越大,材料的冲击韧度就越大,表明材料的抗冲击韧性越好。另外,温度对于材料的冲击韧度有很大的影响。随着温度的下降,材料的冲击吸收功 A_{k} 也随之下降。当温度降低到一定程度时,A_{k} 值迅速下降,材料的断裂从韧性断裂转变为脆性断裂,这种现象被称为冷脆现象,产生冷脆转变时的温度称为韧脆转变温度。材料的韧脆转变温度越低,说明材料在低温下抵抗冲击的能力就越好,因此在材料选择时应充分考虑适用温度。

1.3.2　多冲抗力

在生产实践中,很多零件并非受到一次大能量的冲击力而导致断裂,通常是受到小能量的多次冲击。在这种情况下,材料的断裂与一次性大冲击力导致的断裂是不同的,它主要是由于在多次冲击中形成的损伤累积,引起裂纹的产生和扩展而最终导致断裂的。可以采用小能量多次冲击试验来进行测试,如图 2 − 8 所示。将试样安放在试验机上,冲锤以一定能量对试样进行多次冲击,测定试样出现裂纹和最终断裂的冲击次

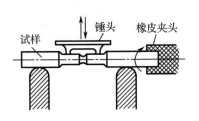

图 2 − 8　多次冲击试验示意图

数作为多冲抗力的指标。经过大量的试验发现,多冲抗力主要与材料的强度和塑性有关,当冲击能量较高时,材料的多冲抗力主要取决于材料的塑性;而当冲击能量较低时,材料的多冲抗力主要取决于材料的强度。

1.4　断裂韧度

在生产实践中,有时会出现一些零部件在工作应力远远小于材料屈服强度,甚至低于许用应力(屈服强度／安全系数)时就发生断裂的现象,这种断裂被称为低应力断裂。

在前面讨论各种材料的力学性能时,均认为材料内部是完整的、均匀的和连续的,也就是说没有考虑到材料内部可能存在的瑕疵。实际上任何一种材料均不可能没有瑕疵,材料内部不可避免地存在各式各样的缺陷,如夹杂、气孔等。这些缺陷的存在,导致材料中存在着显微裂纹,在受到外力的作用下,这些显微裂纹的尖端就会产生应力集中,形成一个裂纹尖端应力场,其强弱可以用应力场强度因子 $K_{\mathrm{I}}(\mathrm{MPa \cdot m^{1/2}})$ 来表示:

$$K_{\mathrm{I}} = Y\sigma\sqrt{a}$$

式中　Y —— 与试样类型、加载方式及裂纹形状有关的无量纲系数;

　　　σ —— 外加的应力(MPa);

　　　a —— 裂纹的尺寸(m)。

根据断裂力学理论,在零件或试样以及加载方式一定时,其 Y 值是不变的,随着外加应力的增大或裂纹逐渐扩展,应力场强度因子 K_{I} 也随之增大,当其增大到一定量值时,

材料便会产生断裂,这一极限应力场强度因子值,就称为材料的断裂韧度,用符号K_{Ic}来表示。断裂韧度主要取决于材料的内部因素,如材料本身的成分、内部组织和结构。

依据应力场强度因子K_I与断裂韧度K_{Ic}的相对大小,可对材料在受力时,内部裂纹是否会出现失稳扩张而导致断裂作出判断,即$K_I \geqslant K_{Ic}$。

这一关系式说明,当材料的实际应力场强度超过材料的断裂韧度时,材料将会发生低应力断裂,因此,在进行材料选用和设计时,这是防止低应力断裂的重要校核依据。

1.5　疲劳强度

许多机械零件,如曲轴、齿轮、轴承、叶片和弹簧等,在工作中所承受的应力会随时间作周期性的变化,这种随时间作周期性变化的应力,称为交变应力。在交变应力的作用下,零件所承受的应力虽然低于其屈服强度,但仍会出现突然断裂,这种现象称为材料的疲劳断裂,简称疲劳。据统计,在机械零件失效中超过80%的是属于疲劳失效。

机械零件之所以产生疲劳断裂,是由于材料表面或内部有缺陷,如夹杂、划痕、尖角等。这些存在缺陷的地方,其局部应力大于屈服强度,从而产生局部塑性变形和出现显微裂纹,显微裂纹随应力循环次数的增加而逐渐扩展,使承载的截面大大减少,以至不能承受所加载荷而突然断裂。疲劳断口是以裂纹源(疲劳源)为诱发源,逐渐向内扩展的若干弧线的光亮区和最后断裂的粗糙区(结晶状)所组成,如图2-9所示。

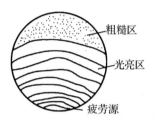

图2-9　疲劳断口示意图

1.5.1　疲劳曲线与疲劳极限

材料承受的交变应力与疲劳断裂时应力循环次数之间的关系,可用疲劳曲线来描述(见图2-10)。随着σ下降,N值增加,材料经无数次应力循环后仍不发生断裂时的最大应力称为疲劳极限,又称为疲劳强度,用σ_{-1}表示。实际上,作无限次应力循环的疲劳试验是不可能的,对于钢铁材料,一般规定疲劳极限对应的应力循环次数为10^7,有色金属为10^8。

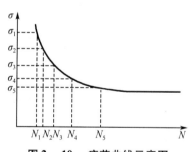

图2-10　疲劳曲线示意图

1.5.2　提高零件疲劳极限的方法

可通过合理选材、细化晶粒、减少材料和零件的缺陷;改善零件的结构设计,尽量避免尖角、缺口和截面突变,以免应力集中及由此引起的疲劳裂纹;提高零件的表面粗糙度;对零件表面进行强化处理,如表面喷丸处理、表面淬火、表面化学热处理等,都可提高零件的疲劳强度。

任务二　　非金属材料与复合材料的力学性能

任务描述:理解和掌握非金属材料与复合材料的力学性能,从而达到会应用的目的。

知识目标:理解无机及有机非金属材料的力学性能,复合材料的力学性能;了解复合材料的高比强度、高比模量,了解复合材料耐高温、耐疲劳、耐磨性、耐腐蚀性、尺寸稳定性、减震性、无磁性、绝缘性等性能。

能力目标:实际应用中合理选择使用非金属材料与复合材料。

知识链接:非金属材料的力学性能;复合材料的力学性能。

2.1　　非金属材料的力学性能

2.1.1　　无机非金属材料(水泥)的力学性能

水泥的强度是评价水泥质量的重要指标,是划分水泥强度等级的依据。水泥的强度是指水泥胶砂硬化试体所能承受外力破坏的能力,用 MPa 表示,它是水泥重要的力学性能之一。根据受力形式的不同,水泥强度通常分为抗压强度、抗折强度和抗拉强度三种。水泥胶砂硬化试体承受压缩破坏时的最大应力,称为水泥的抗压强度;水泥胶砂硬化试体承受弯曲破坏时的最大应力,称为水泥的抗折强度;水泥胶砂硬化试体承受拉伸破坏时的最大应力,称为水泥的抗拉强度。由于水泥在养护硬化过程中强度是逐渐增长的,所以在提到强度时必须同时说明该强度的养护期,才能加以比较。

硅酸盐水泥具有快硬、早强的特点。研究表明,由于目前我国大多数水泥生产企业仍然是采用将混合材与水泥熟料混合粉磨的工艺,使得混合材粒度较粗,混合材活性未能充分发挥,因此在所有影响因素中,混合材掺量对水泥强度的影响最明显。因此对于不掺混合材的硅酸盐水泥来说,其强度等级较高,ISO 强度均在 52.5 MPa 以上。

研究表明,水泥的耐磨性与水泥的强度有很好的相关性,由于硅酸盐水泥的强度高,因此,硅酸盐水泥的耐磨性也较好。

2.1.2　　有机非金属材料的力学性能

1. 力学性能比较

有机非金属材料和金属材料、无机非金属材料相比较,有机非金属材料的性能特点是力学性能变化范围最大,从黏性液体,柔软的橡胶直至坚硬的刚性固体,产品应有尽有,性能多种多样。在上述诸多性能中,高弹性是其他材料不具有的性能。高分子材料还能同时表现出黏性液体和弹性固体力学行为的黏弹性,所以又称黏弹性材料。黏弹性是高分子材料的又一重要力学性能,而且该性能对温度和时间的依赖特别强烈。

高分子材料的实际强度、刚度与金属材料比较,相对较低,这是高分子材料还不能大量作为结构材料使用的重要原因之一,但可以通过改性或复合的方法来改善或提高性能,这方面的潜力是很大的,其使用前景必将随着材料科学的发展而扩大。

2. 高分子材料性能的主要特点

塑料、橡胶等高分子材料同金属材料、无机非金属材料一样,具备力学性能、电学性能、热学性能和化学性能等。由于高分子材料结构的特殊性,缺乏与介质形成电化学作用的自由电子或运动离子,因而不会发生电化学腐蚀。对于不同的高分子材料来说,又由于组成高分子的连接所含的原子或基团不同,以及这些原子在空间排列的不同,从而使得高分子材料间性能有所差异,甚至存在很大的差别。这类材料在性能上与其他材料相比有以下几方面的特点。

(1) 质轻、有的材料属透明材料;

(2) 多数具有柔软性,橡胶类或塑料材料还具有高弹性;

(3) 大多数摩擦系数小、易滑动;

(4) 有缓冲作用、能吸收振动和声音;

(5) 大多数是电的绝缘体;

(6) 导热性能差;

(7) 耐水,大多数耐酸、碱、盐、溶剂、油脂等介质腐蚀;

(8) 具有蠕变、应力松弛现象的黏弹特性;

(9) 热膨胀较大,低温会发脆,耐热温度低;

(10) 使用过程中会出现"老化"现象。

2.2　复合材料的力学性能

复合材料的比强度和比刚度较高。我们将材料的强度除以密度称为比强度,材料的刚度除以密度称为比刚度。这两个参量是衡量材料承载能力的重要指标,比强度和比刚度较高说明材料质量轻,而强度和刚度大。这是结构设计,特别是航空、航天结构设计对材料的重要要求。

复合材料的力学性能是可以人为设计的,即可以通过选择合适的原材料和合理的铺层形式,使复合材料构件满足使用要求。例如,在某种铺层形式下,材料在某一方向受拉而伸长时,在垂直于受拉的方向上材料也伸长,这与常用材料的性能完全不同。又如利用复合材料的耦合效应,在平板模上铺层制作层板,加温固化后,层板就自动成为所需要的曲板或壳体。

复合材料的抗疲劳性能良好。一般金属的疲劳强度为抗拉强度的40%~50%,而某些复合材料可高达70%~80%。复合材料的疲劳断裂是从基体开始,逐渐扩展到纤维和基体的界面上,没有突发性的变化。因此,复合材料在破坏前有预兆,可以检查和补救。纤维复合材料还具有较好的抗声振疲劳性能。用复合材料制成的直升飞机旋翼,其疲劳寿命比用金属材料长数倍。

复合材料的减振性能良好。纤维复合材料的纤维和基体界面的阻尼较大,因此具有较好的减振性能。

复合材料通常都能耐高温。在高温下,用碳纤维或硼纤维增强的金属,其强度和刚度都比原金属的强度和刚度高很多。普通铝合金在400 ℃时,弹性模量大幅度下降,强度也下降;而在同一温度下,用碳纤维或硼纤维增强的铝合金的强度和弹性模量基本不变。复合材料的热导率一般都小,因而它的瞬时耐高温性能比较好。

复合材料的安全性好。在纤维增强复合材料的基体中有成千上万根独立的纤维,当用这种材料制成的构件超载,并有少量纤维断裂时,载荷会迅速重新分配并传递到未破坏的纤维上,因此整个构件不至于在短时间内丧失承载能力。

复合材料的成型工艺简单。纤维增强复合材料一般适合于整体成型,因而减少了零部件的数目,从而可减少设计计算工作量,并有利于提高计算的准确性。另外,制作纤维增强复合材料部件的步骤是把纤维和基体黏结在一起,先用模具成型,而后加温固化,在制作过程中基体由流体变为固体,不易在材料中造成微小裂纹,而且固化后残余应力很小。

随着现代机械、电子、化工、国防等工业的发展及航空航天、信息、激光、自动化等高科技的进步,对复合材料性能的要求越来越高。除了要求材料具有高比强度、高比模量、耐高温、耐疲劳等性能外,还对材料的耐磨性、抗腐蚀性、尺寸稳定性、减震性、无磁性、绝缘性等提出特殊要求,甚至有些构件要求材料同时具有相互矛盾的性能。如既导电又绝热;密度比钢小而弹性又比橡胶强,并具有焊接性能等。

习题与思考题

1. 何谓工程材料的力学性能,主要有哪些性能指标?

2. 什么是材料的变形,分为哪两类?

3. 何谓强度,强度的常用指标有哪些?

4. 何谓塑性,材料塑性的主要指标有哪些?

5. 何谓硬度,硬度测试方法主要有哪些?

6. 什么是冲击韧度,其值用什么符号表示?

7. 什么是疲劳强度?

8. 有一钢试样,其直径为 $\phi 10$ mm,标距长度为 50 mm,当载荷达到 18 840 N 时,试验出现屈服现象;载荷达到 36 110 N 时,试样发生缩颈现象,然后拉断。拉断后标距长度为 73 mm,断裂处直径为 6.7 mm。请计算试样的 σ_s,σ_b,δ 和 ψ。

9. 高分子材料主要的性能特点有哪些?

10. 复合材料有哪些性能特点?

项 目 实 训

任务描述:通过实际操作典型的力学性能测试,加深对所学习的金属材料力学性能理论知识的理解。并学会在生产实践中对各种力学性能测试的方法,学会相关测试设备的使用。

实训内容:本项目实训包括三部分,一是拉伸试验,学会相关强度的测试和计算;二是硬度测试实训,学会常用的布氏和洛氏硬度测试方法和设备使用;三是冲击试验,学会冲击功和冲击韧性的测试和计算。

实训一　　拉伸试验

1．实训的目的

（1）了解拉伸试验机的结构和工作原理。

（2）了解拉伸试样的制作和规格。

（3）掌握拉伸试验的方法及拉伸曲线的绘制和分析，学会屈服强度和抗拉强度的计算。

2．实训设备和材料

（1）拉伸试验机。

（2）按照 GB/T 228 规定制作的标准试样。

（3）长度、直径测量工具。

3．实训步骤

（1）检查试验机是否正常，检查试样，试样不能有缺陷，如划伤或锈蚀。

（2）对试样长度和直径进行测量，并详细记录。

（3）按照要求将试样安装在试验机上。

（4）开始实训，缓慢加载，观察自动绘图装置工作是否正常。

（5）试样拉断后进行长度和直径的测量，并详细记录。

4．实训注意事项

（1）试样安装应稳固，不得出现松脱。

（2）在实训过程中注意安全，不得触碰试样。

5．实训报告

（1）实训报告应包括自动绘图装置绘制的拉伸曲线图。

（2）详细记录拉伸试样的数据。

（3）对拉伸曲线进行分析，并指出每一段的含义。

（4）根据拉伸曲线和试样的尺寸，完成对弹性极限、屈服强度、抗拉强度、伸长率和断面收缩率等参数的计算。

（5）自己对实训的评价，以及从实训中学到内容，今后需要注意的问题等。

实训二　　硬度测试

1．实训的目的

（1）了解布氏硬度计和洛氏硬度计的结构和工作原理。

（2）学会布氏硬度和洛氏硬度的测试方法。

2．实训设备和材料

（1）HB 3000 布氏硬度计（如附图 2 － 1 所示）。

（2）H 100 洛氏硬度计（如附图 2 － 2 所示）。

（3）试样：45 钢和 T12 钢试件，正火和淬火状态各一件。

（4）尺寸测量工具和放大镜等辅助工具。

3．实训步骤

（1）布氏硬度实训

① 清理试样表面，被测表面应保证没有氧化皮和污染物；

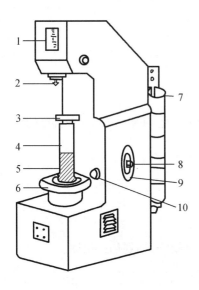

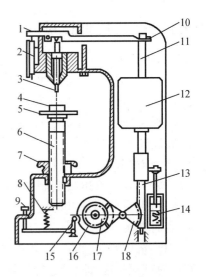

附图 2 - 1　HB 3000 布氏硬度计

1— 指示灯；2— 压头；3— 工作台；4— 立柱；
5— 丝杠；6— 手轮；7— 载荷砝码；8— 压紧螺钉；
9— 时间定位器；10— 加载按钮

附图 2 - 2　H 100 洛氏硬度计

1— 支点；2— 指示器；3— 压头；4— 试样；5— 试验
台；6— 螺杆；7— 手轮；8— 弹簧；9— 按钮；10— 杠
杆；11— 纵杆；12— 重锤；13— 齿杆；14— 油压缓冲
器；15— 插销；16— 转盘；17— 小齿轮；18— 扇齿轮

② 根据试样材料及厚度，按布氏硬度计规范选择测压头直径、载荷大小和保持时间；

③ 把试样稳固安放在硬度计工作台上，按布氏硬度计的操作规程进行实训。实训时应使载荷均匀平稳地垂直施加于试样的测试表面，不得有冲击或震动；

④ 移动试样后重新再作一次，使试样表面再留下一个压痕。为使实训结果准确，相邻两个压痕的中心距不能小于压痕直径的 4 倍；压痕中心距试样边缘的距离不小于压痕直径的 2.5 倍；压痕直径应在 $0.24D \sim 0.6D$ 范围内，否则无效；

⑤ 自工作台上取下试样，用读数显微镜在相互垂直方向上测量压痕直径，然后计算其平均值并作好记录；

⑥ 根据压痕直径查对照表求得各试样的布氏硬度值。

（2）洛氏硬度实训

① 清理试样表面，与布氏硬度实训相同；

② 根据试样材料选择压头和载荷，根据试样的形状选择合适的工作台，工作台表面、试样支承面和压头表面均应清洁；

③ 把试样稳固安放在工作台上，按洛氏硬度计的操作规范进行，实训中应保证载荷平稳地垂直施加于试样的测试表面，不得有冲击和震动，从指示器上读取硬度值并作好记录；

④ 移动试样，再作一次，共需进行三次测试。两相邻的压痕中心距或任一压痕中心距试样边缘不得小于 3 mm。计算三次测量数据的算术平均值并作好记录。

4. 实训需注意的事项

（1）试样两端应平行，表面平整，若有油污或氧化皮可用砂纸打磨。

（2）圆柱形试样应放在 V 形槽的工作台上，以防止滚动。

（3）加载时应细心操作,避免损坏压头。

（4）加载预载荷时,若发现阻力过大,应立即报告并查找原因。

（5）测完硬度值,卸载后应使压头完全离开试样后再取下试样。

（6）金刚石压头系贵重材料,使用时应小心谨慎,不得与试样或其他物体碰撞。

（7）应根据硬度计使用范围,按规定合理选用不同的载荷与压头,超过范围将不能获得准确的硬度值。

5. 实训报告

（1）认真记录实训中获得的数据,根据数据确定相应的布氏硬度和洛氏硬度。

（2）对实训的结果进行分析,特别是分析材料含碳量与硬度值的关系,通过曲线来表示。

实训三　冲击试验

1. 实训的目的

（1）了解冲击试验机的结构和工作原理。

（2）学会冲击试验的试验方法和冲击韧度的测试方法。

2. 实训设备和材料

（1）手动摆锤式冲击试验机(如附图2－3所示)。

（2）按照国家标准制作的试样。

3. 实训步骤

（1）检查试样有无缺陷,试样缺口处不能有划伤和锈蚀。

（2）测量试样缺口处的尺寸,并认真记录数据。

（3）检查摆锤空打时指针是否指零位,其偏离不能超过最小分度值的1/4。

（4）放置试样,试样要紧贴支座,并且试样缺口应背向摆锤的刀刃,然后用找正样板使试样处于支座的中心位置。

（5）按冲击试验机的操作规范进行实训。

（6）读出指针在刻度盘上的数据并作好记录。

（7）观察试样的断口特征。

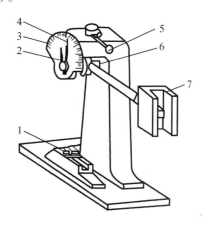

附图2－3　手动摆锤式冲击试验机

1— 支座钳口;2— 拨针;3— 刻度盘;
4— 指针;5— 手柄;6— 摆轴;7— 摆锤

4. 实训注意事项

（1）在试验机摆锤运动的平面内,严禁站人,以防伤人。

（2）未经许可不得随便搬动摆锤和控制手柄。

（3）在安放试样时,应将摆锤用支架支住,以防意外事故。

（4）当手柄处于"预备"位置,摆锤上扬至预定试验高度后,应平稳缓慢的放开,并使插销插入摆轴的槽内,以防冲断插销。

（5）当试样被冲断而摆锤尚在摆动时,不得将手柄拨回"预备"位置,以防插销头部与摆轴发生摩擦或插销可能插入摆轴的槽内而被冲断。

（6）试样冲断时如有卡锤现象,试验数据无效,需排除故障后重新试验。

5. 实训报告

（1）认真记录实训中的各项数据，并计算相应的冲击韧度。

（2）根据实训测定的冲击韧度，分析影响冲击韧度的因素。

项 目 小 结

本项目主要是掌握工程材料的力学性能，特别是金属材料的主要力学性能。通过实训与理论学习相结合的形式，掌握工程材料的主要力学性能，如强度、塑性、冲击韧度和硬度的含义、测试方法、应用范围和在设计制造中的作用。既从理论上掌握材料力学性能的知识内涵和外延，同时又从实训中学会材料力学性能的测试方法和分析判断知识，这样在今后的学习和生产实践中可以灵活地应用这方面的知识和技能，完成设计和制造中有关的工作。

项目三　金属材料基础知识

项目描述：通过学习金属及其合金的固态结构和结晶过程、二元相图等理论，掌握金属材料成分、内部组织与机械性能之间的内在联系，为进一步研究热处理知识打下基础。

任务一　金属及其合金的固态结构

任务描述：金属材料品种繁多，各种材料的性能与其成分、组织结构等密切相关，掌握金属及其合金的结构有利于确定金属材料成分、组织与机械性能之间的内在联系。金属在固态下通常都是晶体，且金属性能与晶体结构密切相关，故研究金属首先必须掌握其晶体结构。

知识目标：掌握晶体和非晶体的基本概念；掌握金属晶体的特征、类型和结构；了解金属晶体表征指标；掌握金属的实际结构和晶体缺陷；掌握合金的固态结构；掌握合金固溶体、金属化合物的概念和性能。

能力目标：正确区分晶体与非晶体，通过掌握金属的晶体缺陷的知识来提高对其的利用性；通过掌握合金固溶体和金属化合物的知识来提高合金的使用性能。

知识链接：金属的固态结构；合金的固态结构。

1.1　纯金属的固态结构

1. 晶体与非晶体

固态物质按内部质点（原子或分子）排列的特点分为晶体与非晶体两大类。内部质点在三维空间按一定规律排列的称为晶体（如图 3 - 1）；内部质点是散乱排列的称为非晶体。由于非晶体的结构与液体相同，非晶体实际上是一种过冷状态的液体。自然界中除少数物质，如石蜡、沥青、普通玻璃、松香等外，大多数无机物都是晶体。通常情况下，金属及其合金多为晶体结构。

晶体有固定的熔点，如铁的熔点是 1 538 ℃，铜的熔点是 1 083 ℃，铝的熔点是 660 ℃。而非晶体没有固定的熔点，固态非晶体（如石蜡）随着温度的升高将逐渐变软，最终变为有着显著流动性的液体；当冷却时，液体逐渐稠化，最终变为固体。此外，晶体还具有各向异性，即在不同方向上具有不同的性能。非晶体在各个方向上的原子密度大致相同，其性能表现为各向同性，即在任何方向上都具有相同的性能。

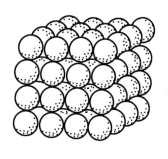

图 3 - 1　晶体

由于晶体各原子之间的相互吸引力与排斥力平衡的结果，使得晶体具有规则的原子排列，甚至这种有规则的原子排列在某些物质的外形也具有规则的轮廓,如水晶、天然金刚石、结晶盐及黄铁矿等,但金属晶体一般看不到这种有规则的外形。

晶体内部原子是按一定的几何规律排列的。为了便于理解,把原子看成是一个小球,则金属晶体就是由这一系列小球有规律堆积而成的物体。为了形象地表示晶体中原子排列的规律,可以将原子简化成一个点,用假想的线连接起来,构成有明显规律性的空间格架,这种表示原子在晶体中排列规律的空间格架叫做晶格,如图 3 - 2 所示。组成晶体的正、负离子在空间呈有规则的排列,而且每隔一段距离重复出现,有明显的周期性。

由于晶体中原子重复排列的规律性,我们可以从晶格中确定一个最基本的几何单元来表达其排列形式的特征,这种能反映晶格特征的最基本的几何单元被称为晶胞,如图 3 - 3 所示。一般情况下,晶胞都是平行六面体,整块晶体可以看成是无数晶胞无隙并置而成。晶胞是晶体中的最小单位,无数晶胞并置起来,则得到晶体。晶胞具体形状大小由它的三组棱长 a,b,c 及棱间交角 α,β,γ 来表征,如果 $a = b = c,\alpha = \beta = \gamma = 90°$就把这种晶胞称为简单立方晶胞,具有简单立方晶胞的晶格称为简单立方晶格。

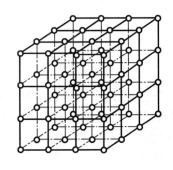

图 3 - 2　晶格

2. 纯金属的固态结构

（1）纯金属晶体

金属晶体是由按一定规律紧密堆积在一起的金属阳离子和自由电子构成的。金属晶体内金属阳离子的半径越小,所带电荷越多,则金属阳离子与自由电子间的作用越强,金属阳离子的堆积的致密程度,对金属的硬度、熔点起决定作用。自由电子的运动,则决定金属的光泽、导电性、热传导性和可塑性。

金属晶体是由金属阳离子和自由电子构成的,我们可把它视为金属阳离子组成的晶架,沉浸于自由电子形成的电子云中,总正电荷与总负电荷相等,所以金属不显电性。

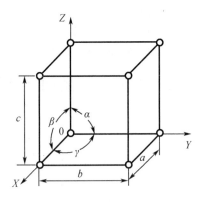

图 3 - 3　晶胞示意图

在金属晶体中,金属阳离子与自由电子之间存在着较强的作用,这种作用就叫做金属键。金属键不同于其他的化学键（如离子键和共价键）,它是金属阳离子群与自由电子云之间的强烈的相互作用,所以金属晶体中的每个电子或每个阳离子都不属于某个阳离子或某个自由电子,因此,金属键无饱和性和方向性。在共价键化合物中,每个原子最多可形成的共价键的数目,也就是最多可结合的原子是有限的;而且形成共价键后,键与键之间的夹角有一定值,可以测出。所以,我们说共价键具有饱和性和方向性。

（2）常见的纯金属晶格

由于金属键结合力较强,使得金属晶体大都具有紧密排列的趋向,从而使原子排列组合形式的数目大为减少,只有少数几种高对称的晶格形式。金属中 90% 以上的晶格属于下述三种常见晶格形式。

① 体心立方晶格

体心立方晶格(如图 3 - 4 所示)的晶胞是一个立方体,立方体的八个顶角和立方体的中心,各有一个原子,因其晶格常数 $a = b = c$,故通常只用一个晶格常数 a 来表示。在这种晶胞中,因每个顶点上的原子同时属于八个晶胞共有,故实际上每个体心立方晶胞中仅含有两个原子。属于体心立方晶格结构的金属单质晶体有 α-Fe,Cr,Mo,W,Ti,V,Nb 等。

图 3 - 4　体心立方晶格

② 面心立方晶格

面心立方晶格(如图 3 - 5 所示)的晶胞由八个原子构成一个立方体,在立方体六个面的中心各有一个原子,晶胞八个角上的原子为相邻的八个晶胞所共有,每个晶胞实际上只占有 1/8 个原子,中心面上的原子为两个晶胞所共有,故晶胞中实际原子数为 4 个。属于面心立方晶格结构的金属单质晶体有 γ-Fe,Al,Cu,Ag,Au,Pb,Ni 等。

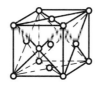

图 3 - 5　面心立方晶格图

③ 密排六方晶格

密排六方晶格(如图 3 - 6 所示)的晶胞是一个六方柱体。柱体的上、下底面六个角及中心各有一个原子,柱体中心还有三个原子。柱体角上的原子为相邻六个晶胞所共有,上、下底面的原子为两个晶胞所共有,柱体中心的三个原子为该晶胞独有,故晶胞中实际原子数为六个。属于密排六方晶格结构的金属单质晶体有 Be,Mg,Ca,Co,Zn,Cd 等。

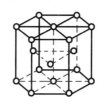

图 3 - 6　密排六方晶格

3. 晶体结构的致密度

致密度是指晶胞中所包含的实际原子所占的体积与该晶胞所占的体积之比。用符号 k 表示,即

$$k = \frac{nV_1}{V}$$

式中　　n——晶胞中实际所包含的原子数;

V——晶胞所占的体积;

V_1——代表每个原子的体积($4/3 \times \pi r^3$),视原子为直径相等的刚性小球。

(1) 体心立方晶格的致密度

$$k = \frac{nV_1}{V} = \frac{2 \times \frac{4 \times \pi \times r^3}{3}}{a^3} = \frac{2 \times \frac{4 \times \pi \times (\frac{\sqrt{3}}{4}a)^3}{3}}{a^3} \approx 0.68$$

（2）面心立方晶格的致密度

$$k = \frac{nV_1}{V} = \frac{4 \times \dfrac{4 \times \pi \times r^3}{3}}{a^3} = \frac{4 \times \dfrac{4 \times \pi \times (\dfrac{\sqrt{2}}{4}a)^3}{3}}{a^3} \approx 0.74$$

（3）密排六方晶格的致密度

$$k = \frac{nV_1}{V} = \frac{6 \times \dfrac{4 \times \pi \times r^3}{3}}{3 \times a^2 \sin 60° \times c} = \frac{6 \times \dfrac{4 \times \pi \times (\dfrac{a}{2})^3}{3}}{3\sqrt{2}a^3} \approx 0.74 (\text{其中 } c = 1.633\alpha)$$

由以上致密度的计算结果得知：体心立方晶格有 68% 的体积被原子所占据，其余 32% 为空隙；面心立方晶格、密排六方晶格有 74% 的体积被原子所占据，其余 26% 为空隙。面心立方晶格、密排六方晶格比体心立方晶格原子排列的致密度高。

4. 金属的实际结构和晶体缺陷

（1）金属的实际结构

固态金属是由许多晶粒组成的，对于理想的完整晶体，在晶粒内部原子按一定的规律排列。在金属晶体中，原子并非静止不动的，而是以其平衡位置为中心不停地进行热振动。虽然在一定的温度下原子热振动的平均能量是相等的，但是每个原子的能量却不相等，而且经常变化，此起彼伏。在任何瞬间，总有一些原子的能量大到足以克服周围原子对它的束缚作用，从而脱离其原来的平衡位置而迁移到别处，结果在原来的位置上出现了空位。如果离开平衡位置的原子迁移到晶体点阵的间隙中，还会同时形成间隙原子。

晶体中的空位和间隙原子不是固定不动的，而是不断的产生、消失，不停地运动、变化。这使金属晶体在成分和结构上存在一定程度上的不稳定现象。

（2）晶体缺陷

在实际金属晶体中，存在原子不规则排列的局部区域，这些区域称为晶体缺陷。晶体缺陷不但对金属及其合金的性能，特别是对结构敏感的性能，如强度、塑性、电阻等产生重大的影响，而且还在扩散、相变、塑性变形和再结晶等过程中有重要影响。按缺陷几何形态，晶体缺陷分为点缺陷、线缺陷和面缺陷三类。

① 点缺陷

最为常见的点缺陷是"晶格空位"和"间隙原子"。如图 3 - 7 所示，晶格中某个原子脱离了平衡位置，形成空结点，称为空位；某个晶格间隙挤进了原子，称为间隙原子；由于空位与间隙原子的出现，会使四周的晶格偏离理想晶格位置，发生"晶格畸变"。晶体中的空位和间隙原子都处于不断的运动和变化之中。点缺陷的存在，对金属的硬度和强度有着重要影响，另外，点缺陷的动态变化是造成金属中原子扩散的原因。

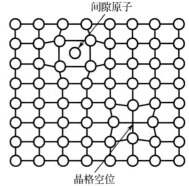

图 3 - 7　晶格空位和间隙原子示意图

② 线缺陷

晶体中最普通的线缺陷就是位错。即在晶体中某处有一列或若干列原子发生了有规律的错排现象，我们将这种错排现象称为位错。常见的位错形式有螺型位错和刃型位错，在此仅介绍刃型位错。

刃型位错（如图 3 - 8 所示），在一完整晶体中，沿 *ABCD* 晶面横切一刀，使得晶体沿 *EF* 线产生了上下层原子位置的错排，故称"刃型位错"，用符号"⊥"表示。在位错四周，由于原子的错排使晶格发生了畸变，会使金属的强度进一步加强，但塑性和韧性下降。实际晶体中往往含有大量位错，生产中还可通过冷变形后使金属位错增多，能有效地提高金属强度。

③ 面缺陷

面缺陷包括晶界和亚晶界。晶界（如图 3 - 9 所示）是晶粒与晶粒之间的界面。另外，在一个晶粒内部也不是理想晶体，一个晶粒也是由位向差很小的称为嵌镶块的小块所组成，嵌镶块称为亚晶粒，亚晶粒的交界称为亚晶界（如图 3 - 10 所示）。

晶界处的原子需要同时适应相邻两个晶粒的位向，就必须从一种晶粒位向逐步过渡到另一种晶粒位向，成为不同晶粒之间的过渡层，因而晶界上的原子多处于无规则状态或两种晶粒位向的过渡状态。晶粒之间位向差较大（大于 10° ~ 15°）的晶界，称为大角度晶界；亚晶粒之间位向差较小，亚晶界是小角度晶界。由于面缺陷使晶格产生畸变，故而会使金属材料的强度得到提高。细化晶粒可增加晶界的数目，是强化金属的有效手段之一，同时，细晶粒的金属塑性和韧性也比粗晶粒的要好得多。

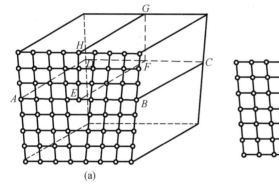
(a)

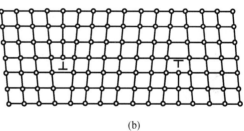
(b)

图 3 - 8　刃型位错示意图
（a）立体图；（b）平面图

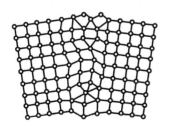

图 3 - 9　晶界示意图

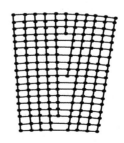

图 3 - 10　亚晶界示意图

1.2　合金的固态结构

纯金属一般具有较好的导电性、导热性、化学稳定性和金属光泽,但其种类有限,提炼困难,机械性能较低,无法满足多品种、性能优、价廉等方面的工业材料要求,故在工业材料中应用广泛的是合金。合金是指两种或两种以上的金属或金属与非金属,经过熔炼或烧结、或用其他方法制成的具有金属特性的物质。合金具有比纯金属高得多的强度、硬度、耐磨性等机械性能,加之合金可通过热处理、机械处理等方法改善其组织和性能,故而是工程上使用得最多的金属材料,如碳钢、铸铁、合金钢、青铜、轴承合金等均为合金。

1. 合金的常用术语

(1)组元

组成合金的最简单、最基本、能独立存在的组成部分称为组元。一般说来,组元是组成合金的基本元素,如 Cu-Zn 合金中的 Cu 和 Zn;但也可以是稳定的化合物,如铁碳合金中 Fe_3C。根据合金中组元的数目,合金可分为二元合金、三元及多元合金。

(2)合金系

有两个或两个以上组元,按不同的比例配制的一系列不同成分的合金,称为合金系,如 Cu-Sn 系,$Fe-Fe_3C$ 系等。

(3)相

相是指合金中结构相同、成分和性能相同,并以界面相互分开的组成部分。若合金是由成分、结构都相同的同一种晶粒构成,各晶粒虽由界面分开,却属同一种合金相;若合金是由成分、结构互不相同的同几种晶粒构成,则合金属于多相合金。

2. 固态合金的相结构

制造合金的方法很多,但应用最广的是熔炼法。用熔炼法制造合金时,需要得到具有某种化学成分均匀一致的合金溶液,把合金溶液的温度降至略低于其熔点温度便开始结晶。合金的结晶过程是通过形核与核长大两个基本过程来实现的,合金的结晶过程比纯金属的结晶过程要复杂一些,由于从液态过渡到固态时,各组元间相互作用,如相互固溶、相互化合以及形成机械混合物,致使合金中将形成不同的合金相结构和合金组织;另一方面,合金的结晶通常是在一定的温度范围内完成的。

固态合金的相,按其晶格结构的基本属性可分为两大类:固溶体和金属化合物。

(1)固溶体

当合金由液态结晶为固态时,溶质原子固溶入溶剂中所形成的,保持溶剂元素晶体结构的晶体,称为固溶体。固溶体中晶格保持不变的组元称为溶剂,因此固溶体的晶格与溶剂的晶格相同;其他组元,称为溶质。根据溶质原子在晶格中占据位置的不同,可分为间隙固溶体和置换固溶体两类。

① 间隙固溶体

溶质原子和溶剂原子直径相差较大,溶质原子处于溶剂晶体结构的间隙位置上,则形成间隙固溶体。间隙固溶体(如图 3-11 所示),一般情况下,间隙固溶体形成的条件是:$d_{溶质}/d_{溶剂}$ 小于 0.59。溶质原子不占据正常的晶格结点,而是嵌进晶格间隙中。

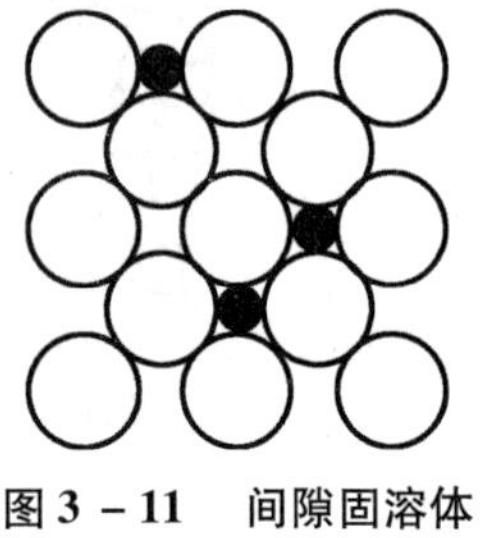

由于溶剂的间隙尺寸和数目有限,所以只有原子半径较小的

图 3-11　间隙固溶体

溶质(如碳、氮、硼等非金属元素)才能溶进溶剂中形成间隙固溶体,且这种固溶体的溶解度是有限的,故称为有限固溶体。若温度升高,晶格间隙增大,溶质原子在溶剂晶格中的溶解度随之增加;反之,溶解度随温度下降而减少。所以,已达到饱和的有限固溶体,在其冷却时,由于溶解度降低常会从固溶体中析出溶质原子。

② 置换固溶体

溶质原子和溶剂原子尺寸相差较小,形成固溶体时,溶质原子置换了溶剂晶格中的一部分原子,就形成了置换固溶体(如图 3 – 12 所示)。形成置换固溶体条件是:$d_{溶质}/d_{溶剂} \approx$ 0.85~1.0。由于要实现溶质原子置换晶格正常结点上的溶剂原子,所以,只有当合金中的二组元的原子直径相近时,才易形成置换固溶体。有些置换固溶体的溶解度有限,故称有限固溶体。但当溶剂与溶质原子的直径基本相当,并具有相同的晶格类型时,它们可以按任意比例溶解,这种置换固溶体称为无限固溶体。

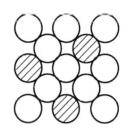

图 3 – 12　置换固溶体

影响置换固溶体溶解度的因素很多,主要取决于溶质原子与溶剂原子的原子直径和在周期表中相对位置。两元素在周期表中的位置越靠近,其外层电子数、物理和化学性能越相近,越易形成置换固溶体,溶解度也越大。而且当溶剂元素和溶质元素的晶格类型相同,原子直径相当时,则这些元素会按任何比例溶解,形成无限固溶体。

③ 固溶体的性能

无论是形成哪种固溶体,都将破坏原子的规则排列,使晶格发生畸变,随着溶质原子数目的增加,晶格畸变增大,晶格畸变将导致变形抗力增加,使固溶体的强度增加,所获得的固溶体可进一步提高合金的强度、硬度,这种现象称为固溶强化。固溶强化是进一步提高金属材料性能的重要途径之一。选择适当的溶质元素、溶剂元素及恰当的含量,不但可以使合金获得较高的强度和硬度,同时可使合金保持较好的韧性和塑性。

在常用金属材料中,固溶体占有非常重要的地位,它们可以是合金中唯一的相,也可以是合金中基本相。几乎所有对综合机械性能要求较高的结构材料,多以固溶体作为基本组成相。不过,通过单纯固溶强化所达到的最高强度指标仍然是有限的,往往还辅以其他强化处理方法。

(2) 金属化合物

当合金由液态结晶为固态时,合金组元间相互作用,所形成的一种晶格类型及性能均不同于任一组元的合金固相,称为金属化合物。它分为正常价化合物、电子化合物和间隙化合物三大类型。

① 正常价化合物

它通常是由在周期表上相距较远、电化学性质相差很大的两种元素形成的。如化学性能上表现出强金属性的元素与非金属或类金属元素就能形成此类化合物。这类化合物的晶格特点是:严格遵循化合价规律;化学成分固定,可用分子式来表示;组元的原子呈有序分布;组元间电化学性能相差越大,键结合力越强,形成的化合物越稳定。正常价化合物一般具有高的硬度和大的脆性。这类化合物一般常见于陶瓷中,工业合金中只有极少数合金系才能形成这类化合物,如 Mg_2Si 等。

② 电子化合物

所谓电子化合物,是指化合物的价电子数与原子数遵循一定比值关系,这类化合物与正常价化合物不同,它不遵守一般的化合价规律,由于这类化合物的形成规律与电子浓度密切相关,故称为电子化合物。电子化合物的晶格特点是:不遵守化合价规律,而服从电子浓度规律;电子化合物虽然可用化学分子式来表示,但实际上它的成分通常不是一个固定值,而是在一个范围内波动;电子化合物主要以金属键结合,具有明显的金属特性,常见于有色金属中,它的硬度和熔点高,有很大的脆性,故不适于做合金基体,但却是有色金属的重要的强化相,与固溶体适当配合,可使合金获得良好的机械性能;电子化合物晶格中各组元的原子间多呈差异性分布。

应当指出,电子浓度是决定电子化合物结构的主导因素,但不是唯一因素,组成元素的原子大小及其他电化学性质对其结构也有影响。

③ 间隙化合物

一般由原子直径较大的过渡族金属元素(如 Fe,Cr,W,V,Ti 等)和原子直径较小的非金属元素(如 C,H,N,B 等)结合而成。直径较大的过渡族金属原子占据了晶格的正常位置,尺寸较小的非金属原子则有规律地嵌入晶格空隙中,因而称为间隙化合物。但应注意,间隙化合物和间隙固溶体有本质区别,前者具有与任一组元晶体结构完全不同的新的晶格类型,而后者则保留溶剂的晶格类型。

按照结构特征的不同,间隙化合物可分为具有简单晶格的间隙化合物和具有复杂晶格的间隙化合物两类。简单晶格的间隙化合物,其形成的条件是非金属原子直径与金属原子直径的比值 $d_非 / d_金 \leqslant 0.59$,这样的尺寸因素关系,易于形成简单而对称性高的晶格。当 $d_非 / d_金 > 0.59$ 时,所形成的化合物一般都具有复杂的晶体结构,易于形成复杂晶格的间隙化合物。

④ 金属化合物的性能

金属化合物一般都具有熔点高,性能硬而脆的特点。当它呈细小颗粒均匀分布于固溶体基体上时,能使合金的强度、硬度、耐磨性等进一步提高,这一现象称为弥散强化。因此,合金中的金属化合物是不可缺少的强化相。但由于金属化合物的塑性和韧性差,当合金中的金属化合物数目多或呈粗大、不均匀分布时,会降低合金的塑性和韧性。

合金的组织可以是单相固溶体,但由于其强度不够高,其应用具有局限性;绝大多数合金的组织是固溶体与少量金属化合物组成的机械混合物。通过调整固溶体中溶质原子的含量,以及控制金属化合物的数目、形态、分布状况,可以改变合金的力学性能,从而满足不同的使用需要。

任务二　金属的结晶

任务描述:大部分金属构件都是经过熔炼和铸造工序而形成,它们都要经历由液态转变为固态的凝固过程,由于金属是晶体,我们把这一凝固过程称为结晶过程。金属由液态结晶时所形成的铸态组织,与其各种性能有着密切的关系,同时也对铸件的应用或随后的各种加工与热处理工艺都有很大影响。掌握金属结晶过程的基本规律,对提高铸件的质量、改善金属构件的组织和性能具有重要意义。同时，金属的凝固又是一个重要的相变过程，通过了解凝固过程可更好地掌握其相变的普遍规律，为学习热处理原理及加工工艺奠定基础。

知识目标：掌握金属结晶的基本概念及结晶的过程；掌握金属结晶过程中晶粒大小的控制方法，了解金属结晶过程中的特性。

能力目标：通过认识金属的结晶过程，获得提高铸件质量、改善金属制件的组织和性能的应用能力；为了解相变及学习热处理打下基础。

知识链接：纯金属的结晶及其能量条件；金属的结晶过程。

2.1　纯金属的结晶及其能量条件

1. 纯金属的结晶

纯金属结晶是指纯金属由液态转变为固态晶体的过程，其实质是物质内部原子重新排列的过程，即从液态下的不规则排列转变为固态下的规则排列。金属晶体都有固定的熔点，称为理论结晶温度，用符号 T_0 表示。当温度高于结晶温度 T_0 时便产生溶化，低于结晶温度 T_0 时便产生结晶。在结晶温度 T_0 时，金属液体和晶体共存，达到可逆平衡。金属的结晶温度

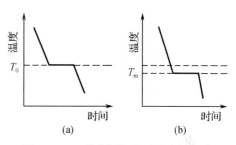

图 3 - 13　纯金属结晶时的冷却曲线

是可通过热分析法测定的，即将纯金属加热熔化成液体，然后使其缓慢冷却，在冷却过程中，每隔一段时间测量液体的温度，可得到如图 3 - 13(a) 所示的纯金属冷却曲线。

由此曲线可见，液态金属从高温开始冷却时，由于周围环境的吸热，温度均匀下降，状态保持不变，当温度下降到一定温度后，金属开始结晶，放出结晶潜热，抵消了金属向四周散出的热量，因而冷却曲线上出现了"平台"。持续一段时间之后，结晶完毕，固态金属的温度继续均匀下降，直至室温。曲线上"平台"所对应的温度 T_0，称为理论结晶温度。

在实际生产中，金属自液态向固态结晶时，有较快的冷却速度，使液态金属的结晶过程在低于理论结晶温度的某一温度 T_m 下进行，金属的实际结晶温度 T_m 低于理论结晶温度的现象，称过冷现象（如图 3 - 13(b)），理论结晶温度与实际结晶温度的差叫做过冷度，过冷度 $\Delta T = T_m - T_0$。实际上金属总是在过冷的情况下进行结晶的，但同一种金属结晶时的过冷度并不是一个恒定值，它与冷却速度有关，结晶时的冷却速度越大，过冷度就越大，金属的实际结晶温度也就越低。

2. 金属结晶的能量条件

纯金属的凝固，一般在常压和恒温条件下进行。按热力学第二定律，等温等压下，一切过程自动进行的方向是体系自由能降低的方向，直到自由能具有最低值为止，即所谓最小自由能原理。结晶过程同样必须符合这个规律。

图 3 - 14 表示液、晶体在不同温度下的自由能变化，当温度高于 T_0 时，液态的自由能低于固体的自由能，金属将自发地由固体变为液态，即发生熔化；当温度低于 T_0 时，液态的自由能大于固体的自由能，金属将自发地由液态变为固体，即发生结晶。因此，要使液体结晶，必须要有自由能差 $\Delta T = F_{液} - F_{固}$ 构成结晶的相变驱动力。液体的冷却速度越大，

过冷度越大,自由能差也越大,由液态到固体的相变驱动力越大,结晶越容易。

必须指出,结晶时要同时发生两方面的能量变化,一方面是液态转变为固态,引起体系自由能的降低;另一方面,因晶体的出现构成新的界面而引起界面自由能的升高。因此,要使液体进行结晶,必须造就足够的过冷度,使其体系自由能的降低(即体积自由能差)超过因晶体出现而导致的界面自由能的升高,才能使结晶过

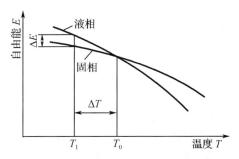

图 3 – 14　液体与晶体在不同温度下的自由能变化

程总的自由能是降低的,满足最小自由能原理。因此足够的过冷度是金属结晶的必备能量条件。

2.2　金属的结晶过程

1. 金属结晶的一般过程

液态金属的结晶是由晶核的形成和晶核的长大两个过程来实现的。液态金属结晶时,首先在液体中形成一些极微小的晶体,称为晶核,然后再以它们为核心不断长大。在这些晶核长大的同时,又出现新的晶核并逐渐长大,直至液态金属全部消失。金属结晶过程如图 3 – 15 所示。

2. 晶核的生成

在液态金属中存在两种晶核,即自发形核和非自发形核。

（1）自发形核

在液态金属中存在有大量尺寸不同的短程有序的原子集团。当在结晶温度以上时,它们是不稳定的,但是,当温度降低到结晶温度以下时,液体中一些短程有序原子集团,就变得比较稳定而不再消失,成为结晶的核心。这种从液体内部自发形成的结晶核心叫做自发晶核。

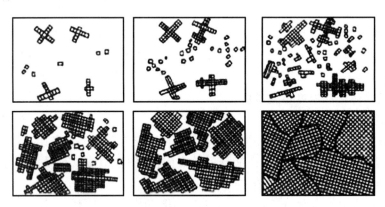

图 3 – 15　金属结晶过程的示意图

（2）非自发形核

液态金属依附在一些未熔微粒表面所形成的晶核,称为非自发晶核。这些未熔微粒

是液态金属或是原来就存在的杂质,也可能是人为加入的形核剂。当这些未熔微粒的晶体结构和晶格常数与金属的晶体结构相似或相当时,就能成为非自发核心的基底,并进而形成晶核。虽然在液态金属中自发形核和非自发形核是同时存在的,但在实际金属的结晶过程中,非自发形核比自发形核更重要,往往起优先和主导的作用。

3. 晶核的长大

晶核形成以后,晶核即开始长大。晶核长大的实质是原子由液体向固体表面的转移。当在一定过冷度的条件下,特别是液态金属内存在非自发晶核时,金属晶体往往以树枝状的形式长大。在晶核生长的初期,晶粒保持晶体规则的几何外形,但在晶体继续生长的过程中,由于晶体的棱边和尖角处的散热条件优于其他部位,能使结晶时放出的结晶潜热迅速逸出,此处晶体优先长大,并沿一定方向生长出空间骨架,这种骨架如同树干,称为一次晶轴。在一次晶轴伸长和变粗的同时,在一次晶轴的棱边又生成二次晶轴、三次晶轴、四次晶轴 …… 从而形成一个树枝状晶体,称为树枝状晶,简称枝晶。在金属结晶过程中,由于晶核是按树枝状骨架方式长大的,当其发展到与相邻的树枝状骨架相遇时,就停止扩展,但是此时的骨架仍处于液体中,故骨架内将不断长出更高次的晶轴。同时,先生长的晶轴也在逐渐加粗,使剩余的液体越来越少,直至晶轴之间的液体结晶完毕,各次晶轴互相接触形成一个充实的晶粒。实际金属的结晶多为枝晶结构。在结晶过程中,如果液体的供应不充分,则金属最后凝固的树枝晶之间的间隙不会被填满,晶体的树枝状就很容易表露出来,并形成缩松铸造缺陷。晶体成长示意图如图 3 – 16 所示。

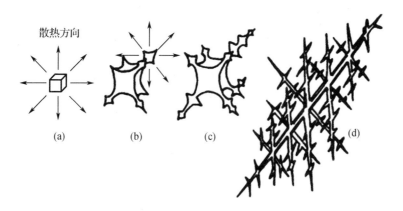

图 3 – 16　晶体成长示意图

4. 结晶晶粒大小及控制

晶粒的大小称为晶粒度,通常用晶粒的平均面积或平均直径来表示。金属结晶时每个晶粒都是由一个晶核长大而成,其晶粒度取决于形核率 N 和长大速度 G 的相对大小。若形核率越大,而长大速度越小,单位体积中晶核数目越多,每个晶核的长大空间越小,也来不及充分长大,长成的晶粒就越细小;反之,若形核率越小,而长大速度越大,则晶粒越粗化。晶粒大小对金属性能有重要的影响。在常温下晶粒愈小,金属的强度、硬度愈高,塑性、韧性也愈好。多数情况下,工程上希望通过使金属材料的晶粒细化而提高金属的力学性能。这种用细化晶粒来提高材料强度的方法,称为细晶强化。工程上常用的控制结晶晶粒大小的方法有以下几种。

（1）控制过冷度

形核率 N 与长大速度 G 一般都随过冷度 $\triangle T$ 的增大而增大,但两者的增长速率不同,形核率的增长率高于长大速度的增长率(如图 3 – 17 所示),故增加过冷度可提高 N/G 值,有利于晶粒细化。提高液态金属的冷却速度,可增大过冷度,有效地提高形核率。在铸造生产中为了提高铸件的冷却速度,可以采用提高铸型吸热能力和提高导热性能等措施;也可以采用降低浇注温度、慢浇注等。快冷方法一般只适用于小件或薄件,大件难以达到大的过冷度。

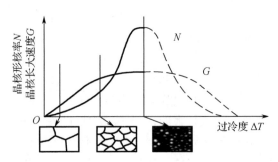

图 3 – 17　晶核形核率(N)和晶核长大速度(G)与过冷度(ΔT)的关系

若在液态金属冷却时采用极大的过冷度,例如使冷却速度大于 10^7 ℃/s,可使某些金属凝固时来不及形核而使液态金属的原子排列状态被保留到室温,从而得到非晶态金属,也称为金属玻璃。非晶态金属与晶态金属相比具有高的强度与韧性,故近年来已为人们所重视。

（2）变质处理

对于体积较大的金属,在获得较大过冷度困难时,或对于形状复杂的铸件,不允许过多地提高冷却速度时,为了得到细晶粒铸件,多采用变质处理。变质处理就是在浇注前,向液态金属中加入某种被称为变质剂的元素或化合物,以细化晶粒和改善组织。变质剂的作用在于增加晶核的数量或者阻碍晶核的长大。有一类物质,它们生成的化合物,符合于作为非自发晶核的条件,当其作为变质剂加入液体金属中时,可以大大增加晶核的数目,这类变质剂有时又称为孕育剂。例如,在铝合金液体中加入钛、锆,钢水中加入钛、钒、铝等,都可使晶粒细化;在铁水中加入硅铁、硅钙合金时,能使组织中的石墨变细。另有一类物质,虽不能作为结晶核心,但能阻止晶粒的长大,有的则能附着在晶体的结晶前缘,强烈地阻碍晶粒长大。例如,在铝硅合金中加入钠盐,钠能富集在硅的表面,降低硅的长大速度,阻碍粗大的硅晶粒的形成,使合金的晶粒得到细化。

（3）附加振动处理

对结晶过程中的液态金属输入一定频率的振动波,形成的对流会使成长中的树枝晶晶臂折断,一方面可避免粗大晶粒的形成,另一方面可增加晶核数目,从而显著提高形核率,达到细化晶粒的目的。常用的振动方法有机械振动、超声波振动、电磁搅拌等。特别是在铸钢的浇铸中,电磁搅拌已成为控制凝固组织的重要技术手段。

任务三　二元合金相图

任务描述:通过二元合金相图的学习,不仅可以了解各种合金的结晶过程,不同温度下合金处于什么相,冷却后合金将获得什么组织,而且还可以了解在成分与组织结构改变时,其性能的变化规律。在生产实践中,达到利用合金相图合理使用合金,正确制定合金的铸造、锻压、焊接、热处理等加工工艺以及研制新型合金的目的。

知识目标:掌握合金相图的建立方法;能够读懂匀晶相图、共晶相图、共析相图;掌握利用相图分析合金的结晶过程;掌握相图与合金性能的关系。

能力目标:能利用相图分析合金的组织变化;能利用相图判断合金的使用性能和工艺性能。

知识链接:二元合金相图;铁碳合金相图。

3.1　二元合金相图

3.1.1　概述

合金在结晶以后,既可获得单相固溶体,也可以获得单相化合物组织,但更为常见的是,得到由固溶体和化合物或几种固溶体组成的多相组织。相的种类和状态不同,合金的性能就不同。合金相图又称合金平衡相图或合金状态图,它是平衡状态下合金成分、温度与组织结构之间的相互关系及其变化规律的简明图解,也是各种成分合金结晶过程的简明图解。

所谓平衡状态,是指一定成分的合金,在一定温度下保持足够长的时间,使所有各相达到完全稳定的状态,则可认为是处于平衡状态,这时的相称为平衡相。

前面合金术语中已经提到,由两个或两个以上的组元按不同的比例配制成一系列不同成分的合金,就成为合金系,如 Al – Si 系合金、Al – Cu – Mg 系合金等。由两个组元所构成的合金系称为二元合金系,由三个组元所构成的合金系称为三元合金系,依此类推。利用合金相图可以知道各种成分的合金在不同的温度具有哪些相,各相的相对含量、成分以及温度变化时可能发生的变化。依据合金相图的分析和使用,有助于了解合金的组织状态和预测合金的性能,也可按要求研究配制新的合金。

相平衡是合金的自由能处于最低的状态,也就是合金最稳定的状态。合金总是力图通过原子扩散趋于这种状态。如果合金在其结晶过程中或相变过程中的冷却速度非常缓慢,那么由于其原子有充分的时间进行扩散,所以合金中的各相将近似处于平衡状态,这种冷却方式称为平衡冷却,而这种处于相平衡状态的结晶或相变方式称为平衡结晶。在合金实际冷却时,平衡状态可认为是在相当缓慢冷却中达到的。

3.1.2　二元合金相图的建立

相图几乎都是通过实验过程建立的,最常用的方法是热分析法。下面以 Cu-Ni 合金为例,说明用热分析法建立相图的具体步骤,如图 3 – 18 所示。

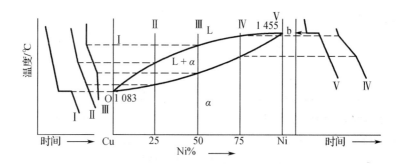

图 3 – 18　合金状态图的测制方法

（1）配制不同成分（质量分数）的 Cu – Ni 合金,见表 3 – 1。

（2）测出以上各合金的冷却曲线,并找出各冷却曲线上临界点,即结晶转变开始点和结晶转变结束点的温度。

（3）画出温度 – 成分坐标系,在相应成分垂线上标出临界点温度。

表 3 – 1　Cu – Ni 合金的成分

合金编号	成分 /%	
	Cu	Ni
1	100	0
2	75	25
3	50	50
4	25	75
5	0	100

（4）将物理意义相同的点,如结晶转变开始点、结晶转变结束点连成曲线,标明各区域内所存在的相,即得到 Cu – Ni 合金相图。

3.1.3　二元合金相图的基本类型

基本的二元合金相图有匀晶相图、共晶相图和共析相图。

1. 匀晶相图

当两组元在液态和固态均能无限互溶时所构成的相图,称为二元匀晶相图。具有这类相图的二元合金系有 Cu – Ni,Cu – Au,Au – Ag,Fe – Ni,W – Mo,Cr – Mo 等,这里以 Cu – Ni 合金相图为例加以讨论。

（1）Cu – Ni 合金相图分析（如图 3 – 19 所示）

该相图十分简单,只有两条曲线,上面一条是液相线,下面一条是固相线。液相线和固相线将相图分成三个相区:液相区 L、固相区 α 以及液、固两相并存区 L + α。其中 L 相是铜和镍形成的合金溶液,α 是铜和镍组成的无限固溶体。

（2）合金的结晶过程

如图 3 – 19（a）,设有合金成分为 X_0,其成分垂线 IX_0 与相图上的相区分界线分别交于 1,4 两点。分析合金在冷却曲线上各段所发生的结晶或相变过程,如图 3 – 19（b）。

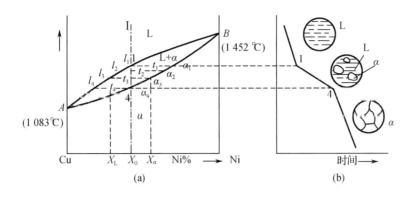

图 3 - 19　Cu - Ni 合金相图及冷却曲线

当 X_0 合金在 1 点温度以上时,合金为液相 L;自然冷却,当缓慢冷却至 t_1 温度时,合金发生匀晶转变 L → α,开始从液相中结晶出 α 固溶体,在 1 ~ 4 点温度之间时,随着温度的下降,结晶出来的 α 固溶体量逐渐增多,剩余的液相 L 量逐渐减少,同时,剩余的液相 L 和已结晶出来的 α 固溶体的成分通过原子的扩散也不断地改变。当缓慢冷却至 4 点温度时,匀晶转变完成,合金全部结晶为与合金本身成分一致的单相 α 固溶体。其他成分合金的平衡结晶过程也完全类似。

与纯金属一样,α 固溶体从液相中结晶出来的过程中,也包括形核与核长大两个过程,但固溶体更趋于呈树枝状长大。固溶体结晶在一个温度区间内进行,是一个变温结晶过程。在两相区内,温度一定时,两相的成分是确定的。确定相成分的方法是:过指定温度 t_2 作水平线,分别交液相线和固相线于 l_2 点和 a_2 点,则 l_2 点和 a_2 点在成分轴上的投影点,即为相应 L 相和 α 相的成分。随着温度的下降,液相成分沿液相线变化,固相成分沿固相线变化。到温度 t_3 时,L 相成分和 α 相成分分别为 l_3 和 a_3 点在成分轴上的投影。

2. 共晶相图

二元合金系中两组元在液态下能完全互溶,在固态下形成两种成分和结构不同的固相,并发生共晶转变,其相图称二元共晶相图。

所谓共晶转变,是指一定成分的合金溶液,在一定温度下,同时结晶出两种成分和结构不相同的固相的转变,称为共晶转变,也称为共晶反应。属于共晶转变的相图的有:Pb - Sn,Cu - Ag,Al - Ag,Al - Si,Pb - Bi 等,下面以 Pb - Sn 合金为例,对共晶相图及其合金的结晶过程进行分析。

(1) Pb - Sn 合金共晶相图分析(如图 3 - 20 所示)

Pb - Sn 合金相图中有三种相,Pb 与 Sn 形成的液溶体 L 相,Sn 固溶于 Pb 中的有限固溶体 α 相,Pb 固溶于 Sn 中的有限固溶体 β 相。相图中有三个单相区:L 液相区、α 固相区、β 固相区。三个双相区:L + α 和 L + β 液固相共存区、α + β 两固相共存区。一条 L + α + β 的三相共存线(水平线 CED)。E 点为共晶点,表示合金成分为此点成分(即共晶成分)的合金,冷却到此点所对应的温度(即共晶温度)时,同时结晶出成分为 C 点成分的 α 相和成分为 D 点成分的 β 相。因为相图中包含有共晶转变,故称其为共晶相图。

由共晶转变所生成的两相机械混合物叫共晶体。发生共晶转变时有三相共存,它们各自的成分是确定的,反应在恒温下平衡地进行。水平线 CED 为共晶反应线,成分在 CD

之间的合金,平衡结晶时都会发生共晶转变。CF 线为 Sn 在 Pb 中的溶解度曲线,称为 α 相的固溶线,温度降低时,α 固溶体的溶解度沿 CF 线变化,Sn 含量大于 F 点的合金从高温冷却到室温时,从 α 相中析出 β 相以降低 α 相中 Sn 含量。从固态 α 相中析出的 β 相称为二次 β 相,记作 β_{II}。这种二次结晶可表达为:

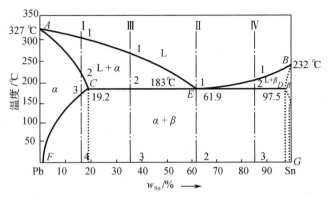

图 3 – 20　Pb – Sn 合金共晶相图

$\alpha \rightarrow \beta_{\mathrm{II}}$。$DG$ 线为 Pb 在 Sn 中溶解度线,或 β 相的固溶线,Sn 含量小于 G 点的合金,冷却过程中同样发生二次结晶,析出二次 α 相,记作 α_{II}。

（2）共晶合金的结晶过程

现以 Pb – Sn 的结晶过程进行分析。

① 共晶合金 Ⅰ 的结晶过程（如图 3 – 20 和图 3 – 21 所示）

在 1 点温度以上时,合金为液相。液态合金冷却到 1 点温度时,发生匀晶转变,开始结晶出 Sn 固溶于 Pb 的 α 固溶体。随着温度的下降,α 固溶体量不断增多,而液相量不断减少,液相成分沿 AE 线变化,固相成分沿 AC 线变化。当冷却到 2 点温度时,液相合金完全结晶成 α 固溶体,其成分为原合金成分。继续冷却,在 2 ~ 3 点温度范围内,α 固溶体相不发生变化。

当冷却至 3 点时,由于 Sn 在 α 中的溶解度随温度的降低,达到饱和,温度降到 3 点以下,Sn 在 α 相中的溶解度出现过饱和,过饱和的 Sn 将以 β 固溶体的形式从 α 相中析出。随着温度的

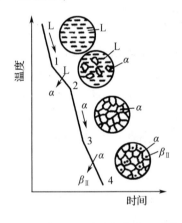

图 3 – 21　合金 Ⅰ 的冷却曲线及结晶过程

下降,α 相的成分沿 CF 固溶线变化,不断析出 β 固溶体。为了区别从液相直接结晶出的 β 固溶体,把从 α 固溶体中析出的 β 固溶体,称为二次 β 固溶体,用 β_{II} 表示。当温度降到室温时,α 相中的 Sn 含量为 F 点成分。最后得到的合金室温组织为 $\alpha + \beta_{\mathrm{II}}$。

② 共晶合金 Ⅱ 的结晶过程（如图 3 – 20 和图 3 – 22 所示）

液态合金冷却到 1 点温度时,发生共晶转变,全部液相转变为共晶体 $(\alpha + \beta)$。从共晶温度冷却至室温时,共晶体中的 α 和 β 均发生二次结晶,从 α 中析出 β_{II},从 β 中析出 α_{II}。α 的成分由 C 点变为 F 点,β 的成分由 D 点变为 G 点,

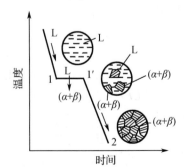

图 3 – 22　合金 Ⅱ 的冷却曲线及结晶过程

两种相的相对量可以通过杠杆定律进行计算。由于析出的二次 β 和二次 α 都相应地同 β 和 α 相连在一起，难以区分，并且共晶体的形态和成分不发生变化，故合金的室温组织全部为共晶体，即只含一种组织组成物，其组成相仍为 $\alpha + \beta$ 相。

③共晶合金 Ⅲ 的结晶过程（如图 3 - 20 和图 3 - 23 所示）

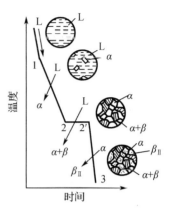

合金 Ⅲ 是亚共晶合金，合金冷却到 1 点温度后，由于匀晶反应生成 α 固溶体，叫初生 α 固溶体。从 1 点到 2 点温度的冷却过程中，按照杠杆定律，初生 α 的成分沿 AC 线变化，液相成分沿 AE 线变化，初生 α 逐渐增多，液相逐渐减少。当刚冷却到 2 点温度时，合金由 C 点成分的初生 α 相和 E 点成分的液相组成，然后 E 点成分的液相进行共晶转变，但初生 α 相不变化。经一定时间到 2′ 点共晶反应结束时，合金转变为 $\alpha + (\alpha + \beta)$。从共晶温度继续往下冷却，初生 α 相中不断析出二次 β 相，成分由 C 点降至 F；共晶体形态、成分和总量保持不变。合金的室温组织为初生 $\alpha + \beta_{\text{Ⅱ}} + (\alpha + \beta)$，合金的组成相仍为 α 和 β。

图 3 - 23　合金 Ⅲ 的冷却曲线及结晶过程

成分在 CE 之间的所有亚共晶合金的结晶过程与合金 Ⅲ 相同，仅组织组成物和组成相的相对量不同，成分越靠近共晶点，合金中共晶体的含量越多。合金的组织组成物相对量可应用杠杆定律求得。

成分在 ED 之间的合金为过共晶合金（例如 3 - 20 图中的合金 Ⅳ），结晶过程与亚共晶合金相似，室温组织为初生 $\beta + \alpha_{\text{Ⅱ}} + (\alpha + \beta)$。

3. 共析相图

在有些二元系合金中，当液体凝固完毕后继续降低温度时，在固态下还会发生相转变。在一定温度下，一定成分的固相分解为另外两个一定成分的固相的转变过程，称为共析转变。最简单的具有共析转变的二元共析合金相图，如图 3 - 24 所示。

二元合金相图的类型很多，除上面介绍的几种外，还有许多其他类型的相图和复杂的相图，在此不再进行逐一介绍。

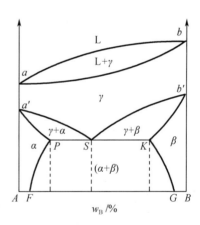

图 3 - 24　二元共析相图

3.1.4　相图与合金性能的关系

合金的性能取决于它的组织，而合金的某些工艺性能（如铸造性能）又与其结晶特点有关。相图不仅表明了合金的成分与平衡组织之间的关系，而且可以反映合金结晶的特点。因此通过相图，一定程度上能找出合金成分与性能的关系，并能大致判断合金的性能，这可以作为配制合金、选用材料和制定工艺时的重要参考。

1. 合金的使用性能与相图的关系

二元合金在室温下的平衡组织可分为两大类：一类是由单相固溶体构成的组织，这种合金称为(单相)固溶体合金;另一类是由两固相构成的组织,这种合金称为两相机械混合物合金。共晶转变、共析转变都会形成两相机械混合物合金。

实验证明,单相固溶体合金的力学性能和物理性能与其成分呈曲线变化关系,并在某一成分这些性能达最大值或最小值,如图3－25(a)所示。

两相机械混合物合金的力学性能和物理性能与成分主要呈直线变化关系,但某些对组织形态敏感的性能还要受到组织细密程度等组织形态的影响。例如在图3－25(b)中,当合金处在 α 或 β 固溶体单相区时,其力学性能和物理性能与成分呈曲线变化关系。而当合金处在 $\alpha + \beta$ 两相区时,合金的这些性能与成分主要呈直线变化关系。但是当合金处在共晶成分附近时,由于合金中两相晶粒构成的细密的共晶体组织的比例大大增加,对组织形态敏感的一些性能如强度等偏离与成分的直线变化关系,而出现如图3－25(b)中虚线所示的高峰,而且其峰值的大小随着组织细密程度的增加而增加。

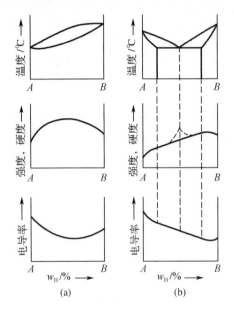

图 3 – 25　合金的使用性能与相图的关系

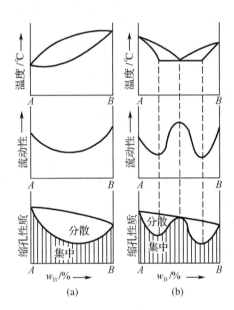

图 3 – 26　合金的铸造性能与相图的关系

2. 合金的工艺性能与相图的关系

图3－26为合金的铸造性能与相图的关系,可见,合金的铸造性能取决于结晶区间的大小。这是因为结晶区间越大,就意味着相图中液相线与固相线之间的距离越大,合金结晶时的温度范围也越大,这使得形成枝晶偏析的倾向增大。同时先结晶的枝晶容易阻碍未结晶的液体的流动,从而增加了分散缩孔或疏松形成的概率,因此铸造性能差。反之结晶区间小,则铸造性能好。

共晶成分合金的铸造性能最好,这是因为它在恒温下结晶(即结晶温度区间为零),没有偏析,流动性好,结晶时容易形成集中缩孔,铸件的致密性好,同时熔点又最低。因此铸造合金常选择共晶或接近共晶成分的合金。

单相固溶体合金的变形抗力小,不易开裂,有较好的塑性,故压力加工性能好。两相机械混合物合金的塑性变形能力相对较差,变形抗力相对较大。特别是当组织中存在较多的脆性化合物时,其压力加工性能更差。这是由于它的各相的变形能力不一样,造成了一相阻碍另一相的变形,使塑性变形的抗力增加。

单相固溶体合金的硬度低,切削加工性能差,表现为容易粘刀、不易断屑、加工表面粗糙度大等。而当合金为两相机械混合物时,切削加工性能会得到较大改善。

3.2　铁碳合金相图

普通碳钢和铸铁均属铁碳合金的范畴,合金钢和合金铸铁是加入合金元素的铁碳合金。因此,铁和碳是组成钢铁材料的两个最基本的元素。尽管钢铁中还含有一些其他元素,如 Si,Mn,S,P 等,但其数量很少,而占 93% 以上的铁质、含碳量及一定的组织结构等对其性能起决定作用,故可简化为 Fe－C 二元合金加以研究。铁碳合金相图,就是研究和分析铁碳合金在平衡条件下,成分、温度与合金相及组织之间的相互关系及其变化规律的基本工具。但当含碳量大于 6.69% 时,铁碳合金材质已很脆,性能极差,无实用价值,故通常情况下,铁碳合金只是研究和使用到 Fe－Fe_3C 系。牢固地掌握 Fe－Fe_3C 相图,对于正确选择和使用各类钢铁材料、合理制定加工工艺具有重要的指导作用。

1. 铁碳合金的基本相

(1) 液相(L)—— 它是高温下铁和碳的溶液。

(2) δ 相(δ)—— 又称高温铁素体,是碳在 δ－Fe 中的间隙固溶体,呈体心立方晶格。δ 相只存在于 1 394 ~ 1 538 ℃ 的高温区间。在 1 495 ℃ 时溶碳量最大。

(3) 铁素体相(F)—— 它是碳溶解于 α－Fe 中所形成的间隙固溶体,呈体心立方晶格。由于铁素体晶格中空隙半径较小,故铁素体的溶碳量很小,在 727 ℃ 时溶解度最大,但只有 0.021 8%。随着温度下降溶解度逐渐减少,直至室温时其溶解度为 0.000 8%。

(4) 奥氏体相(A)—— 它是碳溶解于 γ－Fe 中所形成的间隙固溶体,呈面心立方晶格。由于奥氏体晶格中空隙半径较大,故奥氏体的溶碳量很大,在 727 ℃ 时溶解度为 0.77%,到 1 148 ℃ 时溶解度达到最大值 2.11%。另外,奥氏体在钢的组织中,比容最小,当奥氏体转变为其他组织时,体积会发生膨胀,产生内应力。

(5) 渗碳体相(Fe_3C)—— 它是一种具有复杂晶格的间隙化合物,在室温平衡状态下,钢中的碳大多以渗碳体形式存在,由于形成的条件不同,可以分为一次渗碳体(Fe_3C_I)、二次渗碳体(Fe_3C_{II})、三次渗碳体(Fe_3C_{III})、共晶渗碳体和共析渗碳体等形式。渗碳体硬而脆,具有很高的硬度(HBS 800),显示很大的脆性,塑性及韧性几乎为零,强度也极低。

综上所述,Fe－Fe_3C 合金系中存在五个相:液相(L)、δ 相、铁素体相(F)、奥氏体相(A)、渗碳体相(Fe_3C)。在室温平衡状态下,Fe－Fe_3C 合金只有两个相:铁素体相(F)、渗碳体相(Fe_3C)。

2. 铁碳合金(Fe－Fe_3C) 相图上的重要点和线

图 3－27 为铁碳合金(Fe－Fe_3C) 相图。铁碳合金(Fe－Fe_3C) 相图中各点的温度、含碳量及其含义见表 3－2。

(1) J 点

J 点为包晶点。合金在平衡结晶过程中冷却至 1 495 ℃ 时,B 点成分的液相(L)与 H 点成分的 δ 固相将发生包晶转变,生成 J 点成分的奥氏体,这一包晶转变的产物是奥氏体。所谓包晶转变,就是由一个一定成分的液相和一个一定成分的固相,在一定的温度下,同时结晶为一个合金成分固相的转变,如 $L + \delta \rightarrow A(1\ 495\ ℃)$。

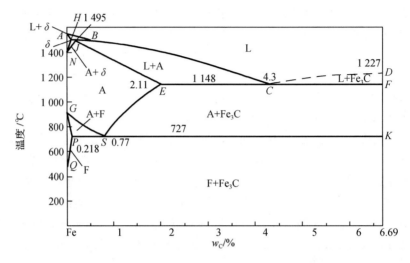

图 3 – 27 Fe – Fe₃C 相图

表 3 – 2   铁碳合金(Fe – Fe₃C)相图中各点的说明

特性点	温度 /℃	含碳量 /%	含义
A	1 538	0	纯铁熔点
B	1 495	0.53	包晶反应时液态合金的浓度
C	1 148	4.30	共晶点
D	1 227	6.69	渗碳体的熔点
E	1 148	2.11	碳在奥氏体(或 γ – Fe)中最大溶解度
F	1 148	6.69	渗碳体的成分
G	912	0	纯铁的同素异晶转变点,α – Fe $\longleftrightarrow$ γ – Fe
H	1 495	0.09	碳在 δ – Fe 中最大溶解度
J	1 495	0.17	包晶点
K	727	6.69	渗碳体的成分
N	1 394	0	纯铁的同素异晶转变点,γ – Fe $\longleftrightarrow$ δ – Fe
P	727	0.021 8	碳在铁素体(或 α – Fe)中最大溶解度
S	727	0.77	共析点
Q	600	0.005 7	碳在铁素体(或 α – Fe)中的溶解度

(2)C 点

C 点为共晶点。合金在平衡结晶过程中冷却至 1 148 ℃ 时,C 点成分的液相(L)发生共晶转变,生成 E 点成分的奥氏体(A)和 F 点成分的渗碳体(Fe – Fe₃C)。共晶转变的产物是奥氏体 + 渗碳体所组成的机械混合物,称为高温莱氏体(Ld)。

（3）S 点

S 点为共析点。合金在平衡结晶过程中冷却至 727 ℃ 时，S 点成分的奥氏体（A）发生共析转变，生成 P 点成分的铁素体（F）和 K 点成分的 Fe_3C。共析转变的产物是铁素体与共析渗碳体所组成的机械混合物，称为珠光体（P）。

（4）铁碳合金（Fe – Fe_3C）相图上的特性线

① $ABCD$ 线

液相线，液相冷却至此线开始析出固相，固相加热至此线全部转化液相。

② $AHJECF$ 线

固相线，液态合金至此线全部结晶为固相，固相加热至此线开始转化出液相。

③ GS 线

奥氏体（A）开始析出铁素体（F）的转变线，加热时铁素体（F）全部溶入奥氏体（A），通常称为 A_3 线。

④ ES 线

碳在奥氏体（A）中的固溶线。由于在 1 148 ℃ 时，奥氏体（A）中溶碳量可达 2.11%，而在 727 ℃ 时，减为 0.77%，因此，含碳量大于 0.77% 的铁碳合金自 1 148 ℃ 冷至 727 ℃ 的过程中，将沿奥氏体晶界析出二次渗碳体。

⑤ ECF 线

ECF 线（1 148 ℃）称为共晶线，至此线发生共晶转变，同时结晶出奥氏体（A）与 Fe_3C 的机械混合物，即高温莱氏体（Ld）。

⑥ PSK 线

PSK 线（727 ℃）称为共析线，至此线反生共析转变，共析转变的产物为珠光体（P）。

⑦ HJB 线

HJB 线（1 495 ℃）称为包晶线，至此发生包晶转变，包晶转变的产物为奥氏体（A）。

另外，相图中 $AHNA$ 区域为单相 δ 区；$GPQG$ 区域为单相 α 铁素体区；$NJESGN$ 所包围的区域为单相奥氏体（A）区域。

3. 铁碳合金（Fe – Fe_3C）相图分析

（1）铁碳合金的分类

根据碳质量分数及组织特征的不同，可将铁碳合金分为以下三大类七小类。

① 工业纯铁（$w_C < 0.021\ 8\%$）；

② 碳钢（$0.021\ 8\% < w_C < 2.11\%$）：亚共析钢（$0.021\ 8\% < w_C < 0.77\%$）、共析钢（$w_C = 0.77\%$）、过共析钢（$0.77\% < w_C < 2.11\%$）；

③ 白口铸铁（$2.11\% < w_C < 6.69\%$）：亚共晶白口铸铁（$2.11\% < w_C < 4.3\%$）、共晶白口铸铁（$w_C = 4.3\%$）、过共晶白口铸铁（$4.3\% < w_C < 6.69\%$）。

（2）共析钢的结晶过程分析

图 3 – 28 为六种典型铁碳合金在相图上的位置。

图 3 – 28 中合金 1 为共析钢（$w_C = 0.77\%$）结晶过程。它在 BC 线以上为液相 L；在 BC 线以下至 JE 线以上结晶出奥氏体；JE 线以下至 PS 线以上为单一奥氏体 A；奥氏体冷至 PS 线（727 ℃）时，将发生共析反应转变形成珠光体 P。如图 3 – 29 为共析钢结晶过程示意图。

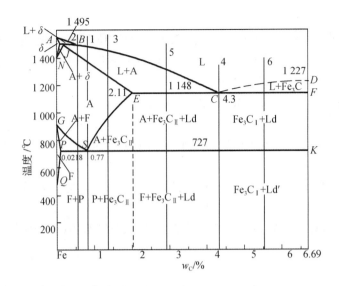

图 3 - 28   六种典型铁碳合金在相图上的位置

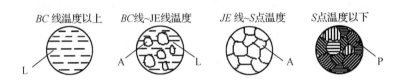

图 3 - 29   共析钢结晶过程示意图

（3）亚共析钢的结晶过程分析

合金 2 为含碳量在 0.021 8% ~ 0.53% 范围内的亚共析钢结晶过程。合金冷却至 1 495 ℃时均发生包晶反应，反应结果形成奥氏体；而含碳量 ≥ 0.53% 的亚共析钢，结晶过程将不发生包晶反应。以图 3 - 28 中合金 2 为例，冷却到 JE 线以下得到奥氏体组织；冷却至 GS 线时，发生 A → F 的转变；冷至 PS 线（727 ℃）时，未转变完的奥氏体的含碳量增至 0.77%，在恒温下发生共析转变，转变为珠光体 P，最终显微组织为 F + P。所有亚共析钢的室温组织都是 F + P。如图 3 - 30 为亚共析钢结晶过程示意图。必须指出，各种亚共析钢缓冷后最终的显微组织的主要差别在于：其中的 F 与 P 的相对量不同，含碳量距 S 点越近的亚共析钢（含碳量越高），其组织中珠光体 P 的含量越多，而铁素体 F 含量越少。

图 3 - 30   亚共析钢结晶过程示意图

（4）过共析钢的结晶过程分析

合金 3 为过共析钢结晶过程。合金在 BC 和 JE 线之间按匀晶过程转变为单相奥氏体组织；自 ES 线开始，由于奥氏体的溶碳能力降低，从奥氏体中析出 Fe_3C_{II}，并沿奥氏体晶界呈网状分布；温度在 ES 和 SK 线之间，随着温度的降低，析出的二次渗碳体数量不断增多,与此同时,奥氏体的含碳量也逐渐沿 ES 线降低;当冷到 SK 线(727 ℃)时,奥氏体的成分达到 S 点,于是发生共析转变,$A \to P(F_P + Fe_3C_{共析})$,形成珠光体 P;SK 线以下直到室温,合金组织变化不大,因此常温下过共析钢的显微组织由珠光体和网状二次渗碳体所组成。图 3 – 31 为过共析钢结晶过程示意图。

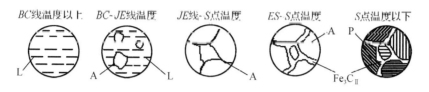

图 3 – 31　过共析钢结晶过程示意图

(5)共晶白口铸铁结晶过程分析

合金 4 为含碳量 4.3% 的共晶白口铸铁结晶过程。合金冷却至 C 点温度(1 148 ℃)时,在恒温下发生共晶转变形成高温莱氏体(Ld);室温下得莱氏体为珠光体和渗碳体的混合物组织,称为低温莱氏体(Ld′)。图 3 – 32 为共晶白口铸铁结晶过程示意图。

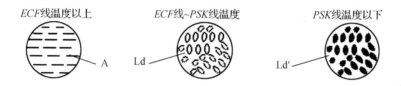

图 3 – 32　共晶白口铸铁结晶过程示意图

(6)亚共晶白口铸铁的结晶过程分析

合金 5 为亚共晶白口铸铁的结晶过程。BC 线温度以上为液相 L;在 BC 线和 ECF 线温度之间由 L 中先结晶出初晶奥氏体 A,随温度下降,液相成分按 BC 线变化,奥氏体 A 成份沿 JE 线变化;冷却至 ECF 线温度(1 148 ℃)时,剩余液相的成分达到 C 点成分,在恒温下发生共晶转变,转变为高温莱氏体 Ld;在 EC 线和 PSK 线温度之间,初晶奥氏体 A 与共晶奥氏体 A 都析出 Fe_3C_{II},随着 Fe_3C_{II} 的析出,初晶奥氏体 A 的含碳量沿 ES 线变化;冷却至 PSK 线温度(727 ℃)时,所有奥氏体 A 都发生共析转变,转变为珠光体 P。故室温下的最终组织为 $P + Fe_3C_{II} + Ld′(P + Fe_3C)$。图 3 – 33 为亚共晶白口铸铁的结晶过程示意图。

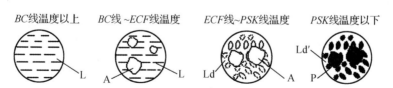

图 3 – 33　亚共晶白口铸铁的结晶过程示意图

(7)过共晶白口铸铁的结晶过程分析

合金 6 为过共晶白口铸铁结晶过程。合金的结晶过程和组织转变与亚共晶白口铸铁相类似,只是先结晶的初晶产物是渗碳体。这种从液相 L 中直接结晶出的渗碳体称为一次渗碳体 Fe_3C_I,在显微镜下呈白色条片状。室温组织为 $Fe_3C_I + Ld′(P + Fe_3C)$,Ld′ 也称为低温莱氏体或变态莱氏体。图 3 – 34 为过共晶白口铸铁的结晶过程示意图。

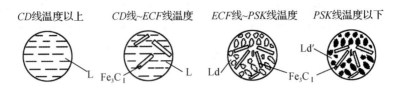

图 3 - 34　过共晶白口铸铁的结晶过程示意图

4. 铁碳合金(Fe - Fe₃C)相图的应用

铁碳合金(Fe - Fe₃C)相图在生产中具有一定的实用意义,主要在钢铁材料的选用、制定热加工工艺和热处理工艺等方面。

(1)在钢铁材料方面的应用

铁碳合金(Fe - Fe₃C)相图所表明的成分 —— 组织 —— 性能的变化规律为钢铁材料的选用提供了理论依据:白口铸铁硬度高,脆性大,不能进行切削加工和锻造,但其耐磨性好,铸造性能优良,适用于制作耐磨、不受冲击的构件;工业纯铁的强度低,不宜用作结构件,但其导磁率高,矫顽力低,可作软磁材料使用;建筑钢材和各种型钢需用塑性、韧性好的材料,所以应选用低碳钢;各种机器零件需要强度高、塑性、韧性好的材料,所以应选用中碳钢;各种工具材料需要硬度高和耐磨性好的材料,所以应选用高碳钢。

(2)在铸造工艺方面的应用

依据铁碳合金(Fe - Fe₃C)相图,可以将浇注温度确定在液相线以上 50 ~ 100 ℃,另外,相图还表明纯铁和共晶成分的铁碳合金铸造性能最好,如图 3 - 35 所示。这是因为它们的凝固温度区间最小(凝固温度区间为零),故可推断其流动性好,分散缩孔少,可使缩孔集中在冒口内,可得到致密的铸件。所以铸铁的成分在生产上总是选在共晶成分附近。

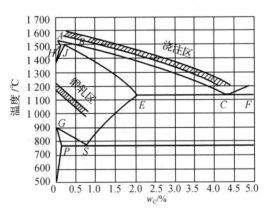

图 3 - 35　铁碳合金(Fe - Fe₃C)相图与铸锻工艺的关系

在铸钢生产中,含碳量规定在 0.15% ~ 0.6% 之间,其铸造性能远不如铸铁。因为铸钢的凝固温度区间较大,故缩孔就较大,且容易形成分散缩孔,流动性也较差,偏析严重;铸钢的熔化温度比铸铁高很多,铸钢在铸态时晶粒粗大,使钢的塑性及韧性大为下降。另外铸钢件冷却速度比铸铁快,其内应力也较大,故而铸钢件在铸造后必须进行热处理消除内应力。

(3)在热处理工艺方面的应用

在普通热处理中,如淬火、退火回火、正火的加热温度,都经常要参考铁碳合金(Fe - Fe₃C)相图来加以选择。

(4)在热锻、热轧工艺方面的应用

钢材在热锻、热轧时,要求材料具有较好的塑性和较小的变形抗力,而钢处于奥氏体状态时塑性好,变形抗力小,即通常说的"趁热打铁"。

从铁碳合金(Fe – Fe₃C)相图可知:钢材的锻造或轧制应选择在相图中奥氏体单相区中的适当温度范围进行。一般始轧、始锻的温度应控制在固相线以下 $100 \sim 200$ ℃范围内,但不能过高,以免钢材严重氧化、过热或过烧。终轧、终锻的温度不能过低,以免钢材塑性差,产生裂纹。在生产中,一般始锻的温度为 $1\,150 \sim 1\,250$ ℃,终锻的温度为 $750 \sim 850$ ℃。

（5）在焊接工艺方面的应用

焊接时从焊缝到母材各区域的加热温度是不同的,可根据铁碳合金相图分析低碳钢焊接接头的组织变化情况。

（6）研究多元合金相图的基础

铸铁和碳钢中主要元素是 Fe 和 C,另外还有 S,P,Mn 等杂质元素,但其含量较少,影响不大,故铸铁和碳钢可当作二元合金看待,所以,铁碳合金(Fe – Fe₃C)相图是研究铸铁和碳钢的基础。合金钢是在碳钢中有意识和有目的地加入一定量的其他合金元素,故合金元素的影响很大,但铁碳合金(Fe – Fe₃C)相图仍是进行分析的基础。

任务四　金属的塑性变形与再结晶

任务描述:本任务主要介绍金属材料的塑性变形的含义,并从微观领域深入分析了金属材料实现塑性变形的两种主要形式 —— 滑移和孪生,从而掌握金属材料冷塑变形对材料组织和性能的影响。另外,还介绍了回复与再结晶的定义,建立冷加工和热加工概念以及冷加工和热加工对材料组织和性能的影响。

知识目标:掌握塑性变形的方式和含义,了解塑性变形对金属材料组织和性能的影响;掌握回复和再结晶的定义,学会如何区分热加工和冷加工,了解热加工对金属材料组织和性能的影响。

能力目标:通过对塑性变形、回复和再结晶等理论的学习,为金属材料的合理选择和热处理知识的学习奠定基础。

知识链接:金属的塑性变形;冷塑变形对金属组织和性能的影响;回复与再结晶;金属的热加工。

4.1　金属的塑性变形

金属材料在熔炼浇注成为铸锭以后,通常要进行各种压力加工,如轧制、挤压、冷拔、锻造、冲压等。通过压力加工不仅可以将金属材料加工成各种形状和尺寸的制品,而且还可以改变材料的组织和性能。经塑性变形的金属,在加热过程中,其组织又会发生回复、再结晶和晶粒长大等一系列的变化。分析这些过程的实质,了解各种影响因素及其规律,对掌握和改进金属材料的压力加工工艺,控制材料的组织和性能,提高产品质量和合理使用金属材料具有重要意义。

工业用的金属材料通常是多晶体,但多晶体的塑性变形较为复杂,为了更好地了解多晶体的塑性变形,我们首先了解单晶体塑性变形的特点。

4.1.1　单晶体的塑性变形

实验表明,晶体只有在切应力的作用下,才会发生塑性变形。在室温下,对于单晶体而言,其塑性变形方式主要有滑移和孪生两种。如图3－36所示,其中主要的方式是滑移,只有在滑移困难时,才会出现孪生。

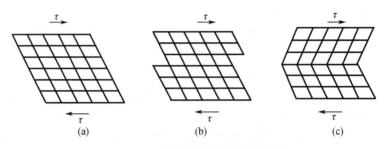

图 3 － 36　单晶体塑性变形主要形式
（a）未变形；（b）滑移；（c）孪生

1. 滑移

在切应力的作用下,晶体的一部分沿着一定的晶面和一定的方向相对于另外一部分产生的相对滑动的现象,称为滑移。滑移的特点如下:

（1）滑移只能在切应力的作用下产生,产生滑移的最小切应力称为临界切应力。

（2）产生滑移的晶面称为滑移面,产生滑移的晶向称为滑移方向。滑移通常沿着晶体中原子排列密度最大的晶面（密排面）和其上密度最大的晶向（密排方向）进行。这是由于密排面之间、密排方向之间的原子间距最大,原子之间的结合力也就最小,容易在较小的切应力的作用下产生相对滑动。一个滑移面和其上的一个滑移方向组成一个滑移系。滑移系表示金属晶体在产生滑移时,滑移动作可能采取的一个空间位向。晶体内可能滑移的滑移面和滑移方向的乘积叫做滑移系数。滑移系数可以反映金属晶体滑移产生的可能性,滑移系数越多,表明产生滑移的可能越大,塑性也就越好。三种常见金属晶体的主要滑移面、滑移方向和滑移系数如表3－3所示。

表 3 － 3　三种常见金属晶格的滑移面、滑移方向和滑移系数

晶格类型			
	体心立方晶格	面心立方晶格	密排六方晶格
滑移面	{110} 6 个	{111} 4 个	{0001} 1 个
滑移方向	< 111 > 2 个	< 110 > 3 个	< 1 210 > 3 个
滑移系数	6 × 2 = 12 个	4 × 3 = 12 个	1 × 3 = 3 个

从表3-3中可以看到,面心立方晶格和体心立方晶格的滑移系数均为12个,而密排六方晶格的滑移系数为3个,因此密排六方晶格的塑性较低。滑移方向对滑移产生的作用比滑移面大,因此尽管体心立方晶格和面心立方晶格的滑移系数一样多,但面心立方晶格的滑移方向为3,比体心立方晶格的滑移方向多,所以面心立方晶格的塑性比体心立方晶格好。

（3）滑移时,晶体两部分的相对位移量是原子间距的整数倍。滑移的结果在晶体表面形成一些台阶,称为滑移线,若干条滑移线组成一个滑移带,如图3-37所示。

（4）滑移的同时伴随着晶体的转动。转动有两种,一种是滑移面向外力轴方向转动,另外一种是滑移面上滑移方向向最大切应力方向转动。

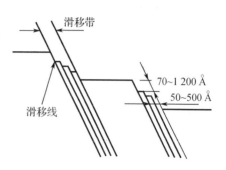

图3-37 滑移线和滑移带

（5）实验发现晶体在切应力作用下,一部分相对于另外一部分产生刚性整体移动需要的最小切应力与实际测量需要的切应力相差较大。经过研究表明,由于晶体中存在位错,滑移实际上是在切应力的作用下,通过位错线沿滑移面的移动来实现的,如图3-38所示。

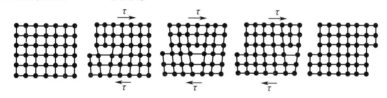

图3-38 晶体中通过位错运动而造成滑移示意图

从图中可以看到,当晶体通过位错产生滑移时,只是位错中心的少数原子发生了移动,而且移动的距离也很小,因此需要的临界切应力就很小,这种现象称为位错的易动性。当晶体中的位错较少时,滑移比较容易进行,这将大幅降低金属的强度;当位错的密度较多而超过一定范围时,随着位错密度的增加,由于位错之间和位错与其他缺陷之间存在的相互制约作用,使位错运动受阻,滑移所需的临界切应力将增大,从而使金属的强度和硬度提高。

2. 孪生

孪生是金属进行塑性变形的另一种基本方式。所谓孪生是指晶体的一部分沿一定晶面和晶向,相对于另一部分所发生的切变。发生孪生的部分称为孪生带或孪晶,发生孪生的晶面称为孪生面。孪生的结果是使孪生面两侧的晶体呈镜面对称,如图3-39所示。

孪生与滑移的主要区别有以下几点。

（1）孪生通过晶格切变使晶格位向改变,使变形部分与未变形部分呈镜面对称;而滑移不引起晶格位向的变化,只产生晶面间的平移滑动。

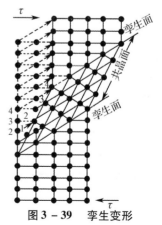

图3-39 孪生变形

（2）孪生时，相邻原子面的相对位移量小于一个原子间距，而滑移时滑移面两侧晶体的相对位移量是原子间距的整数倍。

（3）孪生所需要的切应力比滑移大得多，如镁的孪生临界切应力为 5～35 MPa，而滑移时临界切应力仅 0.5 MPa。因此，只有在滑移变形难以进行时，才会产生孪生变形。

（4）孪生产生的塑性变形量较小，比滑移产生的变形量小得多。

（5）孪生变形完成的速度极快，接近于声速。

4.1.2　多晶体的塑性变形

多晶体的塑性变形与单晶体变形方式基本相同，每个晶粒的塑性变形仍然以滑移或孪生方式进行。但由于晶粒之间存在晶界，具有不同的晶粒位向，因此多晶体塑性变形就要复杂得多。

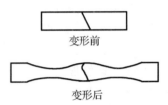

图 3 - 40　两个晶粒组成试样
拉伸试验示意图

1. 晶界的影响

将两个晶粒组成的试样，进行拉伸试验，如图 3 - 40 所示，可以看到两个晶粒在其间结合的晶界处的变形是最小的，因此形成如图的"竹节"现象。这是由于在晶界处晶格畸变较大，原子排列很紊乱，同时也是杂质原子和其他缺陷集中的地方，这些都会对位错的运动产生阻碍作用，从而提高了抵抗变形的能力。

2. 晶粒位向的影响

多晶体中具有很多不同晶粒位向的晶粒，在外力作用下，一些晶粒发生滑移时会受到其他具有不同晶粒位向的晶粒的制约，这样就会增加晶粒发生滑移的阻力，如图 3 - 41 所示，使塑性变形的抵抗力提高。

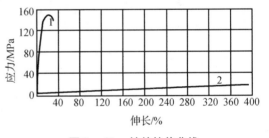

图 3 - 41　锌的拉伸曲线
1 - 多晶体试样；2 - 单晶体试样

3. 多晶体的塑性变形过程

在多晶体金属中，由于晶粒间的位向不同，会使塑性变形产生不均匀性。由材料力学可知，拉伸时，在与外力成 45° 方向上的切应力最大，偏移该方向越远，则切应力越小（与外力平行或垂直方向的切应力等于零）。各个晶粒的位向是无序的，有的晶粒滑移面和滑移方向可能接近 45° 方向（称为软位向），有的晶粒的滑移面和滑移方向可能偏离 45° 方向（称为硬位向）。这样，处于软位向的晶粒先发生滑移变形，而处于硬位向的晶粒只能进行弹性变形。如图 3 - 42 中所示，用 A,B 和 C 表示出不同位向晶粒分批滑移的次序。而多晶体晶粒间是相互牵制的，在变形的同时要发生相对转动，转动的结果使晶粒位向发生变化，原先处于软位向的晶粒可能转变成了硬位向；原先处于硬

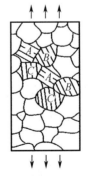

图 3 - 42　多晶体的
塑性变形

位向的晶粒也可能转成了软位向,从而使变形在不同位向的晶粒之间交替地发生,使不均匀变形逐步发展到比较均匀的变形。

晶粒越细,在同等体积内的晶粒数量就越多,晶界面积和不同位向的晶粒也就越多,在进行塑性变形时遇到的抵抗力就越大,因此可以获得较高的强度和硬度;同时,变形时可能发生滑移的晶粒也会越多,总的变形量就分布到更多的晶粒中,这样使变形更加均匀,不容易出现应力集中,故而可以承受较大的塑性变形,因此其塑性和韧性也就越好。由此可以看出通过细化晶粒不但可以提高金属材料的强度、硬度,而且还可以提高金属的塑性和韧性,所以细化晶粒是一种提高金属材料综合性能的有效方法。

4.2　冷塑变形对金属组织和性能的影响

4.2.1　冷塑变形对金属组织的影响

冷塑变形就是指金属在室温下进行的塑性变形。在冷塑变形后不但改变了材料的外形,也会改变了金属的内部组织结构。

1. 晶粒的变形

金属在外力作用下产生塑性变形时,随着变形量的增加,晶粒形状也发生变化。通常晶粒沿变形方向被拉长、变细或压扁,如图3-43所示。变形的程度越大,则晶粒形状的改变越大。当变形量很大时,晶粒变成细条状,晶界变得模糊不清,同时金属中的夹杂物也沿变形方向被拉长,形成所谓的纤维组织。

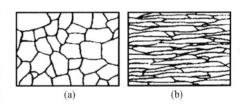

(a)　　　　　　(b)

图3-43　变形前后晶粒形状变化示意图
(a) 变形前;(b) 变形后

2. 亚晶结构细化

金属的塑性变形除了产生滑移带、孪晶带之外,还会使晶粒逐渐碎化成许多位向略有不同(位向差不大于1°)的小晶块,如同是在原晶粒内又出现许多小晶粒似的,这种组织称为亚晶结构。每个小晶块称为亚晶粒,亚晶粒边界排列着许多位错。经塑性变形后,亚晶粒将进一步细化,位错的密度也将进一步增大。

3. 产生形变织构

金属在经受拔丝、轧制等单向塑性变形时,各个晶粒在发生滑移变形的同时,还会发生晶体的转动。在变形量较大的情况下,拔丝使各个晶粒的某一晶向转向与拉拔方向平行;轧制时则会使晶粒的某一晶向转向与轧制方向平行,如图3-44所示。变形越大,这种现象越明显。这一现象称为"择优取向"。择优取向的结果形成具有明显方向性的组织,称为"织构",由于是变形过程中产生的,故称为"形变织构",拔丝产生的织构又称为"丝织构",轧制产生的织构又称为"板织构"。

形变织构使金属的性能出现各向异性,对金属的力学性能、物理性能和拉伸加工工艺性能有很大的影响。存在板织构的板材进行冲压器皿时,会因各向异性使变形程度不相同,致使器皿壁厚形变不均匀和产生"制耳"现象。

但形变织构在某些场合下却是有利的,例如,制作变压器铁芯的硅钢片,沿[001]晶向最易磁化,如果采用具有[001]晶向形变织构的硅钢片来制作变压器铁芯,则可增强变

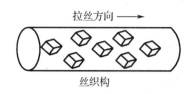
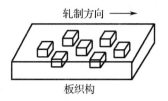

图 3 - 44　形变织构示意图

压器铁芯的磁导率,减小磁滞损耗,从而提高变压器的工作效率。

4.2.2　冷塑变形对金属性能的影响

1. 加工硬化

塑性变形对金属性能的主要影响是产生加工硬化。塑性变形过程中,随着变形程度的增加,金属的强度和硬度增加,而塑性和韧性降低,这一现象称为加工硬化或形变强化,也称为冷作硬化,如图 3 - 45 所示。

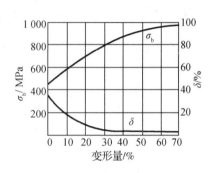

图 3 - 45　低碳钢的加工硬化

产生加工硬化的主要原因:一是随着塑性变形量的不断增大,位错密度不断增加,使位错间的交互作用不断增强,使变形抗力增加;二是随着塑性变形量的增大,晶粒变形、破碎形成亚晶粒,亚晶界阻止位错运动,使强度和硬度提高。

加工硬化在工业生产中具有以下几方面重要意义。

（1）它是提高金属强度、硬度和耐磨性的另一重要手段,特别是对那些不能进行热处理强化的金属及合金尤为重要。如冷卷弹簧,又如高锰钢制造的坦克或拖拉机的履带板、破碎机的颚板等。

（2）加工硬化有利于金属变形均匀。因为金属已经变形的部分出现加工硬化,继续变形将主要在未变形的部分进行,使变形更加均匀。如在加工杯状零件时,已变形部分因为强化不再继续变形,而未变形部分继续变形,从而得到壁厚均匀一致的产品。

（3）加工硬化可以使材料具有很好的形变强化能力,在短时超载时可避免出现突然断裂,提高材料使用的安全性。

当然,加工硬化也有一些不利的影响,如会造成金属塑性下降,给进一步的塑性变形带来困难。因此,为了恢复金属的塑性不得不进行退火,延长生产周期,增加了生产成本。

2. 产生各向异性

由于纤维组织和形变织构的产生,使金属的性能产生各向异性,如沿纤维方向的强度和塑性明显高于垂直方向。织构可能对金属性能带来不利影响,如用有形变织构的板材冲压筒形零件时,可能产生前面已讲过的"制耳"现象,如图 3 - 46 所示。

图 3 - 46　冲压件的制耳现象

（a）无制耳;（b）有制耳

3. 物理、化学性能的变化

塑性变形还会使金属的物理和化学性能发生明显的变化,如导电性下降、化学活性提高和耐腐蚀性下降等。

4. 产生残余应力

残余应力是指外力撤除后,残留在金属内部的应力。残余内应力主要是由于金属在外力作用下,内部产生不均匀变形而引起的。

内应力可分为三类:第一类内应力,即宏观内应力,是指平衡于金属各部分之间的应力,这是由于金属各部分变形不均所造成的;第二类内应力,即微观内应力,是指平衡于晶粒之间或晶粒内不同区域之间的应力,这是由于相邻晶粒变形不均或晶粒不同部位变形不均造成的;第三类内应力,即晶格畸变内应力,是由于位错、空位及间隙原子等晶体缺陷而引起的。第一、二类内应力约占残余应力的10%,而第三类内应力占整个内应力的90%以上。残余应力将导致工件变形、开裂、抗蚀性和抵抗外载荷能力降低,为此需进行适当的热处理以消除残余应力。当然有时残余应力也可以被利用,以提高工件的疲劳强度,如对弹簧、齿轮等零件进行表面喷丸处理,可使工件表面产生残余压应力,以抵消交变拉应力,从而提高工件的抗疲劳强度。

4.3　回复与再结晶

如前所述,金属经冷塑性变形后,内部组织结构发生了很大的变化,另外还有残余应力的存在,晶格内部储存了较高能量,处于不稳定状态,具有自发恢复到变形前组织较为稳定状态的倾向。但在常温下由于原子扩散能力不足,这种不稳定状态不会发生明显的变化。但在加热时,则会使原子扩散能力提高,随加热温度的提高,加工硬化金属的组织和性能就会出现显著变化,如图 3 - 47 所示,这些变化过程可划分为回复、再结晶和晶粒长大三个阶段。

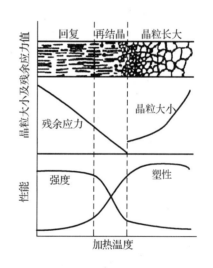

图 3 - 47　冷塑变形金属加热时组织和性能

4.3.1　回复

加热温度较低时,变形金属发生回复过程。此时原子的活动能力不大,变形金属的显微组织不发生显著的变化。由于金属的变形会使空位浓度和位错密度增大,在低温加热时,空位和位错则会开始移动到达金属表面或晶界等处消失,因而减少了晶格畸变。另外,回复过程中,由于位错的运动会出现垂直分布,形成亚晶界,这一过程称为多边形化,如图 3 - 48 所示,使位错间的作用力减少,因而使晶体过渡为较稳定的状态,同时加工硬化后的强度和硬度略有下降,塑性略有回升,而内应力和电阻明显下降。

在生产中,常利用回复现象将冷变形金属低温加热,既稳定组织,又保留了加工硬化,这种方法称为去应力退火。例如,用冷拉钢丝卷制弹簧,在卷成弹簧之后都要进行一次去除应力退火,以消除内应力,并使弹簧定形。

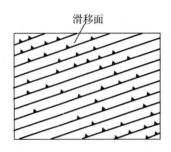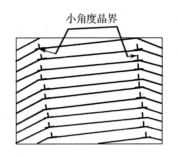

图 3 - 48 多边形化过程示意图

4.3.2 再结晶

1. 再结晶的过程

冷变形金属加热到更高温度后,由于原子获得更大活动能力,显微组织发生明显变化,在原来的变形组织中重新产生了新的等轴晶粒,并且加工硬化现象消除,力学性能和物理性能恢复到变形前的水平,这个过程称为再结晶。再结晶的驱动力与回复一样,也是冷变形所产生的储存能。另外,由于新的无畸变的等轴晶粒的形成及长大,将使金属的内部晶体结构趋于比形变前更为稳定的状态。

需要指出的是,再结晶与重结晶(即同素异晶转变)是有区别的,再结晶与重结晶的共同点是:两者都有形核与核长大的过程;两者的区别是:再结晶前后各晶粒的晶格类型并不发生改变,而重结晶前后晶格类型将发生改变。

2. 再结晶温度

变形后金属发生再结晶的温度不是一个恒定的温度,而是一个温度范围。再结晶温度是指开始再结晶的最低温度。工程上通常规定,经过大于70%的冷塑变形的金属,在一小时加热能完成再结晶过程的最低温度,称为再结晶温度。最低再结晶温度主要与以下因素有关。

(1)变形度

金属再结晶前塑性变形的相对变形量,即变形度越大,金属的晶体缺陷越多,组织就越不稳定,开始再结晶的温度也就越低。当变形度达到一定值后,再结晶温度将趋近某个最低值,这个温度就被称为最低再结晶温度,如图 3 - 49 所示。

(2)原始晶粒大小

金属原始晶粒越小,变形抗力越大,变形后储存的能量就越高,再结晶温度就越低。

(3)金属的熔点

各种纯金属的最低再结晶温度与其自身的熔点有关,即

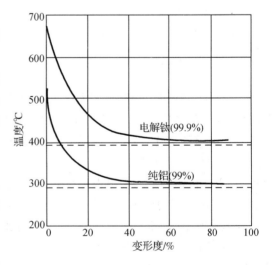

图 3 - 49 金属再结晶温度与变形度的关系

$$T_{再} = (0.35 \sim 0.4)T_{熔点}$$

式中　　$T_{再}$ —— 最低再结晶温度(K)；

　　　　$T_{熔点}$ —— 纯金属熔点(K)。

(4)杂质和合金元素

由于杂质和合金元素特别是一些熔点较高的元素存在于金属中,将会阻碍原子扩散和晶界迁移,故将提高金属的最低再结晶温度。如纯铁的最低再结晶温度在450℃左右,当在其中加入碳元素后,其最低再结晶温度提高到540℃左右。各种工业用合金的最低再结晶温度大约为

$$T_{再} = (0.5 \sim 0.7)T_{熔点}$$

(5)加热速度和保温时间

因为再结晶是原子的扩散过程,故需要一定时间来完成。提高加热的速度可使再结晶温度提高;延长保温时间,可使原子扩散更加充分,故可使再结晶温度降低。在生产中把为消除加工硬化而进行的热处理称为再结晶退火,退火加热温度应比再结晶温度高50~100 ℃。

4.3.3　晶粒长大

再结晶完成后,得到的是等轴的再结晶初始晶粒。随着加热温度的升高或保温时间的延长,晶粒之间就会互相吞并而长大,如图3－50所示,这一现象称为晶粒长大。

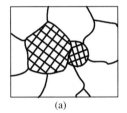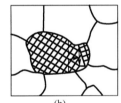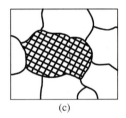

(a)　　　　　　　　　(b)　　　　　　　　　(c)

图3－50　晶粒长大

(a)"吞并"前;(b)晶界移动,晶格位向转向,晶界面积减小;(c)"吞并"后

再结晶后的晶粒长大,对金属的力学性能是不利的,它会使金属的塑性和韧性明显下降,所以应正确控制再结晶退火的加热温度和保温时间,以避免晶粒粗化。

晶粒的长大使金属晶界的总面积减小,从而使金属的能量进一步降低,这是一个自发过程。晶粒长大是通过晶界的迁移进行的,是大晶粒吞并小晶粒的过程。在变形不均匀时,再结晶后得到的晶粒大小也不均匀,更容易出现大晶粒吞并小晶粒的现象。因此,应特别注意再结晶后的晶粒度。下面介绍一下影响晶粒长大的主要因素。

1. 加热温度

再结晶时加热温度越高,原子的活性越强,晶界移动就越容易,晶粒长大就越快,如图3－51所示。

2. 变形度

变形度的影响实际上是一个变形均匀的问题。变形度愈大,变形便愈均匀,再结晶后的晶粒度便愈细,如图3－52所示。当变形度很小时,由于晶格畸变小,不足以引起再结

晶,故晶粒度保持原样。而当变形度在2% ~ 10% 时,再结晶后的晶粒会变得十分粗大,产生这一现象的原因是,在此变形度下,晶体中仅有部分晶粒发生变形,变形很不均匀;而且再结晶时的形核数目少,再结晶后的晶体颗粒度不均匀,故晶粒极易相互吞并长大,故将此变形度称为"临界变形度",生产中应设法避免。

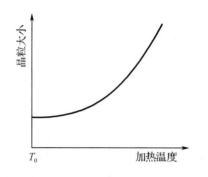

图 3 – 51　加热温度对再结晶后晶粒大小的影响

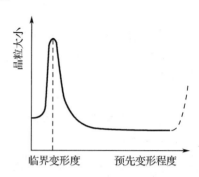

图 3 – 52　变形度对再结晶后晶粒大小的影响

4.4　金属的热加工

4.4.1　热加工与冷加工的区别

由于金属在高温下强度、硬度降低,而塑性、韧性增强。因而在高温下对金属进行加工变形比较容易,因此生产上广泛采用热加工变形方法。

金属的冷加工和热加工是以再结晶温度来划分的。凡在金属的再结晶温度以下进行的加工变形,均称为冷加工;而在再结晶温度以上的加工变形,则称为热加工。例如,钨的最低再结晶温度为1 200 ℃,故钨在低于1 200 ℃以下的加工变形仍是属于冷加工;锡的最低再结晶温度为 – 7 ℃,故锡在室温下进行加工已属于热加工。

由于冷加工的加工温度低于再结晶温度,故会产生加工硬化现象。而对于热加工,加工温度高于再结晶温度,热加工中产生的加工硬化现象随时会被再结晶过程产生的软化作用所抵消,因而热加工不会产生加工硬化现象。

4.4.2　热加工对金属组织和性能的影响

1. 改善铸态金属的组织和性能

热加工可使钢锭中的气孔、缩孔大部分焊合,铸态疏松结构将会被消除或减小,从而提高了金属的致密度。对于铸态的晶内偏析、粗大柱状晶或大块碳化物,经过在高温压力下的热加工,可使其粗大晶粒破碎,促进扩散和再结晶形核,从而消除成分偏析,消除粗大柱状晶及粗大碳化物,使金属的力学性能得到提高,特别是塑性和韧性得到明显提高。

2. 细化晶粒

在热加工过程中,变形的晶粒内部不断萌生再结晶晶核,已经发生再结晶的区域又不断发生变形,再重新形核,致使晶核数目大大增加、晶粒尺寸变小,达到细化晶粒的目的,提高了材料的力学性能。但值得注意的是,热加工后金属的晶粒大小和变形程度与终止加工温度有关。变形程度在"临界变形度",并且在终止加工温度过高时,加工后得到的晶粒反而粗大,反之则得到细小晶粒。同时,终止热加工温度也不能过低,否则会造成形变强化及产生残余应力,影响金属材料的性能。

3. 形成锻造流线

在热加工过程中,由于铸态组织中的各种夹杂物,在高温下具有一定塑性,它们会沿着变形方向伸长而形成锻造"流线"(又称热加工纤维组织)。由于锻造流线的出现,使金属材料的性能在不同方向上有明显的差异。通常是沿流线方向,其抗拉强度及韧性较高,其抗剪强度较低。在垂直于流线方向上,情况则正好相反,如表3－4所示。

图3－53是锻造曲轴与切削加工的曲轴图,很明显,锻造曲轴的流线分布合理,因而曲轴的力学性能较好。

表 3－4　碳的质量分数为 0.45% 碳钢的力学性能与流线方向的关系

取样方向	力学性能				
	σ_b/MPa	$\sigma_{0.2}/MPa$	$\delta/\%$	$\psi/\%$	$\alpha_K/(J \cdot cm^{-2})$
平行于流线	715	470	17.5	62.8	62
垂直于流线	675	440	10.0	31.0	30.0

4. 形成带状组织

热轧低碳钢时,钢中珠光体和铁素体沿轧制方向呈带状或层状分布,称为带状组织。若钢中非金属夹杂物较多,则在热轧后的冷却过程中先析铁素体可能依附于被拉长的夹杂物,形成铁素体带,其两侧为珠光体带;若钢中磷含量偏高,则铸态枝晶间将出现富磷贫碳区,这些区域在轧制时会被延伸拉长,当冷却转变时,在贫碳区域优先形成铁素体带而呈现带状组织,如图3－54所示。带状组织会使钢件的力学性能变坏。

一般带状组织可以通过正火处理来消除。但由严重的磷偏析所引起的情况则较难消除,需用高温扩散退火＋正火来加以改善。

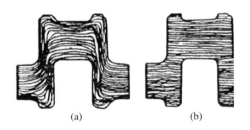

图 3－53　曲轴流线分布示意图 　　　　　图 3－54　钢中的带状组织
(a)锻造曲轴;(b)切削加工曲轴

习题与思考题

1. 什么是晶体,什么是非晶体,它们有什么区别?
2. 什么是金属晶体,什么是金属键,金属晶体有何特点?

3. 什么是金属晶格,常见金属晶格类型有哪几类,各有哪些结构特点?

4. 什么是致密度,常见金属晶格的致密度各是多少?

5. 何谓晶体缺陷,常见的晶体缺陷有哪些,其对金属的性能有何影响?

6. 何谓组元、合金系和相?

7. 固态合金的相按晶格结构的基本属性可分为哪两类?

8. 什么是固溶体,它有哪几种?什么是金属化合物,它有哪几种?

9. 固溶体和金属化合物各有哪些性能?

10. 什么是金属结晶?什么是理论结晶温度?什么是实际结晶温度?何谓过冷度?

11. 结晶速度与过冷度有何关系?

12. 金属的结晶是由哪些过程实现的?

13. 什么是晶粒度,工程上常用的控制结晶晶粒大小的方法有哪几种,是如何实现控制的?

14. 何谓合金相图?何谓二元合金系?何谓三元合金系?

15. 二元合金相图分为哪几类?

16. 简述共晶合金的结晶过程。

17. 简述合金的使用性能与相图的关系,简述合金的工艺性能与相图的关系。

18. 如何利用铁碳合金($Fe - Fe_3C$)相图来选择钢铁材料?

19. 单晶体塑性变形的基本方式是什么,主要变形方式是哪一种?

20. 何谓滑移面和滑移方向,滑移面和滑移方向的数量与塑性有何关系?

21. 多晶体与单晶体塑性的变形有什么不同?

22. 冷塑变形对金属的组织会产生什么影响?

23. 什么是加工硬化,加工硬化会产生哪些利弊作用?

24. 何谓回复与再结晶?

25. 什么是冷加工和热加工,它们的主要区别是什么?

项 目 实 训

实训 铁碳合金平衡组织的观察

1. 实训的目的

(1) 观察铁碳合金在室温下平衡状态的显微组织。

(2) 分析典型的铁碳合金显微组织特征,加深理解化学成分、组织与力学性能之间关系。

2. 实训设备和材料

(1) 金相显微镜(600 倍以上、400 倍左右、200 倍以下) 各若干台。

(2) 4% 左右的硝酸酒精、苦味酸钠溶液。

(3) 工业纯铁、含碳量 0.45% 的碳钢、含碳量 1.0% 的碳钢。

3. 实训步骤

（1）观察表中所列样品的显微组织,并结合铁碳合金相图分析组织形成过程。

序号	样品名称	状态	显微组织	浸蚀剂
1	工业纯铁	退火	F	4% 左右的硝酸酒精
2	0.45% (45 钢)	退火	F + P	4% 左右的硝酸酒精
3	1.00% (T10 钢)	退火	P + Fe$_3$C$_{\text{II}}$	4% 左右的硝酸酒精
4	1.00% (T10 钢)	退火	P + Fe$_3$C$_{\text{II}}$	苦味酸钠溶液

（2）了解金相显微镜的大致构造和正确使用方法。

（3）绘出所观察样品的显微组织示意图。

4. 实训报告

（1）写出观察到的铁素体(F)、渗碳体(Fe$_3$C)和珠光体(P)的组织形态。

（2）写出观察到的亚共析钢中铁素体的分布情况。

（3）写出经 4% 左右的硝酸酒精溶液和苦味酸钠溶液浸蚀后,观察到的渗碳体 (Fe$_3$C) 的形状和颜色。

（4）写出经 4% 左右的硝酸酒精溶液浸蚀后观察到的珠光体(P)的形状和颜色。

（5）绘出所观察样品的显微组织示意图。

项 目 小 结

本项目是本门课程的理论基础,主要介绍金属及其合金的固态结构、金属及其合金的结晶、二元合金相图和金属的塑性变形与再结晶。

在金属及其合金的固态结构任务中,主要介绍了晶体与非晶体、纯金属晶体的定义及其基本内容;简述了常见的金属晶格的类型及其特点;介绍表征原子排列紧密程度的指标,即致密度,并详细描述了三种金属晶格的致密度;简述了金属的实际结构和晶体缺陷的类型及各种缺陷的特点,分析了金属晶体缺陷对材料性能的改善及提高;介绍了合金的常用术语,如组元、合金系及相等;对固态合金的相结构进行了描述,重点对固溶体和金属化合物的分类、特点及性能进行了介绍。

在金属的结晶任务中,主要介绍了纯金属的结晶及其能量条件,重点是金属的过冷度是金属结晶的能量条件;重点讲述了金属的一般结晶过程,如晶核的形成、晶核的长大、结晶晶粒大小及其控制。

在二元合金相图任务中,主要介绍了合金相图中涉及到的基本概念,如何建立二元合金相图及二元合金相图的基本类型,重点介绍了匀晶相图、共晶相图、共析相图,并结合这三类相图讲述了合金的结晶过程及其相变情况;讲述了相图与合金性能的关系,简述了铁碳合金相图的相结构,分析了六种典型铁碳合金的结晶过程,最后还讲述了铁碳合金相图的应用。

在金属的塑性变形与再结晶任务中,重点介绍了金属塑性变形的微观机理、滑移和孪生的概念;介绍了金属冷塑变形对材料组织和性能的影响;介绍了回复与再结晶的概念及其实际应用;介绍了冷加工与热加工的区别;介绍了热加工对金属材料组织和性能的影响等金属材料塑性变形与再结晶基础知识。

通过本项目的学习,能够夯实金属材料的理论基础知识,能更好地了解金属及其合金的基本结构和结晶过程,利用合金相图对金属的平衡结晶过程进行分析,掌握金属塑性变形的微观机理和回复与再结晶原理,从而为金属材料的合理选用和热处理工艺的制定打下理论基础。

项目四　　钢的热处理

项目描述：热处理是改变工业用钢组织和性能的重要途径。通过本项目的学习，建立热处理的基本概念、掌握热处理的基本方法、学会热处理工艺的制定、获得热处理实际应用能力。

任务　　钢的热处理知识

任务描述：(1)掌握钢的热处理概念；(2)掌握钢在加热和冷却时的组织转变及产物特征；(3)掌握钢的退火与正火、淬火与回火热处理工艺特点及其方法；(4)掌握钢的淬透性和影响因素；(5)掌握钢的表面淬火和化学热处理的应用范围和工艺方法。

知识目标：具备钢的热处理基础知识和从事实际工作的应用能力。

能力目标：正确使用热处理方法，能够制定常用热处理工艺。

知识链接：钢的热处理概念；钢在加热时的组织转变；钢在冷却时的组织转变；钢的退火和正火；钢的淬火工艺及应用；钢的淬透性；钢的回火；钢的表面淬火；钢的化学热处理。

1.1　钢的热处理概念

1.1.1　概念

钢的热处理，是指将固态下的钢按预定方式进行加热、保温和冷却，从而获得所需组织和性能的一种热加工工艺。

热处理的主要目的是改善钢的工艺性能、力学性能和使用性能。例如，要用刃具钢来制造钻头，首先就要通过热处理降低刃具钢的硬度，方可将其切削加工成钻头形状，成形后的钻头太软，还需进行热处理提高钻头的硬度和耐磨性，才能用其钻削金属。在这一过程中，同一钢材前后的性能发生了极大改变，使钢材性能改变的途径是恰当的热处理。

机械工业中的钢材制品，几乎都要进行不同方式的热处理，才能保证其工艺性能满足使用要求。在机床生产中，60% ~ 70% 的零件要经过热处理；在汽车制造业中，70% ~ 80% 的汽车零件需进行热处理；至于量具、模具、刃具和轴承等钢材制品，更是100% 的要进行热处理。所以热处理在金属材料的加工生产中不仅重要，而且应用广泛。

1.1.2　热处理的分类

根据加热和冷却方式的不同，热处理分为普通热处理和表面热处理两大类。

$$\text{热处理} \begin{cases} \text{普通热处理} —— \text{退火、正火、淬火、回火(俗称四把火)} \\ \text{表面热处理} \begin{cases} \text{表面淬火:感应加热表面淬火、火焰加热表面淬火、激光} \\ \qquad\qquad \text{加热表面淬火等} \\ \text{化学热处理:渗碳、渗氮、碳氮共渗等} \end{cases} \end{cases}$$

1.1.3　热处理原理和工艺

　　钢的组织决定钢的性能。钢是铁碳合金,具有同素异构即固态相变的特性,同时也具有固溶强化和渗碳体弥散强化的特性。钢在不同的温度、时间和冷却介质的条件下,将会形成不同的组织形态,具备不同的力学性能。热处理的原理就是通过改变钢的组织,从而改变钢的性能。

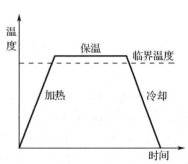

　　热处理工艺很多,但任何热处理都是由加热、保温和冷却三个基本阶段所构成的。根据钢在加热、冷却过程中的组织转变规律,合理制定加热温度、保温时间和冷却方式,从而获得相应组织和性能的方法,就是热处理工艺。图4-1是最简单的热处理工艺曲线。因此要掌握不同热处理工艺的实质和特点,就必须掌握钢在不同加热和冷却条件下的组织转变规律。

图 4-1　热处理工艺曲线

1.2　钢在加热时的组织转变

　　根据 Fe - Fe$_3$C 合金相图,共析钢在加热温度超过 PSK 线时,将完全转变为奥氏体。亚共析钢和过共析钢则必须加热到 GS 线和 ES 线以上才能完全转变为奥氏体。对钢进行加热以实现组织转变,最大的前提就是通过奥氏体相变,故而这是三条任意成分的碳钢完成奥氏体相变的重要临界转变线,为了规范起见,通常将 PSK 线称为 A_1 线;GS 线称为 A_3 线;ES 线称为 A_{cm} 线。

　　应该指出,在实际生产中,由于加热速度和冷却速度都比较快,奥氏体相变是在非平衡条件下进行的,因此上述临界线将会发生变化。一般情况下,加热时的临界转变线会比理论值高,而冷却时的临界转变线会比理论值低。通常将加热时的实际临界转变线分别记为 A_{C1},A_{C3} 和 A_{Ccm},冷却时的实际临界转变线分别记为 A_{r1},A_{r3} 和 A_{rcm}。各奥氏体临界转变线的位置如图 4-2 所示。

　　由图可知,任何成分的碳钢只要加热到 A_{C1} 线以上,其组织中的珠光体便会转变为奥氏体,这一相变过程称为"奥氏体化"。

1.2.1　钢的奥氏体化

　　1. 奥氏体的形成过程

　　室温组织为珠光体的共析钢加热至 A_{C1} 线以上时,将形成奥氏体,即发生 $P(F + Fe_3C) \rightarrow A$ 的转变。这一转变是由成分相差悬殊、晶体结构完全不同的

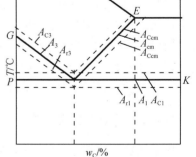

图 4-2　加热和冷却时奥氏体临界转变线位置示意图

两个相,向另一种成分和另一种晶体结构的单相组织的转变过程,必然进行晶格的改组和铁、碳原子的扩散,并遵循形核与核长大的基本规律。其过程由以下四个阶段组成,如图4-3所示。

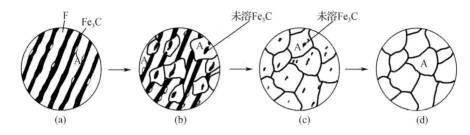

图4-3 共析碳钢中奥氏体形成过程示意图
(a)A形核;(b)A长大;(c)残余Fe₃C溶解;(d)A均匀化

（1）奥氏体晶核的形成

奥氏体晶核优先在铁素体与渗碳体相界面上形成。这是因为:① 相界面处碳原子浓度相差较大,有利于获得形成奥氏体晶核所需的碳浓度;② 在铁素体与渗碳体相界面处,原子排列不规则,铁原子有可能通过短程扩散,将晶体结构改组成奥氏体晶体结构;③ 在铁素体与渗碳体相界面处,存在杂质及晶体缺陷,如空位较多,位错密度较高,具有较高的畸变能,容易满足奥氏体形核所需的能量。所以在铁素体和渗碳体两相的相界面上,为形核提供了良好条件。

（2）奥氏体的长大

奥氏体晶核形成之后,它一面与渗碳体相接,另一面与铁素体相接。其含碳量是不均匀的,与铁素体相接处含碳量较低,而与渗碳体相接处含碳量较高。因此在奥氏体中出现了碳含量的浓度梯度,引起碳原子在奥氏体中,不断地由高浓度向低浓度扩散。随着扩散的进行,渗碳体不断地溶解,与此同时,铁素体晶格由体心立方,不断改组为面心立方的奥氏体晶格,致使奥氏体逐渐向渗碳体和铁素体两个方向长大,不断"吞食"铁素体和渗碳体,直至珠光体组织全部转变为奥氏体组织。

（3）残余渗碳体的溶解

在奥氏体形成过程中,由于渗碳体的晶体结构和含碳量都与奥氏体相差悬殊,渗碳体的溶解相对滞后于铁素体向奥氏体的转变,故铁素体比渗碳体先消失。因此在奥氏体形成之后,还残存少量未溶解的渗碳体,称为残余渗碳体。这部分未溶的残余渗碳体将随着保温时间的延长,继续不断地溶入奥氏体,直至全部消失。

（4）奥氏体的均匀化

当残余渗碳体全部溶解后,奥氏体中的碳浓度仍然是不均匀的,在原渗碳体处含碳量偏高,形成"富碳"固溶区,而在原铁素体处含碳量偏低,形成"贫碳"固溶区。如果继续延长保温时间,通过碳原子的扩散,才可使奥氏体的含碳量逐渐趋于均匀。

因此,在热处理的保温阶段,不仅要实现对零件的穿透加热和完成相变,而且还要获得成分均匀的奥氏体,以便在冷却转变时让钢获得到良好的组织和性能。

同时奥氏体化的快慢与加热速度有关,在连续加热时,珠光体向奥氏体的转变是在一个温度范围内完成的,加热速度越快,则转变区间的温度越高,转变时间越短,奥氏体化的进程也就越快。

以上是共析钢在加热时的转变过程。亚共析钢和过共析钢，在加热时的转变过程与共析钢略有不同。

若将亚共析钢与过共析钢加热到 A_{C1} 线以上，并且在 A_{C3} 线或 A_{Ccm} 线以下时，钢中的珠光体转变为奥氏体，得到奥氏体和先析铁素或奥氏体和渗碳体的双相混合组织，这种仅一部份组织转变为奥氏体的加热方式，称为不完全奥氏体化。只有当加热温度超过 A_{C3} 线或 A_{Ccm} 线时，铁素体或渗碳体才会完全消失，获得单相奥氏体组织，实现完全奥氏体化。

2. 影响奥氏体化的因素

（1）温度的影响

温度越高，铁原子和碳原子扩散能力越大，晶格改组和碳原子重新分配就越容易，越易促进奥氏体化。

（2）加热速度的影响

奥氏体化的快慢与加热速度有关，在连续加热时，加热速度越快，珠光体向奥氏体转变的温度区间越高，珠光体向奥氏体转变的时间越短，奥氏体化的进程也就越快。

（3）原始组织的影响

由于奥氏体的晶核是在铁素体与渗碳体的相界面上形成的，所以，对于同一成分的钢，其原始组织晶粒越细，晶界面越多，形成奥氏体晶核的"基地"越多，奥氏体转变也就越快。

1.2.2　奥氏体晶粒的长大及控制

1. 奥氏体晶粒度的概念

提高加热温度和延长保温时间，能加速奥氏体的形成和均匀化过程，这对形成奥氏体的转变是有利的，但是提高加热温度，延长保温时间又会促使奥氏体晶粒的粗化。

奥氏体晶粒的大小，将直接影响冷却过程中所得组织与性能。若奥氏体化所得晶粒细小，则冷却转变时所得组织的晶粒也相应细小，其强度与韧性较高，综合机械性能也较好。反之，则会大大降低热处理后钢材的性能。

（1）奥氏体晶粒度的评定指标

奥氏体晶粒度是指将钢加热至奥氏体区某一规定温度，并按规定时间进行保温，所得的奥氏体晶粒的大小。

评定方法有两种：一种是用晶粒尺寸和数量来表示，如晶粒的平均直径、晶粒的平均表面积、单位面积内的晶粒数或单位体积内的晶粒数等；另一种是用晶粒度等级来表示，如图4-4所示，1级最粗，10级最细；1~4级为粗晶粒，5~8级为细晶粒，8级以上为极细晶粒。

（2）奥氏体晶粒度分类

根据奥氏体形成过程和晶粒长大情况，奥氏体晶粒度可分为起始晶粒度，实际晶粒度和本质晶粒度三种。

① 起始晶粒度 —— 是指在加热转变时，奥氏体晶粒刚好相互接触，奥氏体化恰好完成那一瞬时的奥氏体晶粒大小。一般来说，奥氏体的起始晶粒度都很细小，随着温度的升高和保温时间的延长，奥氏体晶粒将会在起始晶粒度的基础上不断长大。

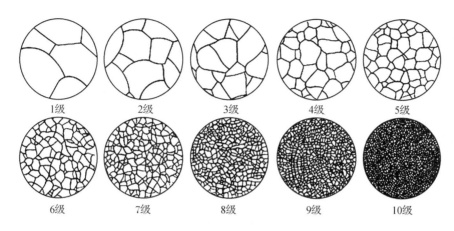

图 4 - 4　钢的晶粒度等级图(×100)

② 实际晶粒度 —— 指在具体加热温度和保温时间条件下，实际获得的奥氏体晶粒度。

③ 本质晶粒度 —— 表示在加热到 930±10 ℃ 和保温 8 小时的特定条件下，钢的奥氏体晶粒长大的倾向，本质晶粒度并不是奥氏体具体晶粒大小的指标。这是因为在生产中发现，有的钢材加热时，奥氏体晶粒很容易长大，有的钢材则不容易长大，这说明在不同钢材晶粒长大的倾向上是不一样的，"本质晶粒度"就是反映这一晶粒长大倾向的指标。凡在特定条件下，晶粒度为 1 ~ 4 级的钢，被认为晶粒长大倾向大，称为"本质粗晶粒钢"；凡在特定条件下，晶粒度为 5 ~ 8 级的钢，被认为晶粒长大倾向小，称为"本质细晶粒钢"。

同时应指出，不能认为本质细晶粒钢，在任何温度下加热晶粒都细小，由图 4 - 5 可知，当加热温度在 A_{C1} ~930 ℃ 范围内，本质细晶粒钢要比本质粗晶粒钢的实际晶粒细小；但当加热温度超过一定范围时，本质细晶粒钢的奥氏体晶粒会突然迅速长大，甚至超过本质粗晶粒钢，由此所对应的温度称为本质细晶粒钢的晶粒粗化温度。

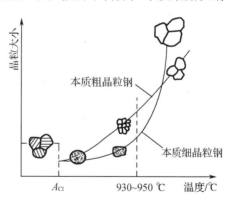

图 4 - 5　钢的本质晶粒度示意图

本质细晶粒钢在晶粒粗化温度以下加热时，晶粒长大的倾向小，适于进行热处理。对于本质粗晶粒钢在进行加热时，需严格控制加热温度和保温时间，以防止晶粒过于粗化。

2. 奥氏体晶粒度的控制

在高温状态下，奥氏体晶粒长大是一个自发过程，为此，控制奥氏体晶粒度应从以下几个方面入手。

（1）加热温度

奥氏体刚形成时晶粒是细小的，但随着温度的升高晶粒将逐渐长大，温度愈高，晶粒长大速度愈快。因此，为获得细小的奥氏体晶粒，热处理时必须制定合理的加热温度范围。一般都是将钢加热到相变线以上 30 ~ 50 ℃，或者某一适当温度。

（2）保温时间

随着保温时间的延长，奥氏体晶粒也会不断长大，保温时间愈长，奥氏体晶粒越粗大，但随着保温时间的进一步延长，晶粒长大的速度会逐渐减慢，不会无限制的长大下去。所以，延长保温时间对晶粒长大的影响要比提高加热温度小得多。控制保温时间，要兼顾细化晶粒和残余渗碳体分解以及奥氏体成分均匀化的需要。

（3）加热速度

由于加热速度越快，奥氏体化的实际温度越高，奥氏体的形核率将会大于长大速率，故而可以获得细小的起始晶粒。但是相应的保温时间不能太长，否则奥氏体晶粒反而会更加粗大。所以实际生产中，常采用快速加热、短时保温的方法来细化晶粒。

（4）合金元素

奥氏体中的含碳量增高时，晶粒长大的倾向增强。尚若碳以未溶的碳化物形式存在，则它有阻碍晶粒长大的作用。

另外在钢中加入能形成难溶碳化物元素，如铬、钨、钼、钒、钛、铌等元素，以及能生成氮化物的元素，如铝可形成 AlN 等，都有利于获得本质细晶粒钢。因为合金碳化物、氮化物会弥散分布在晶界上，起到阻碍奥氏体晶粒的长大的作用。但锰、硅、磷则是促进晶粒长大的元素。

总而言之，为了控制奥氏体晶粒大小，可以采取控制加热温度、保温时间、加热速度以及加入一定量的合金元素等措施。

1.3　钢在冷却时的组织转变

钢经加热和保温获得均匀奥氏体组织，主要是为冷却转变做准备，冷却是热处理的关键环节，它决定着钢在冷却后的组织和性能。

在热处理实际生产中，钢常用的冷却方式有连续冷却和等温冷却两种冷却方式。连续冷却是以某一冷却速度（如炉冷、空冷、油冷、水冷等）连续冷却至室温，使奥氏体在连续冷却过程中发生转变，如图 4 - 6 中的曲线 1 所示。等温冷却是快速冷却到 A_{r1} 线以下某一温度，并等温停留一段时间，使奥氏体在等温温度下发生相应转变，然后再冷却至室温，如图 4 - 6 中的曲线 2 所示。

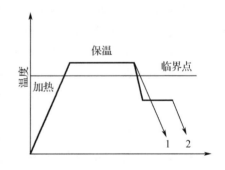

图 4 - 6　热处理的两种冷却方式示意图

实践表明，同一种钢材，在同样奥氏体化条件下，不同的冷却条件，所获得的组织和性能差异很大，表 4 - 1 为 45 钢在同样奥氏体化条件下，不同冷却速度对其力学性能的影响。可以看出，这种差异会相差一倍甚至几倍之多。为了更好地理解这种差异的原理，了解钢在热处理后组织和性能的变化规律，就必须研究奥氏体在冷却过程中的变化规律。为了便于研究，通常按两种冷却方式，通过实验绘制出相应的冷却转变曲线图，两种冷却转变曲线图，都是依据实验得出的，能够客观的反映奥氏体在冷却条件下的相变过程，同时我们可以借助冷却转变曲线图，对奥氏体在冷却过程中的组织和性能的变化规律进行分析和研究。

表 4 - 1　45 钢在 850 ℃ 奥氏体化后,不同冷却速度下的力学性能

冷却方式	抗拉强度 σ_b/MPa	屈服强度 σ_s/MPa	伸长率 δ/%	硬度 HRC
炉冷	530	280	32	15 ~ 18
空冷	670 ~ 720	340	15 ~ 18	18 ~ 24
油冷	900	620	18 ~ 20	40 ~ 50
水冷	1 100	720	7 ~ 8	52 ~ 60

1.3.1　过冷奥氏体的等温转变

钢在高温时所形成的奥氏体,冷却到 A_1 线以下,将处于不稳定状态,奥氏体会发生相变,转变为其他组织,由于转变需要一个"孕育期",所以会使奥氏体的转变推迟到"孕育期"后发生,这种处于转变"孕育期"的奥氏体,称为"过冷奥氏体"。

为了研究过冷奥氏体在等温冷却过程中的变化规律,通常都是采用过冷奥氏体等温冷却转变曲线这一重要研究工具。

1. 过冷奥氏体等温转变曲线

（1）过冷奥氏体等温转变曲线的建立

建立过冷奥氏体等温转变曲线,通常可采用金相法、硬度法、

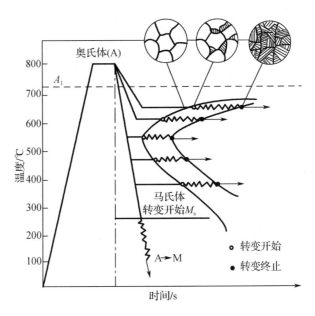

图 4 - 7　共析钢过冷奥氏体等温转变曲线建立示意图

膨胀法、磁性法、电阻法等方法。由于金相法较为直观,现以金相法建立共析钢过冷奥氏体等温转变曲线为例,来简述过冷奥氏体等温转变曲线的建立过程,如图 4 - 7 所示。

首先将共析钢加工成 ϕ10 mm × 2 mm 的许多小试样,分为若干组,每组有几个试样。将各组试样进行等条件奥氏体化,然后将各组试样分别迅速投入不同温度（如 700 ℃, 650 ℃, 600 ℃……）的恒温浴槽中,使过冷奥氏体进行等温转变,记录试样投入的时间, 每隔一定时间取出一个试样,立即在水中冷却,将试样奥氏体的转变情况固定下来。

随后对试样在金相显微镜下进行金相观察,凡是在等温冷却时,未转变的奥氏体将呈白亮色,已转变为产物部分的组织呈黑色,如图 4 - 8 所示。同时约定以转变为产物的数量达到 1% 的时刻,作为转变开始点,转变为产物的数量达到 99% 的时刻,作为转变终止点,将各转变开始点和转变终止点,按对应等温转变温度记录下来,并用光滑曲线分别连接各转变开始点和转变终了点,即得到如图 4 - 9 所示的,共析钢过冷奥氏体的等温冷却转变曲线。由于该曲线形似大写英文字母"C",故通常将其称为"C 曲线"或称为"TTT 曲

线"——即等温冷却转变曲线的英文缩写。同时应注意,C 曲线在上部与 A_1 线无限趋近,但是永不相交;C 曲线在下部与 M_s 线相交。

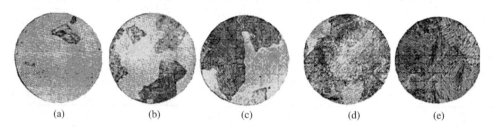

图 4 - 8　共析钢过冷奥氏体在 705 ℃ 等温冷却不同时刻的金相组织

(2)过冷奥氏体的等温转变曲线的分析

如图 4 - 9 所示。过冷奥氏体开始转变点的连线称为转变开始线;过冷奥氏体转变终止点的连线称为转变结束线。A_1 线表示奥氏体与珠光体的平衡温度线,在 A_1 线以上是奥氏体稳定区;A_1 线以下,转变开始线以左是过冷奥氏体区;A_1 线以下、转变结束线以右是转变产物区;转变开始线和转变结束线之间是过冷奥氏体和转变产物共存区。

过冷奥氏体在各个温度下等温转变时,都要经历一段孕育期,

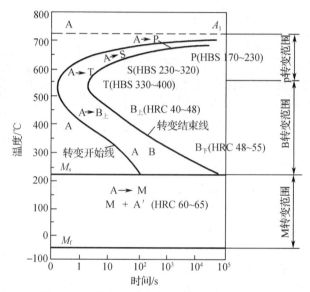

图 4 - 9　共析钢过冷奥氏体的等温转变曲线

孕育期的长短用转变开始线与纵坐标之间的水平距离来表示。孕育期越长,过冷奥氏体越稳定,反之则越不稳定,所以过冷奥氏体在不同温度下的稳定性是不同的。开始时,孕育期较长,随过冷度的增大,孕育期逐渐缩短;当过冷度达到某一过冷值(约在 550 ℃)时,孕育期最短;之后,孕育期随着过冷度的增大逐渐增长,所以曲线呈"C"字形状。

在 C 曲线上孕育期最短的地方,表示过冷奥氏体最不稳定,它的转变速度最快,该处称为 C 曲线的"鼻尖"。而在靠近 A_1 线和靠近 M_s 线(约在 230 ℃)处的孕育期相对较长,过冷奥氏体较稳定,奥氏体的转变相对延后。

在 C 曲线下部的 M_s 线,称为马氏体转变开始线;M_f 线,称为马氏体转变终止线,M_f 线一般在室温以下;M_s 线与 M_f 线之间为马氏体与过冷奥氏体共存区。

所以在三个不同的温度区间,共析钢的过冷奥氏体可发生三种不同的转变:①A_1 至 C 曲线鼻尖间的区域为高温转变区,其转变产物为珠光体,故又称为珠光体转变区;②C 曲线鼻尖至 M_s 间的区域为中温转变区,其转变产物为贝氏体,所以又称为贝氏体转变区;③在 M_s 线以下至 M_f 线间的区域为低温转变区,其转变产物为马氏体,所以又称为马氏体转变区。

2. 过冷奥氏体等温转变的产物与性能

（1）珠光体转变

过冷奥氏体在 A_1 ~ 550 ℃ 之间转变产物为珠光体组织。这一转变伴随着两个过程：一是铁、碳原子的扩散，形成高碳的渗碳体和低碳的铁素体；二是晶格的改组，由面心立方奥氏体晶格，改组为体心立方的铁素体晶格和复杂立方的渗碳体晶格，这一转变过程是一个在固态下形核与核长大的过程。

① 珠光体的形成

珠光体的形成过程如图 4 – 10 所示。由于能量、成分、结构的起伏，首先在奥氏体晶界上形成片状渗碳体（w_C = 6.69%）；由于渗碳体的形成，会使渗碳体附近的含碳量变低，有利于形成铁素体，铁素体（最大含碳量 0.021 8%）形成之后，会使相邻区域的含碳量增高，于是又有利于渗碳体的形成；这样，就会以一片渗碳体和一片铁素体相间交替的方式进行

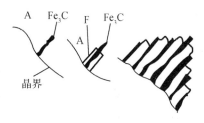

图 4 – 10 珠光体转变过程示意图

转变，从而形成片层状的珠光体组织形态。并且在一个奥氏体晶粒内，可以形成几个不同位向的片层状珠光体组织。

② 珠光体的划分

珠光体片层间距的大小主要取决于过冷度，珠光体转变温度越低，即过冷度越大，形成的珠光体片层组织越细密。按珠光体片层组织细密程度，将珠光体划分成三种组织形态：在 A_1 至 650 ℃ 温度范围内形成的珠光体，因过冷度较小，将获得片层距较大（一般 > 0.3 μm）的珠光体（硬度 HBS 170 ~ 230），称为粗珠光体（P），如图 4 – 11 所示。在 650 ~ 600 ℃ 温度范围内，因过冷度偏大，将获得片层距较小（0.1 ~ 0.3 μm）的珠光体（硬度 HBS 230 ~ 320），称为细珠光体或索氏体（S），如图 4 – 12 所示。在 600 ~ 550 ℃ 温度范围内，由于过冷度较大，将获得片层距更小（一般 < 0.1 μm）的极细珠光体（硬度 HBS 330 ~ 400），称为极细珠光体或托氏体（T），也称为屈氏体，如图 4 – 13 所示；托氏体在普通光学显微镜下是无法进行片层分辨的，只有在高倍电子显微镜才能分辨清楚。

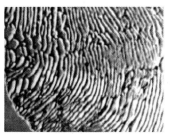
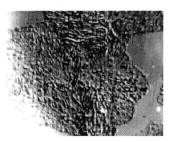

图 4 – 11 珠光体（×8 000）　　图 4 – 12 索氏体（×12 000）　　图 4 – 13 托氏体（×15 000）

③ 珠光体的性能

珠光体的性能主要取决于片层间距。片层间距越小，相界面越多，抵抗外力的抗力越大，强度和硬度越高；同时片层间距越小，由于渗碳体片越薄，越易随铁素体基体一起变形而不脆断，因而，塑性和韧性也会越好。所以从综合指标来讲，托氏体优于索氏体，索氏

体优于珠光体,如图4－14。

(2) 贝氏体转变

过冷奥氏体在550 ℃ ～ M_s 线(约230 ℃)之间的转变产物为贝氏体。贝氏体是由含碳量过饱和的铁素体与弥散分布的渗碳体(或碳化物)所组成的亚稳非层状的两相混合物组织,用 B 表示。贝氏体转变同样要进行晶格改组和碳原子的扩散,但因转变温度较低,扩散不充分,致使碳在铁素体中形成过饱和。其转变过程也是遵循在固态下的形核与核长大的规律。

① 贝氏体的形成

在550 ～ 350 ℃ 之间,首先在奥氏体内的贫碳区孕育出铁素体晶核,随着铁素体的生长,铁素体中的碳原子不断地通过界面迁入到周围未转变的奥氏体中,当迁入的碳浓度升高到一定值后,就形成渗碳体并分布在铁素体片之间,从而形成上贝氏体组织,如图4－15(a)所示。

在350～230 ℃ 之间,同样首先在贫碳区形成针叶状的铁素体,尽管这时铁素体固溶有较多的碳原子,但由于转变温度较低,碳原子的扩散能力很弱,碳原子的迁移不能逾越铁素体片的范围,于是部分的碳原子只能就近形成聚集,以细小的渗碳体(或碳化物) 形式,在铁素体片内以 55 ～65° 夹角的位向析出,未析出的碳原子仍然以过饱和地形式固溶在铁素体内,而且过饱和程度比上贝氏体高,从而形成下贝氏体组织,如图4－15(b) 所示。

② 贝氏体的形态

贝氏体组织随着奥氏体的成分及转变温度的不同会出现多种形态,常见的形态有两种:一是在550～350 ℃ 温度范围内形成的上贝氏体组织(硬度 HRC 40～48),用 $B_上$ 表示,典型的上贝氏体组织呈羽毛状,如图4－16所示;二是在350～230 ℃ 温度范围内形成的下贝氏体组织(硬度HRC 48～55),用 $B_下$ 表示,下贝氏体组织呈针叶状,如图4－17所示。

③ 贝氏体的性能

贝氏体的性能主要取决于铁素体中碳原子的过饱和程度,以及铁素体片和渗碳体(或碳化物)的粗细、形状和分布。上贝氏体由粗大的片状铁素体和分布于铁素体片间的渗碳体所组成,故而,上贝氏体不但强度相对低,而且塑性、韧性也相对较差,为此,工程上应尽量避免获得此类组织。另外,因下贝氏体中的铁素体针叶细小,渗碳体呈弥散分

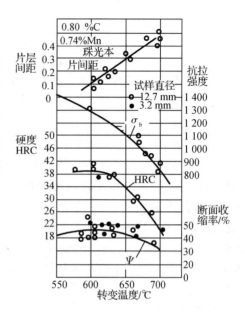

图4－14　珠光体片层间距与力学
性能的关系曲线

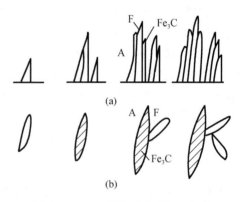

图4－15　贝氏体形成过程示意图
(a) 上贝氏体;(b) 下贝氏体

图 4 - 16　上贝氏体(×600)　　　　图 4 - 17　下贝氏体(×500)

布,故而,下贝氏体的强度、硬度会得到提高,塑性、韧性会得到改善,具有良好的综合机械性能,因此,目前生产上常采用等温淬火的热处理工艺,来获得下贝氏体组织。

（3）马氏体转变

当奥氏体过冷到 M_s 线以下,将发生马氏体转变。马氏体转变与珠光体转变和贝氏体转变完全不同,它是在很大过冷度下发生的。在马氏体转变中,只有晶格的改组,几乎没有碳原子的扩散,由于转变温度已很低,奥氏体中的碳原子已丧失扩散能力,被强制性地固溶在铁素体中,形成了碳在铁素体中的极大过饱和固溶体,故它不像珠光体和贝氏体,转变所获得的组织是两相机械混合物的组织,而是获得单相的极大过饱和的固溶体组织,用 M 表示。

① 马氏体的形成特点

a. 马氏体转变是一种无扩散性的相变,转变过程没有形核与长大,只有骤然的晶格改组。

b. 马氏体转变速度极快,几乎没有孕育期,可以在千万分之一秒内完成。马氏体转变量的增加不是靠已经形成的马氏体组织的长大,而是靠新的马氏体组织的不断出现来完成。

c. 马氏体形成时一般不会穿过晶界,粗大的奥氏体晶粒会获得粗大的马氏体。后形成的马氏体,无法穿过先形成的马氏体,所以越是后形成的马氏体就越细小,如图 4 - 18 所示。

图 4 - 18　马氏体形成过程示意图

d. 马氏体的转变是在一个温度范围内完成的,随着温度的降低,马氏体的转变量越来越多,当温度降至 M_f 线时,马氏体转变结束。但如在 M_s 线与 M_f 线之间的某一温度等温,马氏体的量并不会明显增多,只有随着温度的继续降低,马氏体的量才会继续增多。

e. 通常 M_f 线都低于室温,如当淬火到室温时,必然有一部分奥氏体未发生转变被残留下来,这部分残留下来的奥氏体,被称为残余奥氏体,用 $A_残$ 表示。残余奥氏体不但降低了淬火钢的硬度和耐磨性,而且由于残余奥氏体极不稳定,会随着时间的推移而发生转变,从而致使零件的尺寸发生变化,导致尺寸精度的大大降低。

为此,生产中,对于一些尺寸精度要求较高的零件(如精密的量具、精密轴承等),为保证其在使用期间的尺寸精度,常采用将零件淬火至室温后,又随即放入零下温度的冷却介质中冷却(如干冰,即固态 CO_2 和酒精的混合剂,干冰可冷却到 $-78\ ℃$,而液态氧则可冷却到 $-183\ ℃$),使残余奥氏体继续向马氏体转变,最大限度的消除残余奥氏体,达到增加硬度、提高耐磨性和稳定零件尺寸的目的,这种处理工艺,通常称为"冷处理"。

② 马氏体的组织形态

马氏体的组织形态主要有三种基本类型,片状马氏体、板条状马氏体和稳针马氏体。片状马氏体的立体形态呈凸透镜状,截面形态为竹叶状,片状马氏体硬而脆,通常为高碳马氏体,如图 4 - 19 所示。板条状马氏体的立体形态为扁条状或薄板状,截面形态为细条集合状,在一个奥氏体晶粒内部,可形成多个位向不同的板条马氏体,板条马氏体的强度和韧性等综合指标相对较好,通常为低碳马氏体,如图 4 - 20 所示。隐针马氏体,是一种极细小的针状的马氏体组织,在光学显微镜下几乎看不出这类马氏体的针状形态,故而得名。隐针马氏体,在奥氏体晶粒细小的情况下,更易获得。

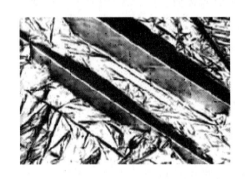

图 4 - 19 片状马氏体组织($\times 600$) **图 4 - 20 板条状马氏体组织($\times 600$)**

实验表明,马氏体的组织形态,主要随着钢的含碳量不同而变化。当奥氏体中含碳量大于 1.0% 时,淬火组织中马氏体形态几乎全部为片状马氏体;当奥氏体含碳量小于 0.30% 时,淬火组织中马氏体形态几乎是板条状马氏体;当奥氏体含碳量在0.30%~1.0% 之间时,则为片状马氏体和板条马氏体的混合组织。

③ 马氏体的比容

钢中不同的组织具有不同的比容(比容即单位质量的体积)。马氏体的比容最大,奥氏体最小,珠光体居中。由于马氏体转变是一种无扩散性的相变,所以马氏体中的含碳量与原奥氏体中的含碳量相同,过量固溶的碳原子,使铁素体的体心立方晶格常数 c 被拉长,形成 $a = b \neq c$ 体心正方晶格,通常将晶格常数 c 与 a 之比(c/a)称为马氏体的晶格正方度。因此,当过冷奥氏体向马氏体转变时,必然伴随体积的膨胀,而产生极大的内应力,这便是淬火形成马氏体时容易开裂和变形的原因。随着奥氏体含碳量的增加,马氏体的晶格正方度增大,比容随之增大,更易淬裂。另外生产中也会利用马氏体的这一效应,使淬火零件的表层形成残余压应力,以抵消交变载荷下所产生的拉应力,以提高零件的疲劳强度。

④ 马氏体的性能

a. 马氏体的强度与硬度。马氏体最主要的性能指标是高强度和高硬度,马氏体的强度和硬度主要取决于马氏体的含碳量,如图4-21。随着马氏体含碳量的增高,碳原子在铁素体中的固溶程度增大,固溶强化效果增强,马氏体强度和硬度也随之增高。尤其在低含碳量区间,强度、硬度的增高更明显。当含碳量超过0.6%以后硬度增加趋势趋于平缓。

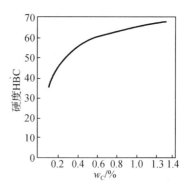

图4-21　含碳量对马氏体强度和硬度的影响

同时硬度和强度的变化,还与钢在淬火时残余奥氏体的残余量有关。因为,M_s线与M_f线的位置与奥氏体的含碳量有关,奥氏体的含碳量越高,这两条线的位置越低。由图4-22可知,当含碳量超过0.5%时,M_f线已低于室温,因此,淬火到室温时,将会出现残余奥氏体,残余奥氏体的数量也会随着M_f线位置的不断降低而增多(如图4-23所示),致使淬火钢的强度、硬度增加缓慢。

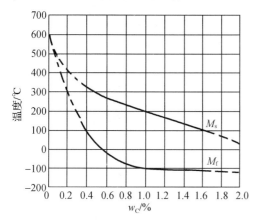

图4-22　奥氏体含碳量对M_s线与M_f线的位置的影响

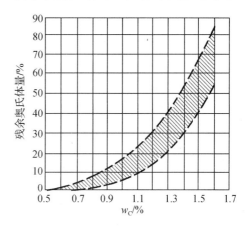

图4-23　奥氏体含碳量对残余奥氏体量的影响

生产实际应用表明,一般低、中碳钢淬火至室温后,约有1%~2%的残余奥氏体;高碳钢淬火到室温后,残余奥氏体量可达10%~15%。共析钢的M_f线约为-50℃,当淬火至室温时,其组织中含有约3%~6%的残余奥氏体。

b. 马氏体的塑性和韧性。一方面过饱和碳原子增大了晶格畸变,提高了塑性变形的抗力,使马氏体的塑性降低;另一方面碳原子的过饱和则削弱了铁原子之间的结合力,影响了晶格的牢固性,使马氏体的韧性下降。故马氏体的塑性和韧性,随着奥氏体的含碳的增加,会急剧降低,见表4-2。因此,低碳板条马氏体的塑性和韧性比高碳片状马氏体好,低碳板条马氏体的断裂韧度相对高,脆性转变温度也比高碳片状马氏体低,见表4-3。故而,经常采用用低碳钢或低合金钢,通过淬火得到低碳板条马氏体组织,获得较好机械性能的热处理工艺措施。一般对于要求高硬度和高耐磨性的零件,如工具钢、模具钢,通常采用高碳片状马氏体组织;对于强度、硬度和韧性有同时要求的零件,如发动机连杆、传动轴,常采用低碳板条状马氏体组织。

综上所述,现将过冷奥氏体等温转变曲线及其转变的产物归结为图 4 – 24。

表 4 – 2 淬火钢的塑性、韧性与含碳量的关系

$w_C/\%$	$\delta/\%$	$\psi/\%$	A_k/J
0.15	~ 15	30 ~ 40	> 64
0.25	5 ~ 8	12 ~ 20	22 ~ 32
0.35	2 ~ 4	7 ~ 10	12 ~ 22
0.45	1 ~ 2	2 ~ 4	4 ~ 12

表 4 – 3 片状马氏体与板条状马氏体性能比较

$w_C/\%$	马氏体形态	σ_b/MPa	σ_s/MPa	$\delta/\%$	$\alpha_k/(J \cdot cm^2)$	硬度 HRC
0.1 ~ 0.25	板条状	1 020 ~ 1 530	820 ~ 1 330	9 ~ 17	60 ~ 180	30 ~ 50
0.77	片状	2 350	2 040	1	10	66

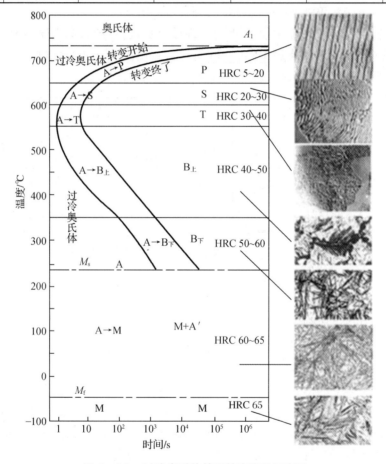

图 4 – 24 过冷奥氏体等温转变产物示意图

3. 亚共析钢和过共析钢的等温冷却转变曲线特点

(1) 出现先析线

如图 4 – 25 所示,将亚共析钢、共析钢和过共析钢的 C 曲线进行比较,不难看出,亚共析钢和过共析钢的 C 曲线,除具有奥氏体转变开始线和转变终了线外,分别还多了一条先析铁素体析出线和先析渗碳体(即二次渗碳体)的析出线。说明亚共析钢和过共析钢的

过冷奥氏体在等温冷却转变时,将分两步进行。首先完成过冷奥氏体向先析相的转变,随后才发生过冷奥氏体向珠光体的转变,故而,在产物区中也就多了相应的先析组织。亚共析钢产物组织为先析铁素体 + 珠光体,随着亚共析钢含碳量的增加,先析铁素体量减少,先析线向右下方偏摆;过共析钢产物组织,则为先析二次渗碳体 + 珠光体,随着过共析钢含碳量的增加,先析二次渗碳体量增多,先析线将向左上方偏摆。

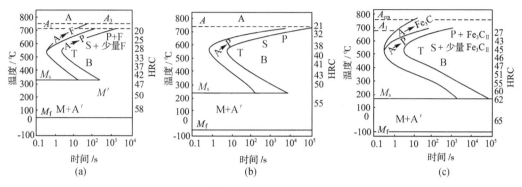

图 4 – 25　亚共析钢、共析钢、过共析钢的 C 曲线

(a) 亚共析钢;(b) 共析钢;(c) 过共析钢

(2) 伪共析组织

随着过冷度的增大,亚共析钢和过共析钢的先析铁素体或先析二次渗碳体的数量会逐渐减少,当过冷度达到一定程度(约过冷到 600 ℃ 以下),先析相的数量将降至极少,直至不再析出,过冷奥氏体将不再发生先析转变,直接转变为极细珠光体(即托氏体组织),这时极细珠光体的含碳量已不是共析成分的含碳量 0.77% C。这种由非析成分获得的共析组织,称伪共析组织。由于伪共析组织,几乎没有先析相,珠光体组织极为细密,其综合机械性能远比共析组织优越得多。

(3) 魏氏体组织

亚共析钢和过共析钢先析组织的形态,会随奥氏体的含碳量、晶粒度和过冷度的不同而不同。当含碳量小于 0.6%(先析铁素体量增多)或大于 1.2%(先析二次渗碳体量增多),在奥氏体晶粒又特别粗大、过冷度较小时,先析铁素体会呈网状或块状析出,先析二次渗碳体一般都呈网状析出,先析相呈现出网状组织,这种先析网状组织称为魏氏体组织,用 W 表示。图 4 – 26 为亚共析钢网状铁素体的魏氏体组织;图 4 – 27 为过共析钢网状二次渗碳体的魏氏体组织。魏氏体组织会使钢的机械性能降低,尤其是使塑性韧性大大下降,脆性增加,故生产中常采用完全退火或正火的热处理工艺,来消除魏氏体组织。

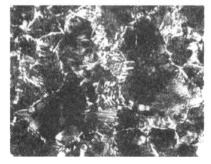

图 4 – 26　亚共析钢的魏氏体组织(×400)

图 4 – 27　过共析钢的魏氏体组织(×400)

4. 影响过冷奥氏体等温转变的因素

C 曲线的形状和位置,不仅影响过冷奥氏体等温转变的速度和转变产物的性质,而且对钢的热处理工艺及淬透性等影响很大,因此掌握影响 C 曲线的因素至关重要。

(1) 碳的影响

奥氏体含碳量对 C 曲线的形状没有什么影响,但对 C 曲线的位置有很大影响。在亚共析钢中,随着含碳量的增加,C 曲线将会向右移动;在过共析钢中,随着含碳量的增加,C 曲线则会向左移动。故在碳钢中,以共析钢的 C 曲线的鼻尖最靠右,其过冷奥氏体也最稳定,如图4 – 25 所示。

另外,随着奥氏体含碳量的增加,M_s 线与 M_f 线将下移,马氏体转变开始温度和转变终了温度也随之降低,残余奥氏体量将会增加。

(2) 合金元素的影响

除了钴、铝元素外,所有合金元素在溶入奥氏体后,都会使过冷奥氏体趋于稳定,使奥氏体不易发生转变,致使 C 曲线的位置向右移。

(3) 加热温度和保温时间的影响

随着加热温度的提高和保温时间的延长,奥氏体的成分更趋于均匀,促进奥氏体转变的成分浓度起伏变小;同时由于奥氏体晶粒充分长大,晶界面积减少,作为奥氏体转变的晶核数量减少,致使过冷奥氏体稳定性增加,使 C 曲线右移。

(4) 难溶碳化物的影响

由于难溶碳化物有助于奥氏体的形核和分解,将促进奥氏体的转变,故会使 C 曲线向左移。

总之,凡是促进奥氏体稳定的因素,都会使 C 曲线向右移,凡是促进奥氏体转变的因素,都会使 C 曲线向左移。

综上所述,影响 C 曲线的因素很多,不同钢种的 C 曲线将会不同,就是同一钢种,如果加热温度不同,奥氏体晶粒度不同,所测得的 C 曲线差别也较大。因此,钢的 C 曲线都须附加注明成分、加热温度和奥氏体晶粒度等条件因素,以便对应使用。常用钢种的 C 曲线可以在有关的设计手册中查到。

1.3.2　过冷奥氏体连续转变曲线

在生产实际中,过冷奥氏体转变大多是在连续冷却过程中进行的,如常见的水冷、油冷、空冷和随炉冷却等都是连续冷却的过程。因此,研究过冷奥氏体连续冷却的组织转变规律,具有十分重要的实际意义,为便于研究,就需要测定并借助过冷奥氏体连续冷却转变曲线(即 CCT 曲线 —— 英文连续冷却转变曲线的缩写)来完成。

1. 共析钢过冷奥氏体连续转变曲线

图 4 – 28 是用膨胀法测定的共析钢奥氏体连续冷却转变曲线(粗线表示),它是采用高速膨胀仪根据奥氏体与转变产物之间比容的不同,测出奥氏体以不同冷却速度连续冷却时,转变开始及转变终了的温度和时间,并记录下对应形成的组织和硬度,然后分别连接转变开始点和转变终了点,从而获得的过冷奥氏体连续冷却转变曲线。为了便于比较,同时在图中表示出了相同钢材的过冷奥氏体等温冷却转变曲线(虚线所示)。

通过比较不难看出,共析钢过冷奥氏体连续冷却转变曲线具有以下主要特点。

（1）连续冷却转变曲线比等温冷却转变曲线略微偏右下方，即在同一转变温度下，连续冷却时，奥氏体的开始转变时间比等温转变开始时间稍微滞后一些。

（2）连续冷却转变曲线只具有等温冷却转变曲线的上半部分，没有下半部分。也就是说，共析钢在连续冷却时，只有珠光体转变和马氏体转变，没有贝氏体转变。

（3）P_s 线和 P_f 线分别表示珠光转变开始线和转变终了线。K 线表示珠光体转变中止线，即当冷却到 K 线时，过冷奥氏体将不再发生珠光体转变，而一直保留到 M_s 线以下，直接转变为马氏体。

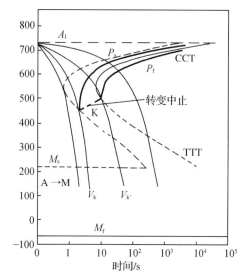

图 4 - 28　共析碳钢 CCT 曲线与 TTT 曲线比较图

（4）与连续冷却转变曲线鼻尖相切的冷却速度线，是保证奥氏体在连续冷却过程中，不发生转变，而获得全部马氏体组织的最小冷却速度线，称为马氏体临界冷速，也称为淬火临界冷速或上临界冷速，用 V_k 表示。V_k 值愈小，钢在淬火时越容易获得马氏体组织。V_k' 称为珠光体临界冷速，也称为下临界冷速，是保证奥氏体在连续冷却过程中，只发生珠光体转变的最大冷却速度线。

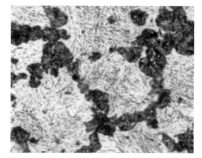

图 4 - 29　共析钢连续冷却获得的托氏体和马氏体及残余奥氏体混合组织（×500）

当实际冷速 $V > V_k$ 时，将得到全马氏体（或马氏体 + 残余奥氏体）组织；当实际冷速 $V < V_k'$ 时，将得到全珠光体组织；当实际冷速 $V_k' < V < V_k$ 时，得到珠光体 + 马氏体 + 残余奥氏体的混合组织，如图 4 - 29 所示。共析钢在不同实际冷速下所得组织和性能见表 4 - 4。

表 4 - 4　共析钢过冷奥氏体连续冷却转变产物的组织和硬度

冷却速度	冷却方法	转变产物	符　号	硬度
$V << V_k'$	炉冷	珠光体	P	HBS 170 ~ 220
$V < V_k'$	空冷	索氏体	S	HRC 25 ~ 35
$V_k' < V < V_k$	油冷	托氏体 + 马氏体	T + M	HRC 45 ~ 55
$V > V_k$	水冷	马氏体 + 残余奥氏体	M + A_残	HRC 55 ~ 65

2. 过共析钢和亚共析钢过冷奥氏体连续转变曲线

（1）过共析钢的 CCT 曲线

过共析钢的 CCT 曲线和共析钢的基本相同中，也无贝氏体转变区，但比共析钢的

CCT 曲线,多了一条先析二次渗碳体析出线,说明过共析钢的过冷奥氏体在连续冷却转变时,首先析出二次渗碳体,随后才发生过冷奥氏体向珠光体的转变,所以在产物组织中也就多了先析二次渗碳体组织。并且由于渗碳体的析出,会使尚未转变的过冷奥氏体中的含碳量下降,致使 M_s 线位置上提,出现 M_s 线右端升高的情况,如图 4 – 30 所示。

（2）亚共析钢的 CCT 曲线

亚共析钢的 CCT 曲线,不但多了一条先析铁素体析出线,还出现贝氏体转变区,说明亚共析钢的过冷奥氏体在连续冷却转变时,不但会析出先析铁素体,而且还会发生贝氏体转变,会形成先析铁素体 + 珠光体 + 贝氏体 + 马氏体 + 残余奥氏体的混合组织。同时由于先析铁素体的析出,会使尚未转变的过冷奥氏体中的含碳量升高,致使 M_s 线位置下降,出现 Ms 线右端下降的情况,如图 4 – 31 所示。

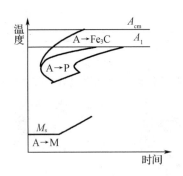
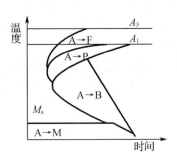

图 4 – 30   过共析钢 CCT 曲线示意图   图 4 – 31   亚共析钢 CCT 曲线示意图

3. 过冷奥氏体等温冷却转变曲线在连续冷却中的应用

在热处理中,大部分热处理是在连续冷却过程中完成的,所以连续冷却转变曲线对于制定热处理工艺,正确选用热处理介质,判断零件连续冷却后各部位的组织和性能,都具有十分重要的作用。但是连续冷却转变曲线的测定,在技术上要比等温转变曲线困难,也不易达到精准,有些钢种还没有测出连续转变曲线。但由图 4 – 28 看出,钢的连续冷却转变曲线与等温转变曲线的上半部基本上是一致的,特别是高温转变产物和性能差别不明显,所以在目前实际生产中,常依据等温转变曲线来近似地估计连续冷却时过冷奥氏体组织转变情况。

必须指出,用等温转变曲线来近似分析连续冷却转变过程,是很粗略和不精确的,只能起到定性分析的作用,客观地说,这也是一种没有办法的办法。随着检测手段的进一步发展,将会有更多、更完善的连续冷却转变曲线被测定出来,为连续冷却组织转变的分析提供更为精准和更科学的指导。

4. 过冷奥氏体冷却转变曲线的应用

（1）能为正确选择材料提供理论基础。例如,淬火的主要目的是为了获得马氏体组织,在其他条件相同的情况下,可根据零件尺寸大小来选定钢种。对于尺寸大,形状复杂的零件,宜选用马氏体临界冷速较小的钢种;对于尺寸小、形状简单的零件,可选用马氏体临界冷速稍大的钢种。

（2）作为选择淬火介质和淬火方法的依据。当钢种和零件尺寸确定后,可借助对应的冷却转变曲线,对淬火介质和淬火方法进行选择,保证获得所需组织和淬火质量。

（3）为正确制定热处理工艺提供了依据。如在制定等温退火、等温淬火工艺时,可根据冷却转变曲线和零件的组织性能要求,制定出合理的等温温度和时间。

（4）为研制新钢种的合金化提供依据。

1.4　钢的退火和正火

1.4.1　退火和正火的目的

在生产中,常把热处理分为预先热处理和最终热处理两类。为消除上道工序的缺陷(如毛坯缺陷)或为下道工序(如切削加工)做组织和性能准备的热处理,称为预先热处理。为满足工件使用要求的热处理,称为最终热处理。

钢的退火和正火往往是热处理的最初工序,一般为预先热处理。钢的退火和正火经常安排在铸造或锻造之后,以及切削加工之前,用以消除前一道工序所带来的某些冷、热加工缺陷,为随后的工序做好组织准备。

例如,一般机械零件加工制造的工艺路线通常为:制作毛坯(铸造或锻造)──→退火或正火──→粗加工──→淬火 + 回火(或表面热处理)──→精加工──→检验──→装配。其中淬火 + 回火(或表面热处理),是为满足使用要求进行的最终热处理;而退火或正火,是为消除毛坯组织缺陷,如消除枝晶偏析、晶粒粗大、成分不均或魏氏体等组织缺陷,并为机械加工,提供最适宜进行切削加工的组织形态和切削性能。

有时,对于一些普通铸件、焊接件以及某些不重要的工件,经退火或正火后就能满足使用要求,此时的退火或正火便属于最终热处理。

为此,退火和正火的主要目的大致可归纳为以下几点。

（1）调整钢材的硬度,便于进行切削加工。经恰当的退火或正火处理后,一般都会将硬度调整到 HBW 160 ~ 220 之间,因为,这是最适于切削加工的硬度范围;

（2）消除残余应力,稳定工件尺寸,防止工件的变形和开裂;

（3）均匀化学成分、细化晶粒、提高机械性能;

（4）改善组织形态,为最终热处理(如淬火、回火)做好组织准备。

1.4.2　退火工艺及应用

钢的退火是把钢加热到高于或低于临界点(A_{C3} 或 A_{C1})的某一温度,保温一定时间,然后随炉缓慢冷却,以获得接近平衡组织的一种热处理工艺。根据不同处理要求,常采用三种加热形式,即完全奥氏体化加热、不完全奥氏体化加热、不奥氏体化加热。并且划分为完全退火、等温退火、球化退火、均匀化退火和去应力退火等退火工艺。

1. 完全退火

完全退火又称为完全奥氏体化退火或重结晶退火。

完全退火是将钢加热至 A_{C3} 以上 30 ~ 50 ℃,保温一定时间后,随炉缓慢冷却至600 ℃ 以下,再出炉空冷至室温,以获得接近平衡组织的一种热处理工艺。

完全退火主要用于亚共析成分的各种碳钢和合金钢,有时也用于焊接结构件。其主要目的是细化晶粒、消除残余内应力、消除组织缺陷、降低硬度、为随后的机械加工和淬火做准备。例如,ZG30 铸钢通常晶粒粗大,常常带有魏氏体组织缺陷,经完全退火后,铁素体晶粒得到细化,强度和塑性显著提高,如表4－5所示。

另外,完全退火一般也常作为一些不重要铸件、焊接件的最终热处理工序。

必须指出,过共析钢不宜采用完全退火,因为加热到A_{Ccm}线以上再进行缓慢冷却时,已完全奥氏体化的过共析钢,会析出二次网状渗碳体,致使退火后的钢材在强度和韧性方面大大降低。

表4－5　30铸钢完全退火前后性能比较

前后状态	铁素体晶粒尺寸/mm	σ_b/MPa	σ_s/MPa	δ/%	ψ/%
铸态	7.5×10^{-5}	473	230	14.6	17.0
完全退火后	1.4×10^{-5}	510	280	22.5	29.0

2. 等温退火

等温退火是将钢加热至A_{C3}以上30～50℃(或A_{C1}以上20～40℃),保温一定时间后,快速冷却到珠光体转变区的某一温度,然后等温一定的时间,待奥氏体向珠光体的转变完成后,出炉空冷至室温,以获得某一相应温度下,相应珠光体组织的一种热处理工艺,如图4－32所示。

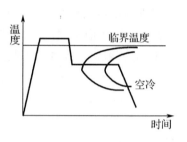

图4－32　等温退火工艺示意图

完全退火工艺所用时间很长,尤其是对于某些奥氏体比较稳定的合金钢,往往需要数十小时,甚至数天的时间。如果采用在某一珠光体转变温度等温,不但可以获得所需珠光体组织,而且还可以大大缩短退火时间。通常等温退火处理时间约为完全退火时间的一半左右,从而降低了退火成本、提高了生产效率,目前生产中多采用等温退火来代替完全退火。

3. 球化退火

球化退火是把钢加热到A_{C1}以上20～40℃,保温一定时间,然后缓冷(缓冷速度约50℃/小时)至600℃以下,再出炉空冷的一种热处理工艺,目的是仅使珠光体奥氏体化。对于过共析钢属于不完全奥氏体化,对于共析钢属于完全奥氏体化,球化退火时仅珠光体和少量二次渗碳体发生奥氏体化转变,而大部分二次渗碳体则发生球化转变。

球化退火主要用于共析钢和过共析钢,其主要目的在于,使钢中珠光体组织中的部分渗碳体和二次渗碳体及其他碳化物球化,以降低钢的硬度和脆性,改善切削加工性能,并为以后的淬火做好组织准备。

如过共析工具钢和滚动轴承钢经热轧锻造后,其组织为粗大的片状珠光体和网状二次渗碳体组织,硬度很高,不利于切削加工,而且淬火时,易产生变形和开裂。因此,必须对其进行球化退火,使珠光体中的片状渗碳体和网状二次渗碳体都变为球状渗碳体,这种在铁素体基体上均匀分布着球状渗碳体的组织,称为球化体,由球化渗碳体构成的珠光体组织,称为球状珠光体,如图4－33所示。

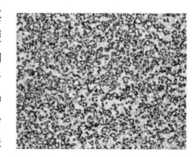

图4－33　球状珠光体组织(×400)

球化退火后,钢的硬度比退火前明显降低,如 T10 钢经球化退火后,硬度由 HBW 280 ~ 320 降到 HBW 190 ~ 210。

生产上为提高效率,常采用等温球化退火。等温球化退火与上述等温退火的原理一样,只不过是其加热温度相对较低而已(在 A_{C1} 以上 20 ~ 40 ℃)。等温球化退火的优点在于缩短了球化退火的时间,正常球化退火需 20 ~ 40 小时,而等温球化退火只需 10 ~ 12 小时,时间缩短了几乎一半多,如图 4 – 34 所示。

应当指出的是,若过共析钢原始组织中存在严重的网状二次渗碳体,仅靠球化退火二次渗碳体是难以得到完全球化的,为此,在球化退火前必须先进行一次正火,在空冷较快冷速下,使二次渗碳体来不及沿奥氏体晶界析出,以消除或减少网状二次渗碳体,然后再进行球化退火,方可达到最佳的球化退火效果。

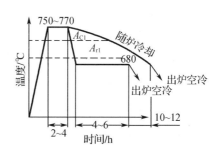

图 4 – 34 球化退火与等温球化退火工艺曲线图

4. 均匀化退火(扩散退火)

均匀化退火又称为扩散退火,属完全奥氏体化退火,它是将钢加热到 A_{C3} 以上 150 ~ 200 ℃,长时间保温(10 ~ 15 h),然后缓慢冷却至室温,是以消除成分偏析、均匀组织和成分为目的热处理工艺。通常用于消除铸锭、铸件或锻坯的枝晶偏析和组织成分不均匀。均匀化退火后的组织晶粒往往较为粗大,需再进行一次完全退火或正火处理,来消除均匀化退火因加热温度较高晶粒粗大的缺陷。由于均匀化退火后还需增加一次完全退火,从而形成了两次退火,因此,生产中将这种两次退火的工艺,俗称为"双联退火"。均匀化退火耗能高、耗时长,增加了退火成本,所以,一般只用于质量要求较高的优质合金钢铸锭或铸件。

5. 去除应力退火(低温退火)

去除应力退火又称为低温退火,属于不进行奥氏体化退火。主要用于消除铸件、锻件、焊接体、热轧件、冷拉件等工件的残余内应力,以降低工件在使用过程中的变形和开裂倾向。

去除应力退火是将工件缓慢加热到 A_{C1} 以下 100 ~ 200 ℃(约 500 ~ 600 ℃),经一定时间保温后,随炉缓慢冷却到 200 ℃ 以下,再出炉空冷。由于去除应力退火的加热温度低于 A_{C1} 线,未发生奥氏体化相变,所以没有组织的变化,主要是通过在加热和保温过程中,将残余内应力得到消除。

对于一些大型铸件,如车床床身、内燃机汽缸体、汽轮机隔板等,通常都必须进行去除应力退火。

1.4.3 正火工艺及其应用

正火是将钢加热到相变线(A_{C3} 线或 A_{C1} 线或 A_{Ccm} 线)以上 30 ~ 50 ℃,使钢完全奥氏体化后,保温一定的时间,然后直接空冷至室温,以获得细珠光体(即索氏体)组织为目的的一种热处理工艺。

1. 正火组织与性能

正火与退火相比较,其主要区别在于:退火采用随炉缓冷,而正火采用空气快冷。由于正火冷却速度相对快,过冷度相对较大,正火组织中的珠光体数量增多,珠光体片层组织细密,对于亚共析钢,钢中还会出现伪共析组织。因而,正火组织的强度、硬度以及综合机械性能远比退火组织高,如表4－6所示。

表4－6　45钢退火与正火组织的性能比较

热处理工艺	抗拉强度 σ_b/MPa	伸长率 δ/%	冲击吸收功 A_k/J	硬度 HRC
退火	650 ~ 700	15 ~ 20	32 ~ 48	120 ~ 180
正火	700 ~ 800	15 ~ 20	40 ~ 64	190 ~ 220

当碳钢的含碳量 < 0.6% 时,正火组织为铁素 + 索氏体;当含碳量 > 0.6% 时,正火组织为索氏体。值得指出的是,某些高合金钢空冷时,由于合金元素的作用,使 C 曲线大大向右移,正火时就能得到马氏体组织,这类正火不能称其为正火,而应称其为淬火。

2. 正火的主要应用

正火与退火相比,正火钢的力学性能好,工艺操作简单、生产周期短、能耗低,因而,在可能的前提下,应优先考虑采用正火热处理工艺,目前正火主要应用于以下几方面:

(1) 作为普通结构零件的最终热处理

因为正火可以消除组织缺陷、细化晶粒、提高工件的机械性能,所以仅进行正火处理后就完全能够满足普通零件的使用要求。

(2) 改善低碳钢的切削加工性能

通常钢件硬度在 HBW 160 ~ 220 范围时,金属的切削加工性能最好。过硬加工困难,而且刀具容易磨损;过软又易"黏刀",加工表面粗糙度增大。低碳钢的退火组织硬度,一般都在 HBW 160 以下,切削性能不佳,但通过正火,由于其正火组织为细珠光体组织,即索氏体组织,具有良好的切削加工性能,从而改善了低碳钢的切削加工性能,如图4－35为各种碳钢退火和正火后的硬度范围(图中阴影线部分为切削加工性能较好的硬度范围)。

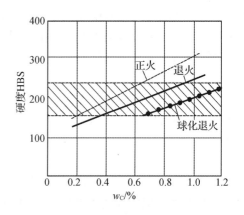

图4－35　各种碳钢退火和正火后的硬度范围

由图可见,含碳量小于 0.50% 的碳钢选用正火(获得索氏体组织)为宜;含碳量大于 0.50% 的碳钢选用完全退火(获得珠光体组织)为宜;而高碳工具钢则应选用球化退火(获得球状珠光体组织)为宜。

(3) 作为中碳钢和重要零件的预先热处理

由于中碳钢经正火处理后,不但可以消除组织缺陷,而且可降低硬度,将中碳钢的硬度调整至最适于机械加工的硬度。同时,还能够减少中碳钢淬火时的变形和开裂倾向,为淬火处理作好组织准备。

（4）消除过共析钢中的二次网状渗碳体

因为正火处理空冷冷速较快,二次渗碳体来不及沿奥氏体晶界呈网状析出,通过正火将会消除或减少二次网状渗碳体,为球化退火获得较好的球状珠光体组织提供了保障。

（5）在特定情况下可代替淬火 + 回火

对于一些大型或形状结构较为复杂的零件,采用淬火工艺处理时,往往会面临淬火开裂的危险,带来很大经济损失,生产中常采用正火工艺来代替淬火 + 回火的热处理工艺,并作为这类零件的最终热处理。

现将以上讨论的各种退火、正火的加热温度和热处理工艺曲线,归纳绘制于图4 – 36中,便于分析比较。

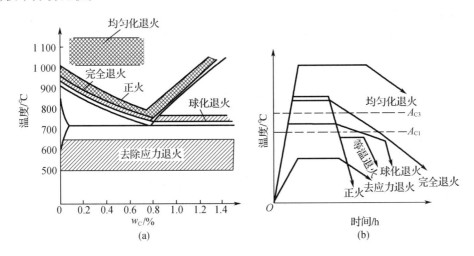

图 4 – 36　各种退火、正火的加热温度和热处理工艺曲线示意图
（a）加热温度范围;（b）热处理工艺曲线

1.5　钢的淬火工艺及应用

1.5.1　淬火的目的

淬火是将钢加热到A_{C1}或A_{C3}线以上30 ～ 50 ℃,保温一定的时间后,采用快速冷却的方式,以获得马氏体组织或下贝氏体组织的热处理工艺。淬火的主要目的是通过获得马氏体组织或下贝氏体组织,来提高钢的机械性能,尤其是提高钢的强度和硬度。

1.5.2　淬火加热温度和加热时间的选择

1. 加热温度的选择

淬火加热温度的选择,主要从两方面考虑:一是钢的化学成分(含碳量),钢的含碳量不同,其淬火加热温度的选择也不同,一般可根据 Fe – Fe₃C 相图来进行选择,如图4 – 37所示;二是为了防止奥氏体晶粒粗化,一般淬火加热温度不宜选取太高,只允许超出临界线30 ～ 50 ℃。

对于亚共析钢:淬火加热温度选择在A_{C3}以上30 ～ 50 ℃,采用的是完全奥氏体化的加热温度,得到全奥氏体组织,淬火后得到全马氏体组织,如图 4 - 38 所示。如果加热温度选择在 A_{C1} 至 A_{C3} 之间,这时将得到奥氏体 + 铁素体混合组织,淬火后奥氏体会转变为马氏体组织,但铁素体则会被完全保留下来,因而使钢的硬度和强度达不到要求。如果加热温度过高,加热后奥氏体晶粒粗化,淬火后会得到粗大马氏体组织,这也将使钢的机械性能下降,特别是塑性和韧性显著降低,并且淬火时容易引起零件变形和开裂,故加热温度的最佳选择应稍高于 A_{C3}。

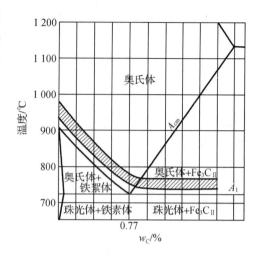

图 4 - 37 　碳钢的淬火加热温度范围

对于过共析钢:淬火加热温度是 A_{C1} 以上 30 ~ 50 ℃,采用的是不完全奥氏体化的加热温度,得到奥氏体 + 渗碳体混合组织,淬火后奥氏体转变为马氏体,而渗碳体则会被保留下来,获得细小的马氏体和粒状渗碳体的混合组织,如图 4 - 39 所示。由于渗碳体的硬度比马氏体还高,所以钢的硬度不但没有降低,而且还可以提高钢的耐磨性。但如果将过共析钢加热到 A_{Ccm} 以上,采用完全奥氏体化加热,这时渗碳体已全部溶入奥氏体中,增加了奥氏体的含碳量,因而钢的 M_s 点下降,从而使淬火后的残余奥氏体量增多,反而会降低钢的硬度和耐磨性。另外,加热温度过高还将使奥氏体晶粒粗化,淬火时易形成粗大马氏体,淬火应力加大,增加了工件变形和淬火开裂倾向,使钢的韧性降低。

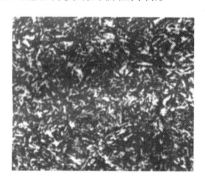

图 4 - 38 　亚共析钢淬火马氏体
组织(× 500)

图 4 - 39 　过共析钢淬火马氏体
+ 渗碳体组织(× 500)

2. 加热时间的选择

淬火加热时间,由升温时间和保温时间组成。由于淬火加热时间与钢的成分、工件的形状和尺寸、加热介质、装炉方式以及加热温度等多种因素有关,要确切地计算加热时间较为困难。目前生产中常用下列经验公式进行估算,即

$$T = K\alpha D$$

式中 　T—— 加热时间(min);

　　　K—— 装炉系数(常取 1 ~ 1.5);

α—— 加热系数(min/mm);

D—— 工件有效厚度(mm)。

工作有效厚度 D,是指加热时在工件最快传热方向上的截面厚度。加热系数 α 表示工件单位有效厚度所需的加热时间,其值大小主要与钢的化学成分、钢件尺寸和加热介质有关,如表 4 – 7 所示。

表 4 – 7　常用钢加热系数 α 值(min/mm)

钢种	工件直径 /mm	750 ~ 850 ℃ 盐浴炉中加热	800 ~ 900 ℃ 箱式炉或井式炉中加热
碳钢	≤ 50	0.3 ~ 0.4	1.0 ~ 1.2
	> 50	0.4 ~ 0.5	1.2 ~ 1.5
合金钢	≤ 50	0.45 ~ 0.5	1.2 ~ 1.5
	> 50	0.5 ~ 0.55	1.5 ~ 1.8

生产中,也常采用先根据热处理手册中的相关数据资料,初步确定加热时间,然后再结合具体条件,通过试验的方法来确定最终加热时间,以保证淬火质量。

1.5.3　淬火冷却介质

淬火的关键在"淬",也就是说冷却介质和冷却方式是决定淬火质量的关键,因为淬火的主要目的,就是为了获得马氏体或下贝氏体组织,所以淬火的冷却速度必须大于马氏体临界冷速(V_k)。但快速冷却则总是不可避免地要在钢中引起很大的内应力,往往会造成淬火钢件变形和开裂。那么,在淬火冷却时,怎样才能既得到马氏体组织,而又不易发生变形与开裂呢?这是淬火工艺中最主要的一个问题。要解决这个问题,可以从两个方面入手:一是去寻找一种比较理想的冷却介质;二是改进淬火的冷却方式。

1. 理想淬火介质的冷却特性

由碳钢的过冷奥氏体等温转变曲线可知,要获得全马氏体组织,并不需要在整个冷却过程中都保持较快的冷速,关键是在过冷奥氏体最不稳定的 C 曲线鼻尖附近区域,即在 650 ~ 500 ℃ 的温度范围内要快速冷却,以获得全马氏体组织;而在其他温度范围内,应降低冷速,避免出现因过快冷却而形成较大内应力,防止工件变形和淬裂。为此,理想的冷却介质应满足以下几方面要求。

(1) 淬火温度在 650 ℃ 以上,过冷奥氏体较为稳定,冷却速度可慢一些,以减少零件内外温差引起的热应力,防止工件变形。但也不能太慢,否则过冷奥氏体会发生珠光体转变。

(2) 在 650 ~ 500 ℃ 之间,过冷奥氏体极不稳定,特别是在"鼻尖"及其附近,在此温度范围内要快速冷却,以大于钢的马氏体临界冷速(V_k)的冷却速度快速通过,以便在 M_s 线以下获得全马氏体组织。

(3) 在 M_s 点附近,过冷奥氏体已接近或进入马氏体转变区,冷却速度要缓慢。如果冷却速度大,会增加零件内外温差,使马氏体转变不能同时进行而形成应力。由于马氏体转变会产生体积膨胀,也会在工件内造成体积差,从而形成很大的相变应力,导致了零件变形开裂。

根据上述要求,理想淬火介质冷却曲线应如图 4 - 40 所示,同时,淬火介质除具有上述理想冷却曲线的冷却能力外,还应具有不易老化、不腐蚀零件、不易燃、易清洗、无公害、价廉等特点。然而,时至今日,这种理想冷却介质还是纸上谈兵尚未找到,但它的提出却是一种新思路,为最佳淬火介质的研制提供了方向。

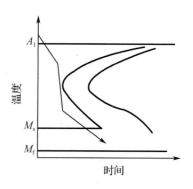

图 4 - 40　理想淬火介质冷却曲线

2. 常用淬火介质

目前实际生产中,应用较广的冷却介质主要有水、油、盐水或碱的水溶液以及空气等。常用淬火介质的冷却特性如表 4 - 8 所示。

表 4 - 8　常用淬火冷却介质的冷却特性

淬火冷却介质	最大冷速及所在温度		平均冷速/(℃/s)	
	所在温度/℃	最大冷速/(℃/s)	650 ~ 500 ℃ 区间	300 ~ 200℃ 区间
水(20℃)	340	775	135	450
水(60℃)	220	275	80	185
10% NaCl 水溶液(20℃)	580	2 000	1 900	1 000
机油(20℃)	430	230	60	65
机油(80℃)	430	230	70	55

（1）水

水是目前最常用的淬火冷却介质。这是因为水价廉易得、使用安全、无燃烧和腐蚀等特点,而且具有较强的冷却能力的原故。但它的冷却特性并不理想,由表 4 - 8 可见,在需要快冷的 650 ~ 500 ℃ 范围内,它的冷却速度较小;而在 300 ~ 200 ℃ 需要慢冷时,它的冷却速度反而增大,这样易使工件产生变形、甚至开裂。并且冷却能力会随水温升高大大降低,所以只能作为尺寸较小、形状简单的碳钢工件的淬火介质。

（2）油

油也是目前广泛采用的淬火冷却介质。生产中常采用的是 10 号机油,也采用 20 号、30 号机油和变压器油,号数较大的机油黏度过高,号数较小的机油则容易着火燃烧。

油的冷却能力远不如水,不论是在 650 ~ 500 ℃ ,还是在 300 ~ 200 ℃ 温度区间,冷却能力都比水小好几倍。但用油作为淬火介质的优点是,在 300 ~ 200 ℃ 的马氏体转变区,冷却速度很慢,不易使工件淬裂;并且它的冷却能力很少受油温升高的影响,油温在 20 ~ 80 ℃ 范围内均可正常使用。用油作为淬火介质的缺点是在 650 ~ 550 ℃ 的高温区冷却速度慢,容易小于马氏体临界冷速,使某些钢不易获得全马氏体组织,影响淬火钢的硬度,故只能用于过冷奥氏体较为稳定的钢种(如合金钢);并且油在多次使用后,还会因氧化而变得黏稠,丧失流动性,降低淬火能力;同时热油易飞溅、燃烧,工作过程中必须注意淬火安全。

（3）盐水

为提高水的冷却能力，生产中常在水中加入5% ~ 15%的食盐，制成盐水溶液，盐水的冷却能力比清水更强，在650 ~ 500℃范围内，冷却能力比清水提高了很多倍，这对于保证碳钢工件获得全马氏体组织，提高淬火钢的硬度十分有利。当用盐水淬火时，由于食盐晶体在工件表面的析出和爆裂，不仅能有效地破坏包围在工件表面的蒸汽膜，使冷却速度加快，而且还能破坏在淬火加热时所形成的氧化皮，使它剥落下来，所以用盐水淬火的工件，容易得到高硬度和高光洁的表面。但盐水在300 ~ 200℃范围，冷速比清水快得多，极易使工件产生变形，甚至开裂。故生产上为防止这种变形和开裂，常采用先用盐水快冷，在M_s点附近，再转入冷却速度较慢的介质中缓冷来克服这一不足。所以，采用盐水淬火的热处理方法，主要适用于形状简单、硬度要求较高、表面要求光洁、变形要求不严格的碳钢零件，如螺钉、销、垫圈等。

（4）其他淬火介质

除水、油和盐水外，生产中还常采用硝盐浴或碱浴作为淬火冷却介质。

在650 ~ 500℃温度区域，碱浴的冷却能力比油强而比水弱，硝盐浴的冷却能力比油略弱。在300 ~ 200℃温度区域，碱浴和硝盐浴的冷却能力都比油弱，并且碱浴和硝盐浴都具有流动性好，淬火变形小等优点，因此这类淬火冷却介质广泛应用于截面不大、形状复杂、变形有严格控制要求的碳素工具钢、合金工具钢等工件。并且常作为分级淬火或等温淬火的冷却介质。但由于碱浴蒸气有较大的刺激性，劳动条件差，所以在生产中没有硝盐浴应用广泛。

近年来，出现了一些新型淬火冷却介质，如专用淬火油、水玻璃淬火剂、聚乙烯醇淬火剂、氯化锌－碱水溶液淬火剂、过饱和硝盐水溶液淬火剂等。

1.5.4 常用淬火方法

由于目前尚没有一种冷却介质能够完全满足淬火质量要求，所以还需从热处理工艺上以及淬火方法上加以突破。目前使用的淬火方法很多，以下介绍几种常用的淬火方法。

1. 单液淬火法

单液淬火就是将奥氏体化后的工件，淬入一种冷却介质中，一直连续冷却至室温的淬火方法，这是生产中最常用的一种淬火方法。如普通碳钢在水中淬火，合金钢在油中淬火等均属单液淬火法，如图4－41曲线1所示。

这种方法的优点是操作简单，容易实现机械化与自动化生产，但也容易产生淬火变形与裂纹，故单液淬火只适用于形状简单、截面无突然变化的零件。

2. 双液淬火法

双液淬火是先把奥氏体化的钢件，淬入冷却

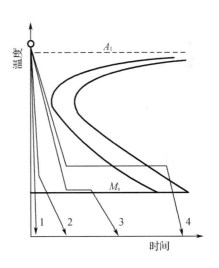

图4－41 常用淬火方法示意图
1—单液淬火法；2—双液淬火法；
3—分级淬火法；4—等温淬火法

能力较强的介质中,当冷却到稍高于 M_s 线温度时,再立即转入另一种冷却能力较弱的介质中冷却至室温,从而获得马氏体组织的淬火方法,如图 4 - 41 曲线 2 所示。

最常用的双液淬火是水淬油冷,它是根据水和油的冷却特性提出的。水在 650 ~ 500 ℃ 温度区间冷速较快,取其"淬",而油在 300 ~ 200 ℃ 温度区间冷速较慢,取其"冷",因此,把两种介质结合起来应用,可扬长避短,既克服了单一冷却介质使用时的缺点,又发挥了它们各自的优点。对于形状复杂的碳钢工件,先在水中淬火,以防止过冷奥氏体提前转变,当冷却到约 300 ℃ 时,急速从水中取出移至油中继续冷却,使过冷奥氏体在相对缓慢的冷却速度状态下,转变成马氏体,从而减小了变形和开裂的危险。生产中,对碳钢常采用水淬油冷、对合金钢常采用油淬空冷的双液淬火方法。

双液淬火的关键是要准确控制钢件由第一种冷却介质转入第二种冷却介质的温度。因为若钢件转入温度较高,尚处于 C 曲线鼻尖以上,便转入第二种冷却介质中缓冷,则将发生奥氏体向珠光体的转变,达不到淬火目的;如果工件转入温度过低,已处于 M_s 线以下,则马氏体转变已经发生,失去了双液淬火的意义。目前,这种转入温度的控制还停留在凭经验、凭手艺的操作阶段。

3. 分级淬火法

分级淬火是把奥氏体化的工件,先淬入温度在 M_s 线附近的盐浴或碱浴中,短时停留 (2 ~ 5 分钟),只要工件内外温度基本相同即可,然后取出空冷至室温,以获得马氏体组织的淬火方法,如图 4 - 41 曲线 3 所示。

这种淬火方法主要是通过在 M_s 线附近停留,消除了工件的内外温差,使淬火热应力减到最小,同时以便在随后的空冷中,可在工件内外同时进行马氏体转变,减小马氏体转变产生的相变应力。因此,分级淬火能明显地防止变形和开裂,而且,容易操作与控制。不足之处是,处于热态的盐浴或碱浴冷却能力较低,对于截面较大的零件,分级停留时间相对要长,在停留过程中,部分过冷奥氏体,可能会转变为非马氏体组织,故这种方法只适用于外形复杂、截面尺寸比较小(一般直径或厚度小于 10 mm)的工件。

4. 等温淬火法

等温淬火是将奥氏体化后的工件,淬入温度稍高于 M_s 线的盐浴或碱浴中,并等温足够长的时间,使过冷奥氏体全部转变为下贝氏体,然后取出空冷至室温的淬火方法,如图 4 - 41 曲线 4 所示。这一方法类似分级淬火法,但其奥氏体的转变是在比 M_s 线稍高的温度区域内进行的,而且等温时间较长,因此,等温淬火的目的不是为了得到马氏体,而是为了获得下贝氏体组织,故又称贝氏体化淬火。

等温淬火的特点是淬火应力小,工件不易变形和开裂,同时下贝氏体组织不但强度和硬度较高,而且具有较好的塑性和韧性,其强韧性综合指标都较好,然而,低碳钢一般不采用等温淬火,原因是,低碳下贝氏体的性能不如低碳马氏体好。

等温淬火的缺点是,由于处于热态的盐浴或碱浴冷却能力较低,对于截面较大的零件,在等温过程中,其心部过冷奥氏体,可能会形成珠光体转变条件,转变为索氏体组织,不能完全达到等温淬火的目的,故此种方法也只适用于外形复杂、截面尺寸比较小、并且要求具有较高强度和冲击韧性的工件。

5. 局部淬火法

有些工件,依其工作条件,只要求局部具有高硬度,对此可采用局部区域淬火的方法,称为局部淬火。方法是对局部区域进行快速加热,在局部奥氏体化后,对局部区域进行局部淬火。如量具卡规,仅需在卡口局部易磨损失效区域进行淬火,如图4－42所示。

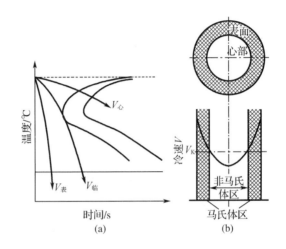

图4－42　卡规局部淬火示意图

1.6　钢的淬透性

1.6.1　淬透性的概念

1. 概念

淬透性表示钢在淬火时在整个截面上获得马氏体组织的能力,也表示淬火时获得淬硬层深度的能力,它是钢材本身的固有属性。理论上讲,在工件的整个截面上都应全部淬成马氏体组织,但实际上并非如此。

因为淬火时,工件截面上各处的冷却速度是不同的,表面的冷却速度最大,越到中心冷却速度越小,如图4－43(a)所示。表层冷却速度($V_表$)将大于该钢的马氏体临界冷速($V_临$),淬火后将获得全马氏体组织;心部冷却速度($V_心$)会小于该钢的马氏体临界冷速($V_临$),淬火后将获得非马氏体组织;

图4－43　钢件沿截面淬硬深度与冷却速度的关系示意图

两者之间区域,将出现马氏体向非马氏体过渡的组织,出现这种组织形态说明工件没有被淬透,如图4－43(b)所示。

由于淬透性是钢材固有的一种本性,所以,用不同的钢材,在相同形状和相同尺寸以及在等条件淬火的情况下,淬透性好的钢材,其淬硬层深度较深;淬透性差的钢材,其淬硬层深度较浅。通常我们把表面至半马氏体区(即50%马氏体＋50%非马氏体)的垂直距离作为淬硬深度(如图4－44所示),也称为有效淬透深度。

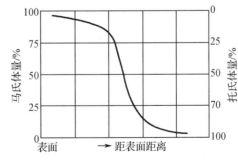

图4－44　淬火钢沿截面马氏体的分布情况

2. 淬透性与淬硬性的区别

钢的淬透性和淬硬性是两个完全不同的概念。钢的淬硬性也叫可硬性,是指钢在理想淬火条件下淬火,能淬到的最高硬度,取决于所得马氏体的含碳量,主要反映马氏体组织的坚硬程度;而淬透性是指沿截面能够获得的马氏体组织的深度,反映所获得马氏体组织的深浅程度。淬透性好的钢,它的淬硬性不一定高。比如,低碳钢淬透性相当好,但它的淬硬性却不高(为低碳马氏体);而高碳钢淬透性并不好,但它的淬硬性却很高(为高碳马氏体)。

3. 淬透性对钢的力学性能的影响

淬透性对钢的力学性能影响很大。例如,两种淬透性不同的钢材制成相同直径的轴,经调质处理(淬火 + 高温回火),淬透性好的钢材,整个截面都已淬透;淬透性不好的钢材,仅表层淬透。两者力学性能的比较,如图4–45所示,虽然两者硬度基本相同,但其他力学性能却相差很大,前者力学性能均匀,表里如一,后者力学性能不均,外高内低,越靠近心部,力学性能越低,尤其是冲击韧性明显下降。

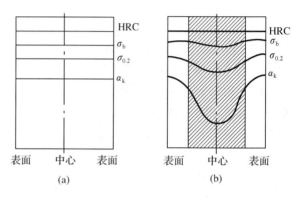

图4–45 不同淬透性钢材经调质后的力学性能比较
(a)高淬透性钢;(b)低淬透性钢

究其原因,淬透性好的钢材调质后,在整个截面上获得均匀的回火索氏体组织,渗碳体呈弥散颗粒状分布,强度硬度高,冲击韧性好;淬透性不好的钢材靠近心部为索氏体组织,渗碳体为片层状,虽硬度不减,但强度、冲击韧性大大降低。然而,并不意味着在选材时,都要选用淬透性好的钢材,应根据具体的工况需求,来确定对不同淬透性钢材的选取。因为各有千秋,扬长避短才是选材之道。

1.6.2 影响淬透性的因素

总体说来,凡是能增加过冷奥氏体稳定的因素,或者说凡是使C曲线右移和减小马氏体临界冷速的因素,都能提高淬透性。在诸多因素中,以下两个因素最为主要。

(1)钢的化学成分

对于碳钢,其含碳量越接近于共析成分,C曲线越靠右,钢的淬透性越好。对于合金钢,除钴、铝元素外,绝大多数的合金元素溶于奥氏体后,都能使C曲线向右移,降低了马氏体临界冷速,提高了钢的淬透性。

(2)奥氏体化的程度

奥氏体化的温度越高、保温时间越长,奥氏体化越彻底,越易提高钢的淬透性。因为,随着奥氏体化温度升高和保温时间的延长,可使奥氏体晶粒变大,相界面减小,成分更均匀,残余渗碳体和各种碳化物分解更彻底,增加了过冷奥氏体的稳定性,C曲线右移,从而提高了钢的淬透性。但是必须兼顾提高淬透性和防止晶粒过于粗化的问题,不能顾此失彼,以适当提高奥氏体化温度和保温时间为宜。

1.6.3 影响淬硬深度的因素

首先钢的淬硬深度和淬透性是密不可分的,但钢的淬透性并不是唯一影响淬硬深度的因素,影响淬硬深度因素还很多,主要有:①工件的形状指数;②工件的尺寸大小;③淬火介质的冷却能力;④工件的表面状态等。

例如,同一种钢材,其淬透性是其固有属性,不论怎样变化,它的淬透性是基本相同的。然而,它的淬硬深度则会随工件的形状、尺寸、在不同冷却介质中冷却和表面是否有氧化层而大不相同。水淬要比油淬的淬硬深度深、小件要比大件的淬硬深度深、尖角处要比平面处淬硬深度深、表面清洁的要比表面污浊的淬硬深度深,但我们决不能因此就说同一钢材的水淬要比油淬的淬透性好、小件要比大件的淬透性好等。所以,只有在上述条件相同的情况下,才可按淬硬深度来判定淬透性的高低。

1.6.4 淬透性的评定

评定淬透性的方法常用的有临界直径测定法及端淬试验法。

(1)临界直径测定法

临界直径是一种直观测定淬透性的方法,是钢材在某种淬火介质中淬火后,心部得到半马氏体组织时的最大直径,用 D_c 表示。临界直径评定方法,是制作出一系列直径不同的圆棒,在等条件淬火后分别测定各试样截面上沿直径分布的硬度曲线,从中找出中心恰为半马氏体组织的圆柱直径,该圆柱直径即为临界直径。临界直径越大,表明钢的淬透性越好,如表4-9所示。

表4-9 常用钢的临界直径

钢号	临界直径/mm		钢号	临界直径/mm	
	水冷	油冷		水冷	油冷
45	13~16.5	6~9.5	35CrMo	36~42	20~28
60	14~17	6~12	60Si2Mn	55~62	32~46
T10	10~15	<8	50CrVA	55~62	32~40
65Mn	25~30	17~25	38CrMoAlA	100	80
20Cr	12~19	6~12	20CrMnTi	22~35	15~24
40Cr	30~38	19~28	30CrMnSi	40~50	23~40
35SiMn	40~46	25~34	40MnB	50~55	28~40

(2)端淬试验法

端淬试验法是用标准尺寸的端淬试样(ϕ25mm×100mm),经奥氏体化后,在专用设备上对其中一端喷水冷却,冷却后沿轴线方向测出硬度距水冷端距离的关系曲线(即淬透性曲线)的试验方法。根据淬透性曲线可以对不同钢种的淬透性大小进行比较,推算出钢的临界淬火直径,确定钢件截面上的硬度分布情况等,这是淬透性测定常用方法。

1.6.5 淬透性的实际意义

(1)淬透性不同的钢材,淬火后沿截面的组织和力学性能差别很大。经高温回火后,完全淬透的钢,整个截面为回火索氏体,力学性能较均匀。未淬透的钢,虽然整个截面上的硬度接近一致,但由于内部为片状索氏体,强度较低、冲击韧性也较低,因此钢的综合力学性能较低。

（2）截面尺寸较大或形状较复杂以及受力情况特殊的重要零件,并且要求截面的力学性能均匀的零件,应选用淬透性好的钢。而承受扭矩或弯矩载荷的轴类零件,外层受力较大,心部受力较小,可选用淬透性稍低一些的钢种,因为这类工件,一般只要求淬透层深度为工件半径的 1/3 ~ 1/2 即可。

（3）截面尺寸不同的工件,实际淬透深度是不同的。截面小的工件,表面和中心的冷却速度均可能大于临界冷速 V_k,可以完全淬透;截面大的工件只可能表层淬透;截面更大的工件甚至表面都淬不透。这种随工件尺寸增大,而热处理强化效果逐渐减弱的现象,称为"尺寸效应",在设计中必须加以考虑。

1.7　钢的回火

1.7.1　回火的目的

把淬火钢件重新加热到 A_1 以下某一温度,保温一定时间,然后冷却到室温的热处理工艺称为回火,回火冷却一般采用空冷。

回火总是伴随在淬火之后,淬火后不回火"犹如画龙不点睛"。因为工件淬火后硬度高、脆性大,不能满足使用要求,需要配合适当回火来调整硬度、减小脆性,获得较好的强韧性指标。同时工件淬火后存在很大内应力,如不及时回火,往往会导致工件变形甚至开裂。再者,淬火后的马氏体和残余奥氏体组织,处于不稳定的状态,在使用中极易发生分解和转变,从而引起零件形状及尺寸的变化,利用回火可以促使两者转变到一定程度后,趋于稳定化,确保工件的尺寸精度,因此,可将回火的主要目的归纳为以下几点。

（1）调整硬度、降低脆性,获得较好综合机械性能。

（2）消除或减少内应力,降低变形和开裂的倾向。

（3）稳定工件尺寸,保证尺寸精度。

（4）对于退火难以软化的某些合金钢,在淬火（或正火）后进行高温回火,使钢中碳化物适当聚集,以降低硬度,便于切削加工。

1.7.2　淬火钢在回火时的转变

淬火钢的组织是由马氏体和残余奥氏体所组成的,处于过饱和固溶状态的马氏体是不稳定的,随时都有以渗碳体方式析出碳的趋势;而奥氏体是高温状态下的组织形态,随时都有转变为铁素体＋渗碳体或马氏体的倾向。回火的实质就是通过加热促使马氏体和残余奥氏体向稳定平衡状态转变的过程。通常把这种转变称为回火转变。

一般按回火温度的不同,可将回火转变分为四个阶段。下面仍以共析钢为例来说明。

1. 马氏体分解阶段

在 <100 ℃回火时,只发生马氏体中碳原子的偏聚,没有明显的转变发生,称为回火准备阶段。

在 100 ~ 200 ℃回火时,马氏体开始分解,它的正方度(c/a)减小,固溶在马氏体中的过饱和碳原子,以 ε 碳化物(分子式为 $Fe_{2.4}C$)形式析出,ε 碳化物不是一个平衡相,而是一个向 Fe_3C 转变前的过渡相。

与此同时,由于回火的温度较低,碳原子的扩散能力很弱,母相马氏体中固溶的碳原子,并未全部析出,仍然含有过饱和的碳,但过饱和程度略有降低。加之形成的碳化物极为细小,又与母相保持共格联系,因此使钢的硬度降低很少,如图 4 - 46 所示。并且由于部分碳原子的析出,致使铁素体晶格畸变程度减弱,钢中内应力部分消除,因而钢的韧性稍有增加。这种由母相马氏体与共格 ε 碳化物所组成的混合组织,称为回火马氏体。

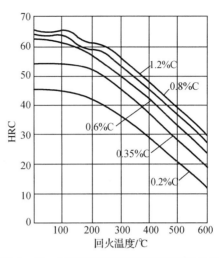

图 4 - 46 钢的硬度随回火温度的变化曲线

2. 残余奥氏体转变阶段

在回火温度为 200 ~ 300 ℃阶段,除马氏体继续分解外,残余奥氏体也将转变。淬火钢中的残余奥氏体自 200 ℃开始分解,至 300 ℃分解基本完成。由 C 曲线可知,200 ~ 300 ℃的温度范围会发生下贝氏体或马氏体转变,因此,残余奥氏体在此温度将转变为下贝氏体或马氏体。另外,在此区间马氏体虽继续分解,但仍处于过饱和状态,只不过过饱和的程度进一步降低,淬火应力进一步减小,韧性进一步提高。

从硬度上讲,虽然马氏体继续分解会降低钢的硬度,但是由于同时出现软相残余奥氏体分解为硬相的下贝氏体或马氏体,所以使钢的硬度并不显著降低。在这一阶段获得的组织为下贝氏体 + 马氏体组织因马氏体仍为主导组织,故仍属回火马氏体组织。

3. 回火托氏体的形成阶段

在回火温度为 350 ~ 450 ℃阶段,随着回火温度提高,碳原子的扩散能力增加,亚稳定的 ε 碳化物也逐渐地转变为稳定的渗碳体,并与母相失去共格联系。同时,马氏体正方度下降为 1,已不再过饱和,马氏体自然消亡,成为体心正方晶格的铁素体。铁素体的晶格畸变和内应力也大大降低,形成由尚未再结晶的铁素体和高度弥散分布的细颗粒状渗碳体组成的混合组织,这种组织称为回火托氏体。此时,钢的硬度、强度降低,塑性、韧性升高。

4. 渗碳体聚集长大和铁素体的再结晶阶段

在回火温度为 450 ~ 700 ℃阶段,随着回火温度的提高,钢中高度弥散分布的渗碳体颗粒由小变大,由分散到集中,聚集长大为较大的组织。

同时铁素体的含碳量已降至平衡浓度,其晶格将发生回复和改组,晶格将由体心正方晶格变为体心立方晶格,晶格改组(即再结晶)温度为 600 ℃。当回火温度低于 600 ℃时,铁素体为体心正方晶格,保持马氏体时的晶格形态;当回火温度低于 600 ℃时,铁素体为体心立方晶格,形态恢复到铁素体的正常形态。这种由正常形态的铁素体和粗颗粒状渗碳体组成的混合物组织,称为回火索氏体。此时碳在铁素中的固溶强化作用已经很低,钢的硬度和强度主要取决于渗碳体质点的尺寸和弥散分布程度。回火温度愈高,渗碳体质点愈大,弥散分布程度愈小,则钢的硬度和强度愈低,而韧性却有较大的提高。

现将淬火钢在回火过程中,马氏体的含碳量、残余奥氏体量、淬火内应力及渗碳体颗粒的尺寸随回火温度变化情况示意于图4-47中。

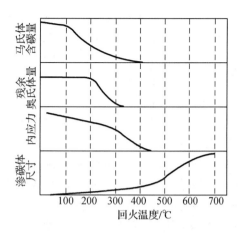

图4-47 淬火钢在回火过程中的变化情况示意图

1.7.3 回火的种类及应用

根据回火温度范围的不同,可将回火分为以下几种。

1. 低温回火

回火温度为150~250℃。回火后得到回火马氏体组织,硬度一般为HRC 58~64。低温回火的目的是保持钢的高硬度和高耐磨性,降低淬火内应力,减少脆性,主要适用于刃具、量具、模具和轴承等要求高硬度、高耐磨性的工具和零件。

2. 中温回火

回火温度为350~500℃。回火后得到回火托氏体组织,硬度为HRC 35~50。中温回火的主要目的是获得较高的弹性极限和屈服极限,提高钢弹性比功,同时保持较高的韧性。主要用于弹簧、发条、热作模具等零件。

3. 高温回火

回火温度为500~650℃。回火后得到回火索氏体组织,硬度为HRC 20~35。高温回火的目的是获得强度、硬度、塑性、韧性都较好的综合机械性能。

在生产企业中,习惯把淬火 + 高温回火相结合的热处理方法,称为调质处理。调质处理既可作为预先热处理,又可作为最终热处理。调质处理在机械制造业中,广泛应用于汽车、机床等重要结构件,如连杆、齿轮、轴类等。

应该指出,钢经正火和调质处理后的硬度值是很相近的,但重要的结构件通常都进行调质处理。这是因为调质处理后的组织为回火索氏体,其渗碳体呈颗粒状,强度、韧性、塑性都较好;而正火处理后的组织为索氏体,其渗碳体为片状,强度、韧性、塑性相对稍差,如表4-10所示。

表4-10 45钢经正火和调质处理后的力学性能比较

热处理工艺	σ_b/MPa	δ/%	A_k/J	硬度 HBW	组织
正火	700~800	15~20	40~64	170~220	索氏体 + 铁素体
调质	750~850	20~25	64~96	190~250	回火索氏体

4. 软化回火和稳定化回火

对于某些合金钢,可在A_1线以下20~40℃进行回火,主要目的是获得回火珠光体(铁素体 + 球状渗碳体组织),以代替球化退火,提高生产效率,降低处理成本。这种回火方法,称为软化回火。

对于某些精密零件(精密量具、精密轴承等),既要保持淬火后的极高硬度,又需通过稳定尺寸处理,确保其尺寸精度,故常采用 100 ~ 150 ℃超低温回火,并进行长时间的保温(10 ~ 50 h),从而达到稳定精密工件尺寸的目的,为实现这一目的的回火,称为稳定化回火。

1.7.4 回火脆性

生产中一般不在 250 ~ 350 ℃回火。这是因为在这个温度回火后,钢容易产生低温回火脆性,在此温度范围出现的回火脆性,称第一类回火脆性。产生低温回火脆性的原因,一般认为在这一温度范围回火,马氏体在降低过饱和度析出碳化物时,会沿晶界走向析出脆薄片碳化物,脆薄片碳化物不但本身脆性大,而且割裂了马氏体基体,造成回火脆性。几乎所有的钢都存在这类回火脆性,只是程度不同而已,这类回火脆性一旦产生就无法通过再次回火加以消除,除非重新进行淬火,致使先前的淬火前功尽弃,故称为不可逆回火脆性。

某些含铬、锰、镍的合金钢在 500 ~ 650 ℃温度范围内回火时,也会出现的回火脆性,这种回火脆性,称为高温回火脆性或第二类回火脆性。一般认为产生高温回火脆性的原因是磷、锡、锑、砷等杂质元素,在此回火温度,会在晶界偏聚,使晶界容易脆断,形成高温回火脆性。出现这类回火脆性后,可进行再次回火,加以消除,故称为可逆回火脆性。因为加热到高温,若以缓慢冷速通过 500 ~ 650 ℃脆性温度区时,杂质元素能充分在晶界形成偏聚,出现回火脆性;但若快冷通过该区域时,杂质元素来不及偏聚或偏聚受到抑制,被固溶在铁素体中,高温

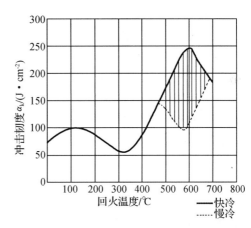

图 4 - 48 冲击韧度值与回火温度的关系示意图

回火脆性将会消除。如图 4 - 48 所示,高温回火脆性有阴影表示可逆;低温回火脆性无阴影表示不可逆。

1.8 钢的表面淬火

1.8.1 钢的表面热处理概念

1. 表面热处理的概念

表面热处理是指仅对工件表面进行热处理以改变表面组织和性能的工艺。生产中有不少零件,如齿轮、凸轮、曲轴、活塞销等,是在冲击载荷、交变应力以及磨损条件下工作的。这时,应力沿工件截面的分布是不均匀的,越靠近表面应力越大,越靠近心部应力越小,工件表面承受的应力比心部高,而且表面还会不断地受到磨损。因此,这类工件要求表面层具有较高的硬度、耐磨性及疲劳强度,而工件的心部仍需保持足够的塑性和韧

性。从选材的角度,难以找到这种材料,为此,生产中常常采用表面热处理的方法,来达到既强化工件表面,又使心部保持高韧性的目的。常用的表面热处理方法主要有两种:一是表面淬火,二是表面化学热处理。首先介绍表面淬火,表面化学热处理随后介绍。

2. 表面淬火的概念

表面淬火是一种不改变钢的表层化学成分,仅将工件的表面淬透到一定深度,而心部仍保持未淬火状态的一种局部淬火工艺。它通过快速加热,使钢的表层迅速奥氏体化,在热量尚未传至心部时,立即进行淬火冷却,使表层获得硬而耐磨的马氏体组织,而心部仍然保持原来塑性和韧性都较好的组织。

表面淬火的方法较多,工业生产中应用最多的有感应加热表面淬火、火焰加热表面淬火、激光加热表面淬火、电子束加热表面淬火和电解液加热表面淬火等。

1.8.2 常用表面淬火方法及原理

1. 感应加热表面淬火

感应加热表面淬火是目前应用最广泛的一种表面淬火法,与其他表面淬火法相比较具有生产效率高,产品质量好,并易于实现机械化和自动化生产等优点。所以在机械制造业中占有很重要的地位。

(1) 感应加热的原理

在一个导体线圈中通过一定频率的交流电,在线圈内外就会产生一个频率相同的交变磁场(电生磁)。若把工件放入线圈内,工件上就会产生与线圈频率相同,方向相反的感应电流(磁生电),这个电流在工件内自成回路,称为"涡流"。由于钢本身具有电阻,涡流受到阻碍,将电能转变为热能,使工件得到加热。又由于涡流具有一个重要的特性,涡流在工件中的分布是不均匀的,表层电流密度大,心部电流密度很小(几乎为零),这种现象称为"集肤效应"。因此,在涡流"集肤效应"的作用下,钢的表层被迅速加热至淬火温度,并迅速奥氏体化,而心部温度仍接近于室温。随即喷液冷却,使工件形成表层淬火,从而在表层得到马氏体组织,如图4-49所示。

通常将感应线圈,称为感应

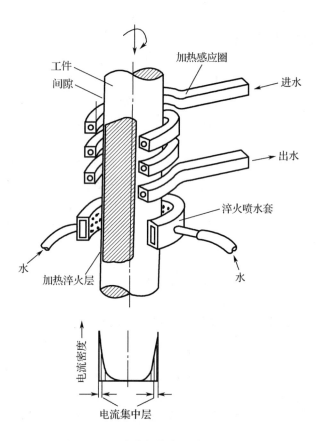

图4-49 感应加热表面淬火示意图

器。感应器一般是用紫铜管制成,加热时管内通循环水进行冷却。感应器的结构形状将影响感应加热表面淬火的质量,因此设计感应器时,应与工件的外形轮廓相符合,才能保证淬火质量。

由于通入线圈的电流频率愈高,感应涡流的"集肤效应"就越强烈,电流加热层就越薄(淬硬层也就越浅),加热速度也就越快。电流频率 f 与加热层厚度 δ 有如下经验公式:

$$\delta = \frac{20}{\sqrt{f}}(20\ ℃)$$

$$\delta = \frac{500}{\sqrt{f}}(80\ ℃)$$

式中　f——电流频率(Hz);

　　　δ——加热层厚度(mm)。

(2) 感应加热的分类

根据表面淬火淬硬深度的要求和电流频率的不同,目前生产中常采用以下四种感应加热表面淬火方法。

① 高频感应加热表面淬火

是目前应用最广的表面淬火方法,工作频率 100 ~ 1 000 kHz,常用频率 200 ~ 300 kHz,淬硬层深度 1 ~ 2 mm。主要应用于要求淬硬层较薄的中、小型零件,如中小模数的齿轮和小型轴类等。

② 中频感应加热表面淬火

工作频率 1 ~ 10 kHz,常用频率 2.5 ~ 8 kHz,淬硬层深度 3 ~ 8 mm。主要用于淬硬层要求较深的零件,如直径较大的轴类和模数较大的齿轮等。

③ 工频感应加热表面淬火

工频即工作频率为工业频率 50 Hz,由于工作频率低,淬硬层较深,一般可达 10 ~ 20 mm。主要应用于小直径钢材的穿透性加热和要求很深淬硬层的大直径零件,如轧辊和火车车轮等。

④ 超音频感应表面淬火

超音频感应加热表面淬火,是 20 世纪 60 年代才发展起来的一种表面感应淬火工艺,其工作频率为 20 ~ 40 kHz(人耳可听到的频率为 20 Hz ~ 20 kHz),淬硬深度 3 ~ 5 mm。主要用于模数为 3 ~ 6 的齿轮、链轮、花键轴和凸轮等零件。

(3) 感应加热表面淬火的特点

感应加热表面淬火和普通淬火相比,主要有如下特点。

① 感应加热速度快,一般只有几秒或几十秒的时间,就可使工件表面达到淬火温度。因此,使珠光体转变为奥氏体的转变温度升高,转变所需时间缩短,所以,感应加热表面淬火的温度通常比普通淬火加热温度高几十度。

② 由于感应加热速度快、加热时间短,可使表层奥氏体化后的晶粒细小且均匀,可在工件表层获得极细马氏体或隐针马氏体组织,使工件表层硬度比普通淬火硬度高出 HRC 2 ~ 3,并且具有较低的脆性。

③ 由于工件表面在表面淬火后,会残存有残余压应力,使用中能部分抵消交变载荷所产生的拉应力,从而提高了工件表面的疲劳强度。

④ 感应加热表面淬火,由于迅速加热,工件表面不易烧损和脱氧、脱碳,提高了工件表面的耐磨性。而且感应加热表面淬火属局部淬火,工件变形小。

⑤ 淬硬层深度易于控制,生产效率高,尤其适合大批量机械化和自动化生产,常用于生产流水线。

⑥ 不足之处:感应加热设备较贵,维修、调整也比较困难。对于形状复杂的零件感应器不易制造。而且,不适合于单件生产,因为专为一个工件制作一个感应器生产成本太高。

(4) 感应加热表面淬火用钢及技术条件

① 感应加热表面淬火用钢

最适宜表面淬火的钢种是中碳钢和中碳合金钢,如 40,45,40Cr,40MnB 等。因为含碳量过高,会增加淬硬层的脆性,降低心部的塑性和韧性,并增大淬火开裂倾向;含碳量过低,会降低淬硬层的硬度和耐磨性。在特定条件下,感应加热表面淬火也适用于高碳工具钢和低合金工具钢。近年来还发展出了为感应加热表面淬火专用的钢种。

感应加热表面淬火对工件的原始组织有一定的要求,通常对钢材要先进行调质或正火处理,以保证基体组织的强韧性。另外,感应加热表面淬火后,需进行低温回火,以降低表面淬火的内应力。回火方法有专门加热回火;用感应加热器再次加热回火;利用表面淬火后工件内部的余热使表面形成自热回火,也称为自回火。

另外,零件表层的性能,除与选用的钢材有关外,还必须合理地确定淬硬层深度。选择淬硬层深度时,除考虑耐磨性外,还必须根据零件的服役条件,便于使其获得良好的综合机械性能。一般淬硬层深度约为直径的 1/10 左右,对于小直径($\phi10 \sim 20$ mm)的零件,可选用较深的淬硬深度,如取直径的1/5。

② 感应加热表面淬火零件的一般工艺路线

锻造──→退火或正火──→粗加工──→调质或正火──→精加工──→感应加热表面淬火──→低温回火──→粗磨──→时效──→精磨

③ 感应加热表面淬火零件的热处理技术条件

一般应注明表面淬火硬度、淬硬层深度、表面淬火区域及心部硬度等。

2. 火焰加热表面淬火

火焰加热表面淬火是用乙炔和氧混合气体燃烧的火焰,喷射在零件表面上,使它迅速加热,当达到淬火温度时立即喷水冷却,从而获得预期的硬度和淬硬层深度的一种表面淬火方法,如图 4-50 所示。

火焰加热表面淬火零件的材料常用中碳钢及中碳合金钢。淬硬层深度一般为 2 ~ 6 mm,若要获得更深的淬硬层,往往会引起零件表面严重的过热,且易产生淬火裂纹。

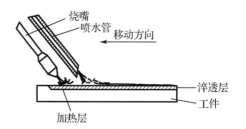

图 4-50　火焰表面淬火示意图

火焰加热表面淬火设备简单,主要由乙炔发生器、氧气瓶和喷水嘴组成。小批量生产可采用手工操作,加热温度用肉眼观察;大批量生产可采用淬火机床,加热温度用光电式温度计测量。

这种方法主要适用于大型零件和需要局部淬火的工具或零件,如大型轴类、大模数齿轮和轧辊等,生产中一般用于单件或小批量生产。

3. 激光加热表面淬火

激光加热表面淬火是将高功率密度的激光束照射到工件表面,使表面层快速加热到奥氏体化温度,依靠工件本身热传导迅速自冷,从而获得一定淬硬层深度的表面淬火方法。由于激光束光斑尺寸较小,要使工件整个表面淬硬,工件必须转动或平动使激光束在工件表面形成快速扫描。激光束的功率越大和扫描速度越慢,淬硬层或熔凝层深度越深。适当调整激光功率和扫描速度,淬硬层深度可达 1~2 mm。目前,激光加热表面淬火已广泛应用于汽车和拖拉机的汽缸、汽缸套、活塞环、凸轮轴等零件的表面热处理。

激光加热表面淬火的优点是淬火质量好,表层组织超细化、硬度高(比普通加热淬火高 HRC 6~10)、脆性极小、工件变形小。尤其是可以做到自回火,节约能源,无环境污染,生产效率高,便于自动化生产。缺点是设备投资昂贵,在生产中大规模应用受到了限制。

1.9　钢的化学热处理

1.9.1　概述

化学热处理是将钢件置于活性介质中通过加热和保温,使介质中的某些元素渗入钢件表面层,以改变表面层的化学成分、组织和性能的热处理工艺。与表面淬火相比,化学热处理的主要特点是:表面层不仅有组织的改变,而且有化学成分的变化。

1. 化学热处理的分类

根据钢中渗入元素的不同,化学热处理可分为很多种类,如渗碳、渗氮、碳氮共渗、渗硼、渗硫、渗硅、渗铬、渗铝等,渗入的元素不同,钢的表面性能不同。渗碳、渗氮、碳氮共渗可提高钢的耐磨性和疲劳强度;渗氮、渗铝、渗铬可提高耐蚀性;渗硫可提高减磨性;渗硅可提高耐酸性;渗硼、渗铝可提高耐热性。

2. 化学热处理的作用

化学热处理的作用可归纳为以下两方面。

(1)强化工件表面

如提高工件表面的硬度、耐磨性、疲劳强度等。

(2)保护工件表面

如提高工件表面的耐蚀性、耐热性、耐酸性等。

3. 化学热处理的过程

(1)分解

由化学介质在加热和保温过程中分解出渗入元素的活性原子。

(2)吸收

活性原子被工件表面吸附,进入工件表层,形成固溶体或形成特殊化合物。

(3)扩散

被工件吸收的原子,在一定温度下,由工件表面向内部扩散,形成一定深度的扩散层。

目前在机械制造业中,最常用的化学热处理工艺是渗碳、渗氮和碳氮共渗,下面分别加以介绍。

1.9.2　渗碳

渗碳是把钢置于渗碳介质(称为渗碳剂)中,加热到单相奥氏体区(完全奥氏体化),保温一定的时间,使碳原子渗入钢表层之中的热处理工艺。

1. 渗碳的目的和渗碳用钢

渗碳的主要目的,是使工件在热处理后表面具有高的硬度和耐磨性,而心部仍保持一定强度及较高的塑性和韧性。如汽车的变速箱齿轮、活塞、摩擦片和一些轴类,在使用过程中,表面往往承受较大接触应力、容易疲劳和磨损,要求零件表面具有较高的硬度、耐磨性和疲劳强度,而心部则要保持原有的强韧性。

渗碳用钢通常为含碳量 0.10% ~ 0.25% 的低碳钢或低碳合金钢。经渗碳后,可在零件表层和心部分别获得高碳和低碳组织。高碳表层经淬火 + 低温回火后提高了硬度、耐磨性和疲劳强度,低碳心部将保持良好的强韧性。常用的渗碳钢有 10,15,20,20Cr,20CrMnTi,20MnVB 等。在机械制造中,如齿轮、大小轴类、凸轮轴、活塞销及机床零件、大型轴承等,广泛采用低碳钢进行渗碳的热处理方法。

2. 渗碳过程

渗碳同所有化学热处理一样包括以下三个过程。

(1)渗碳剂分解,产生活性碳原子。

按渗碳剂的不同,渗碳可分为固体渗碳和气体渗碳。

①固体渗碳常用木碳为渗碳剂,加 5% ~ 10% 的碳酸钡作为催渗剂,其分解过程如下:

木炭与渗碳箱内空气中的氧化合,即

$$2C + O_2 \rightarrow 2CO$$
$$2CO \rightarrow CO_2 + [C]$$

碳酸钡能增加 CO 的数量,并能使渗碳剂活性加强,加速渗碳,故称其为催渗剂,其过程如下式,即

$$BaCO_3 \rightarrow BaO + CO_2$$
$$CO_2 + C \rightarrow 2CO$$

②气体渗碳剂有煤油、甲醇 + 丙酮、天然气、石油液化气等。这些渗碳剂在高温时通过热分解产生一氧化碳、甲烷、二氧化碳、氢气和水蒸气等混合气体。其中,起渗碳作用的是 CO 和 CH_4(甲烷),其分解过程如下式,即

$$2CO \rightarrow CO_2 + [C]$$
$$CH_4 \rightarrow 2H_2 + [C]$$
$$CO + H_2 \rightarrow H_2O + [C]$$

(2)活性碳原子被钢件表面所吸收

活性碳原子往往处于高能状态,它可以克服基体金属的阻碍,渗入到奥氏体的晶格中,从而形成固溶体。

（3）碳原子由钢件表面向心部扩散

当钢的表面吸收活性碳原子后，碳原子在奥氏体内的分布出现不均匀现象，表面碳浓度远高于内部，于是碳原子便由表面向内扩散，结果得到一定的渗碳层深度。

实际上，以上三个过程是相互交替同时进行的，并且影响着渗碳层深度和碳浓度。在一般情况下，分解速度总是比吸收和扩散速度要大，因此，当吸收能力不够强时，虽可得到一定的渗碳层深度，但渗碳层的深度偏浅；如果扩散速度不够快时，所形成的渗碳层虽然碳浓度很高，但渗碳层深度也会较薄。

3. 渗碳工艺参数

渗碳时最主要的工艺参数是加热温度和保温时间。

（1）加热温度

钢在高温奥氏体状态时，具有固溶大量碳原子的能力，同时，渗碳剂在高温时也易于分解出高能状态的活性碳原子，碳原子在钢中扩散速度也较大。因此，加热温度愈高，渗碳速度愈快，扩散层的厚度也就愈大。但温度过高会引起晶粒长大，使钢变脆，故加热温度一般控制在 900～950 ℃ 范围，即超过 A_{C3} 线 50～80 ℃。

（2）保温时间

主要取决于所需要的渗碳层厚度，不过保温时间愈长，渗碳层厚度增加速度会逐渐减慢。一般固体渗碳时间约为 5～12 h，气体渗碳时间约为 3～8 h。

低碳钢渗碳缓冷后的组织如图 4-51 所示。由图可见，表层为珠光体与二次渗碳体混合的过共析成分组织，其中二次渗碳体呈网状分布；心部为珠光体与铁素体混合的亚共析成分原始组织；中间为共析组织的过渡区，愈靠近表层铁素体量愈少，珠光体量愈多。

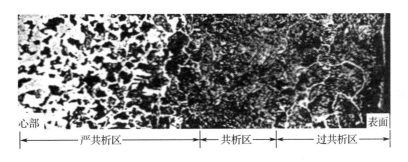

图 4-51　低碳钢渗碳缓冷后的组织（×200）

4. 渗碳方法

（1）固体渗碳法

如图 4-52 所示。将工件放在四周填满固体渗碳剂的密封箱中，然后将密封箱放在加热炉中加热，加热到 900～950 ℃ 的温度范围，保温渗碳。这是一种比较传统的渗碳方法，和气体渗碳相比，较为落后。因为，此方法渗碳速度慢，生产效率低，劳动条件差，产品质量也不容易控制，所以，目前固体渗碳已逐渐为气体渗碳所取代。但由于固体渗碳

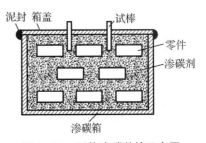

图 4-52　固体渗碳装箱示意图

法的设备和操作工艺简单,渗碳剂来源广泛且价格低廉,渗碳成本低,尤其适合单件,小批量生产,故在实际生产中仍有采用。

（2）气体渗碳法

气体渗碳法,由于生产效率高,渗碳过程容易控制,渗碳层质量好,易于实现机械化与自动化生产,故而得到广泛应用,目前在生产中应用较广的是滴注式气体渗碳法。

滴注式气体渗碳法是把工件置于密封的加热炉中,通入渗碳剂,加热到900～950 ℃（常用930 ℃）渗碳温度并保温,使滴入的渗碳剂高温气化,分解出活性碳原子,形成渗碳气氛。随后,活性碳原子被工件表面吸收并扩散形成一定深度的渗碳层。如图4－53所示,为井式气体渗碳炉,直接滴入煤油进行气体渗碳的示意图。

气体渗碳法,渗碳层的深度主要取决于保温时间,如用井式气体渗碳炉,930 ℃保温,渗碳深度与保温时间有如表4－11所示关系。生产中,通常采用检验随炉试样渗碳层深度的办法,来确定工件出炉时间。

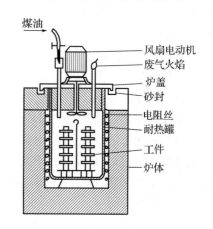

图4－53 气体渗碳法示意图

表4－11 井式气体渗碳炉930 ℃保温渗碳层深度与保温时间的关系

渗碳时间/h	3	4	5	6	7
渗碳层深度/mm	0.4～0.6	0.6～0.8	0.8～1.2	1.2～1.4	1.4～1.6

5. 渗碳技术条件

渗碳的技术条件一般包括渗碳层表面碳浓度、渗碳层厚度及渗碳层的碳浓度梯度。

（1）渗碳层表面碳浓度

渗碳零件表面层含碳量最好在0.85%～1.05%范围内,表面层含碳量过低,硬度低,耐磨性差;表面层含碳量过高,渗碳层会出现大量网状渗碳体,引起脆性,造成剥落,同时表层含碳量过高,M_s和M_f线将会降低,也会使淬火后的残余奥氏体量增加,致使表面硬度、耐磨性、疲劳强度反而降低。

（2）渗碳层厚度

在一定的渗碳温度下,加热时间愈长,渗碳层愈厚。渗碳零件所要求的渗碳层厚度,应根据零件具体尺寸及工作条件来确定,常用经验公式如下。

$$轴类:\delta = (0.1 \sim 0.2)R$$
$$齿轮:\delta = (0.2 \sim 0.3)m$$
$$薄片工件:\delta = (0.2 \sim 0.3)t$$

式中　R——半径（mm）;

　　　m——模数（mm）;

　　　t——厚度（mm）。

另外,渗碳层太薄容易引起表面疲劳剥落,渗碳层太厚,冲击韧性下降。一般机械零件渗碳层厚度确定在 0.8 ~ 1.5 mm 左右。通常规定从表面层到过渡区的一半作为渗碳层厚度。

（3）渗碳层碳浓度梯度

渗碳层的碳浓度梯度变化要小，这样就使渗碳层与心部结合良好，否则易出现渗碳层被压溃，引起剥落，降低使用寿命。

6. 渗碳后的热处理

渗碳的目的在于使表面获得高硬度和高耐磨性，因此，工件渗碳后必须进行热处理，才能有效地发挥渗碳层的作用。因为：①渗碳后表层虽是过共析或共析成分，但其缓冷组织是珠光体 + 网状渗碳体（共析成分为珠光体），这种组织并不能达到表面硬而耐磨的要求，而且网状渗碳体，会增加表面的脆性；②由于渗碳时在 900 ~ 950 ℃ 温度范围内，长时间保温，往往会引起奥氏体的晶粒粗化，使渗碳层性能下降。故而，在进行渗碳后，常采用如图 4 - 54 所示的三种热处理方法。

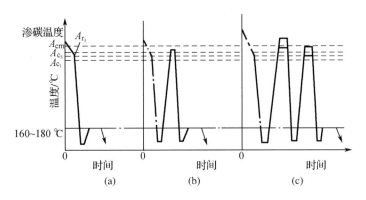

图 4 - 54 渗碳后常用热处理方法示意图
（a）直接淬火法；（b）一次淬火法；（c）二次淬火法

（1）直接淬火法

是指工件渗碳完毕后，出炉预冷到略高于心部成分的 A_{r3} 温度（以免低于 A_{r3} 温度心部析出先析铁素体，使心部强度下降）后，直接淬火 + 低温回火（150 ~ 250 ℃ 回火）的热处理方法。预冷的目的是为了减小淬火变形与开裂，并使表层析出一些碳化物，降低奥氏体中的含碳量，减少淬火后的残余奥氏体量，从而提高表层硬度。

直接淬火法，操作简单，效率高，成本低，工件脱碳和变形倾向小。但它只适用于表层和心部都不过热的情况，否则，由于过热，奥氏体晶粒粗大，淬火后的马氏体也相应粗大；同时由于过热，碳充分溶入奥氏体，而且在预冷时不易析出，导致 M_s 和 M_f 线降低，淬火后残余奥氏体量也较多，从而使工件表层硬度和耐磨性下降。因此，直接淬火法主要适用于本质细晶粒钢。

（2）一次淬火法

是指将工件渗碳后缓冷至室温，重新加热到淬火温度进行淬火 + 低温回火（150 ~ 250 ℃ 回火）的热处理方法。对于心部性能要求较高的零件，加热温度应略高于心部成分的 A_{C3}，以使心部晶粒细化，兼顾表层和心部的要求。对于表层性能要求较高的零件，淬火温度应选在 A_{C1} 以上 30 ~ 50 ℃，以使表层晶粒细化，淬火后使表层获得高碳马氏体＋粒状碳化物组织。

（3）二次淬火法

第一次淬火（或正火）主要是为了细化心部晶粒，同时也可消除表面网状渗碳体，因此，加热温度常选择在心部成分的 A_{C3} 以上温度。第二次淬火主要是为了细化表层晶粒，因此淬火温度常选择在 A_{C1} 以上 30～50 ℃。渗碳工件经二次淬火后，再进行一次 150～250 ℃的低温回火。

二次淬火法不仅适用于本质细晶粒钢，尤其适用于本质粗晶粒钢。因为二次淬火法使渗碳工件的表层和心部组织都得到细化，不但表面具有较高的硬度、耐磨性和疲劳强度，而且工件心部也获得了良好的强韧性。然而，工件经两次高温加热后，变形量增大，渗碳层易脱碳并加剧了表层氧化，生产周期增长、生产成本增高，故生产中较少采用。

直接淬火法和一次淬火法获得的表层组织为回火马氏体＋少量残余奥氏体；二次淬火法获得的表层组织为回火马氏体＋粒状渗碳体（或粒状碳化物）＋少量残余奥氏体，它们的硬度都可达到 HRC 58～64。而心部组织取决于钢的淬透性、截面形状、截面尺寸，低碳钢一般为珠光体＋铁素体，硬度 HRC 10～15；在能够淬透时为低碳回火马氏体＋铁素体，合金钢一般为低碳回火马氏体＋铁素体，硬度 HRC 30～45。在上述三种方法中，由于一次淬火法各项指标较为适中，是目前生产中最常用的方法。

1.9.3　渗氮（氮化）

渗氮也称氮化，是指在一定温度下（一般在 A_{C1} 温度以下）使活性氮原子渗入工件表面的化学热处理工艺。

1. 渗氮目的和渗氮用钢

渗氮的目的是提高工件的表面硬度、耐磨性以及疲劳强度和耐蚀性。目前生产中的渗氮方法主要有气体渗氮法和离子渗氮法。

渗氮用钢通常是含有 Al，Cr，Mo 等合金元素的合金钢，如 38CrMoAl 是一种比较典型的渗氮钢，另外还有 35CrMo，18CrNiW 等也经常作为渗氮钢。近年来国内又在试验研究含钒、钛的渗氮钢。

因为，Al，Cr，Mo，V，Ti 等合金元素极易与氮元素形成颗粒细密、分布均匀，而且非常稳定的各种合金氮化物，如 AlN，CrN，MoN，TiN，VN 等，这些合金氮化物不仅具有高的硬度和耐磨性，而且具有高的红硬性和耐蚀性。

2. 气体渗氮法

（1）气体渗氮过程

目前生产中，通常采用氨气分解形成渗氮气氛来实现气体渗氮，其渗氮过程和渗碳一样，也由三个基本过程组成。

① 氨气的分解

氨气是一种极易分解的含氮介质，将氨气加热到 380℃以上，就能分解出活性氮原子，其分解反应如下

$$2NH_3 \rightarrow 3H_2 + 2[N]$$

生成的活性氮原子部分被零件表面所吸收，剩余的氮原子结合成氮分子（N_2）和氢气（H_2）一道随废气排出。

② 吸收过程

零件表面吸收的活性氮原子,先溶于铁素体中形成固溶体,当含氮量超过铁素体的饱和固溶度时(在 590 ℃时,氮在铁素体中饱和固溶度为 0.1%,并随温度降低而急速下降),就会形成合金氮化物,如 Fe_4N 和 Fe_2N。

③ 扩散过程

随着渗氮时间的增长,氮原子从零件表面的饱和固溶层向内扩散,便形成一定深度的渗氮层。

(2)气体渗氮工艺

气体渗氮通常在井式渗碳炉中进行。渗氮前须将调质后的零件除油净化,入炉后应先用氨气排除炉内空气。由于氨气在 380 ℃以上便开始分解,而且铁素体对氮原子也有一定的固溶能力,所以气体渗氮温度应低于钢的 A_1 温度。

常用的气体渗氮温度为 500~560 ℃。渗氮层深度取决于渗氮时间,一般渗氮层深度为 0.40~0.60 mm,其渗氮时间需 40~70 h,故气体渗氮的生产周期很长,工艺成本较高。

在渗氮结束后,需随炉冷却到 200 ℃以下,再出炉空冷至室温。

3. 渗氮特点及应用

(1)钢经渗氮后,表面已形成一层极硬的合金氮化物,渗氮层的硬度通常可达 HV 950~1 200(≈HRC 68~72),故不需进行淬火就能达到很高的表层硬度和耐磨性,并且渗氮层具有很高的红硬性(即在 600~650 ℃工作时仍有较高硬度的性能)。

(2)渗氮后,钢的疲劳强度显著提高(可提高 15%~35%)。这主要是由于渗氮层的体积增大,使钢件表面形成残余压应力,它能部分地抵消在疲劳载荷下产生的拉应力,延缓了疲劳破坏的过程。

(3)渗氮处理后的钢具有很高的抗腐蚀能力。这是由于渗氮层表面是由连续分布的、致密的、耐腐蚀的氮化物所组成,因此,可替代镀铬、镀镍、镀锌和发蓝等表面防腐蚀处理。

(4)由于渗氮处理温度低,渗氮后又不再进行任何其他热处理,故工件变形很小,与渗碳和表面淬火相比变形小得多。而且渗氮后一般不再进行过多的机械加工,只需进行精磨或研磨、抛光即可。

综上所述,渗氮处理变形小、硬度高、耐磨性和耐疲劳性能好,还具有较好的耐腐蚀性能及红硬性能等,因此广泛应用于各种高速传动精密齿轮、高精度机床主轴(如镗床镗杆、磨床主轴等),通常应用于在交变载荷工作条件下要求疲劳强度很高的零件(如高速柴油机曲轴),以及应用于要求变形很小和具有一定抗热、耐蚀能力的耐磨零件(如阀门等)。

4. 渗氮处理技术条件

(1)渗氮层深度的选择。对于不同零件应有所区别,根据使用性能,通常渗氮层一般不超过 0.60~0.70 mm。

(2)由于钢在渗氮后不再进行任何其他热处理,而且渗氮层一般很薄,且较脆,因此,为了保证渗氮工件心部具有良好的强韧性和综合机械性能,在渗氮之前须将工件进行调质处理,获得回火索氏体组织。

（3）对于工件上不需渗氮的部分应进行镀铜或镀锡保护，也可放出一定的加工余量，在渗氮处理后将其磨去。对轴肩或截面改变处，应采用 $R \geqslant 0.5$ mm 圆角，否则此处渗氮层易产生脆性爆裂。

（4）渗氮处理零件的技术要求。应注明渗氮层表面硬度、厚度、渗氮区域和心部硬度。重要零件还应提出对心部机械性能、金相组织及渗氮层脆性等方面的技术要求。

5. 离子渗碳法

下面介绍一下，近 20 年才出现的离子渗碳法及其特点。

（1）离子渗碳原理

离子渗氮是利用处于阴极和阳极之间的稀薄气体的辉光放电现象来实现的，故又称为辉光离子渗氮，离子渗氮装置如图 4 – 55 所示。将工件置于专门的离子渗氮炉中，在进行渗氮时，先把炉内真空度抽到 $10^{-1} \sim 10^{-2}$ Torr

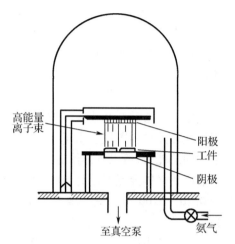

图 4 – 55 离子渗氮装置示意图

（1 Torr = 1 mm Hg = 1.33 Pa），随后慢慢通入氨气，使气压维持在 1 ~ 10 Torr 之间，并以工件为阴极，以炉壁为阳极，通入高压（400 ~ 750 V）直流电，阴、阳极间的氨气被电离成氮离子、氢离子和电子，形成等离子区，等离子区在强电场的作用下，氮离子和氢离子高速向阴极工件表面轰击，离子的动能转化为热能，加热工件表面至所需的渗氮温度（450 ~ 650 ℃）；同时，氮离子在阴极上夺取电子后，还原成氮原子，以固溶方式渗入工件表面，并向工件内部扩散形成渗氮层。另外，在氮离子轰击工件表面时，还会产生阴极原子溅射效应，将铁原子溅射出来，溅射出来的铁原子又会与氮离子化合，形成氮化铁（FeN），氮化铁会附着在工件表面，依次形成 Fe_2N，Fe_3N，Fe_4N 等氮化物，在依次形成氮化物的过程中，又会放出氮原子向工件内部扩散。随着渗氮时间的增长，渗氮层逐渐加深。

（2）离子渗氮特点

离子渗氮与气体渗氮相比，离子渗氮具有以下特点。

① 渗氮速度快。离子渗氮的速度是气体渗氮的 3 ~ 4 倍，如渗氮层深度为 0.5 ~ 0.6 mm，采用气体渗氮需 50 h 以上，而采用离子渗氮只需 15 ~ 20 h。

② 渗氮层脆性小。由于离子溅射有抑制生成脆性层的作用，所以明显地降低了渗氮层的脆性，提高了渗氮层的韧性和疲劳极限。

③ 工件变形小。阴极离子溅射效应，会使工件尺寸略有减小，恰好可抵消形成氮化物而引起的尺寸增大，故适合于精密零件。

④ 可净化工件表面。离子的溅射能去除工件表面的纯化膜，因而使工件表面得到净化。

⑤ 对材料的适应性强。碳钢、合金钢都可作为离子渗氮用钢。

⑥ 可节约能源。由于渗氮时间短，耗能少，成本低。常用于机床丝杆、齿轮、模具等。

⑦ 离子渗氮存在的问题是，设备投资大、温度分布不均匀、检测温度困难、操作要求严格等。

1.9.4 钢的碳氮共渗

碳氮共渗是向钢的表层同时渗入碳和氮的过程。主要目的是提高工件的表面硬度、耐磨性和疲劳极限,目前以低温气体氮碳共渗和中温气体碳氮共渗的应用较为广泛。

1. 低温气体氮碳共渗

低温气体氮碳共渗是以渗氮为主、渗碳次之的共渗工艺,故称为氮碳共渗,通常又称为软氮化。

(1)气体软氮化工艺

它是在含有活性氮、活性碳原子的气氛中进行低温的氮碳共渗,常用的共渗介质有尿素、氨水 + 醇类(甲醇、乙醇)、甲酰胺等。共渗介质在软氮化温度下发生分解,产生活性氮原子和活性碳原子,活性氮、碳原子被工件表面吸收,并向工件内部扩散,从而形成以渗氮为主的氮碳共渗层。

气体软氮化的常用温度 $560 \sim 570$ ℃,一般不超过 570 ℃;处理时间很短,通常为 $2 \sim 3$ h。

(2)气体软氮化后的热处理

对于软氮化后的工件,通常采用油冷或水冷,以获得氮、碳在铁素体中的过饱和固溶体,并使工件表面产生残余压应力,提高工件表面的疲劳强度。

(3)气体软氮化的特点

气体软氮化与一般气体渗氮、气体渗碳相比,具有以下特点。

① 与气体渗碳相比,处理温度低、工件变形小;与气体渗氮相比,处理时间短。

② 不受钢种的限制,如碳钢、低合金钢、工具钢、不锈钢、铸铁、铁基粉末冶金材料均可进行软氮化。

③ 能明显提高工件的疲劳强度,软氮化渗层比气体渗碳层的耐磨、耐蚀性好,在干摩擦条件下,具有抗磨伤、抗咬合的性能。

④ 共渗层较硬,而且不易剥落。

⑤ 软氮化的不足之处是,耐磨共渗层较薄(一般只有 $0.01 \sim 0.02$ mm),而且共渗层的硬度梯度过渡较陡,故不宜用于在重载条件下工作的零件。

2. 中温气体碳氮共渗

中温气体碳氮共渗是以渗碳为主、渗氮次之的共渗工艺,故称为碳氮共渗,生产中通常所说的碳氮共渗指的就是中温气体碳氮共渗。

(1)气体碳氮共渗的工艺

气体碳氮共渗的共渗介质,通常是煤油(或煤气) + 氨气。在共渗温度下,煤油、氨气都会发生化学反应,产生活性碳原子和活性氮原子,活性碳、氮原子被工件表面吸收,并向工件内部扩散,从而形成以渗碳为主的碳氮共渗层。

气体碳氮共渗主要适用于低、中碳钢和低合金钢,目前生产中,气体碳氮共渗常在井式气体渗碳炉中进行,常用温度 $820 \sim 860$ ℃,处理时间,取决于需要的碳氮共渗层的深度和共渗温度及共渗介质的配比,如表 4 – 12 所示,共渗时间一般为 $4 \sim 5$ h,共渗层为 $0.4 \sim 0.9$ mm。

(2)气体碳氮共渗后的热处理

由于在 $820 \sim 860$ ℃进行碳氮共渗时,共渗层中的碳含量约为 $0.7\% \sim 0.9\%$(已达共析或过共析成分),氮含量约为 0.25% ~ 0.4%,故在共渗处理后还需进行淬火 + 低温回火,才能达到表面硬而耐磨、心部强韧性好的目的。由于碳氮共渗的共渗温度比纯渗碳温度低,所以,共渗完成后,可直接进行淬火,然后低温回火。

表 4 - 12　碳氮共渗处理时间与共渗层深度的关系

(温度 850 ℃,渗碳气体 70% ~ 80% ,渗氮气体 30% ~ 20%)

碳氮共渗时间/h	1 ~ 1.5	2 ~ 3	4 ~ 5	7 ~ 9
共渗层深度/mm	0.2 ~ 0.3	0.4 ~ 0.5	0.6 ~ 0.7	0.8 ~ 1.0

经淬火 + 低温回火处理后,共渗层可获得碳、氮过饱和固溶的回火马氏体 + 少量碳化物 + 少量氮化物 + 极少量含有碳、氮的残余奥氏体组织,并且,残余奥氏体和碳、氮化合物由表向里逐渐减少。心部对淬透性好的钢,可获得低碳马氏体或中碳马氏体组织;对淬透性差的钢,则为托氏体(或索氏体) + 铁素体组织。

(3) 气体碳氮共渗的特点

① 共渗层兼有渗碳层和渗氮层的性能优点。与渗碳层相比,共渗层具有更高的耐磨性、耐蚀性和更高的疲劳强度;与渗氮层相比,共渗层的深度更深、表面脆性小、抗压强度更好。

② 共渗温度比渗碳温度低,奥氏体晶粒细小,使表层和心部的强度都得到提高,而且,共渗后可直接淬火,通常采用油冷即可淬硬,大大减小了淬火应力和工件变形。

③ 气体碳氮共渗的处理时间显著小于单独渗氮,也比单独渗碳耗时少,故而可缩短生产周期,提高生产效率。

④ 但由于共渗层的深度较浅,虽比单独渗氮要深,但一般也不超过 0.9 mm,所以,不能满足重载、重压负荷的零件要求。通常用于汽车和机床的齿轮、蜗轮、蜗杆和轴类零件。

习 题 与 思 考 题

1. 什么是钢的热处理? 热处理的主要目的是什么? 热处理有哪些基本类型?

2. 热处理中的相变温度线 A_1,A_{C1},A_{r1} 各表示什么意义?

3. 共析钢在加热时完成奥氏体化经历了哪几个阶段?

4. 什么是奥氏体的起始晶粒度、实际晶粒度和本质晶粒度?

5. 什么是钢的连续冷却转变,什么是钢的等温冷却转变?

6. 按照下表所列要求,填写共析钢过冷奥氏体在等温冷却转变中获得的几种产物的特点。

过冷奥氏体转变所获产物	采用符号	形成条件	相组分	组织特征	硬度 HRC	塑性与韧性
珠光体						
索氏体						

（续）

过冷奥氏体转变所获产物	采用符号	形成条件	相组分	组织特征	硬度 HRC	塑性与韧性
托氏体						
上贝氏体						
下贝氏体						
低碳马氏体						
高碳马氏体						

7. 什么是退火、正火、淬火、回火和冷处理？

8. 现有一批 45 钢试样（$\phi 10$ mm × 5 mm），分别加热到 700 ℃，760 ℃，840 ℃，1 100 ℃后，各得到什么组织？然后保温一定时间，在水中淬火后又各得到什么组织？

9. 甲、乙两厂生产同一批零件，材料均选用 45 钢，硬度要求 HBW 220～250。甲厂采用正火，乙厂采用调质，都达到硬度要求。试分析甲、乙两厂产品的组织和性能的差别。

10. 什么是淬火临界冷速？什么是淬透性和淬硬性？

11. 用同一种钢制造尺寸不同的两个零件，试问：（1）它们的淬透性是否相同，为什么？（2）若采用相同的淬火热处理工艺，两个零件的淬硬深度是否相同，为什么？

12. 有两个含碳量为 1.2% 的碳钢试样，分别加热到 780 ℃ 和 860 ℃ 并保温相同时间，使之达到平衡状态，然后以大于 V_k 的冷却速度，快速冷却至室温。试问：（1）采用哪个温度加热淬火后马氏体晶粒较粗大？（2）采用哪个温度加热淬火后马氏体含碳量较多？（3）采用哪个温度加热淬火后残余奥氏体较多？（4）采用哪个温度加热淬火后未溶碳化物较少？

13. 为什么钢在淬火时往往会产生变形，甚至开裂？要减小淬火变形和开裂应采取哪些措施？

14. 回火的目的是什么？常用的回火种类有哪几种？指出各类回火的温度范围和所获得的组织及硬度。

15. 分析以下几种说法是否正确？为什么？

（1）过冷奥氏体的冷却速度越快，钢冷却后的硬度越高。

（2）钢中的合金元素越多，则淬火后的硬度也越高。

（3）同一种钢材在相同加热条件下，水淬比油淬的淬透性好，小件比大件的淬透性好。

（4）冷却速度越快，马氏体转变线 M_s 和 M_f 越低。

（5）淬火钢回火后的组织和性能，主要取决于回火后的冷却速度。

（6）45 钢经调质处理后硬度为 HBW 220～250，若再进行 200 ℃回火，可以使其硬度得到更大提高。

（7）为了改善碳素工具钢的切削性能，其预先热处理应采用完全退火。

（8）淬火后得到的马氏体组织和渗碳体差不多，都是硬而脆的。

（9）钢的表面淬火既能改变钢的表面组织和性能，又能改变钢的表面化学成分。

（10）渗氮处理后，应进行淬火＋低温回火，以便获得较高的表面硬度和耐磨性。

16. 为什么表面高频淬火零件的表层硬度、耐磨性和疲劳强度均高于一般淬火?

17. 现有低碳钢和中碳钢齿轮各一个,为了使齿面具有高硬度和高耐磨性,应进行何种热处理?并比较经热处理后组织和性能上有何不同?

18. 什么是化学热处理?化学热处理包括哪几个基本过程?常用的化学热处理方法有哪几种?

19. 用 T10 钢制造形状简单的车刀,其生产工艺路线为:

下料——→锻造——→热处理——→机加工——→热处理——→磨削

(1)试写出各热处理工序的名称,并指出各热处理工序的作用。

(2)指出最终热处理后的显微组织及大致硬度。

(3)试确定最终热处理的淬火温度、冷却介质、回火温度。

项 目 实 训

实训　常用热处理工艺的操作

任务描述:掌握正火、淬火、回火热处理的工艺特点,初步具备基本热处理方法的操作能力。

实训内容:对 45 钢试样进行加热、正火、淬火、回火的工艺操作,用洛氏硬度计检测试样硬度。

1. 实训设备

(1) 箱式热处理加热炉 6 台及其配套温度控制装置。

(2) 砂轮机 1 台,洛氏硬度计 2 台。

(3) 淬火水槽和淬火油槽各 1 个。

(4) 热处理用夹钳和铁丝等。

2. 实训试样 45 钢试样 27 件,其中已淬过火的 45 钢试样 9 件。

3. 实训步骤

(1) 按实训内容,分为三个大组,按下列实训内容,每组完成一项。

(2) 分组完成以下实训项目

① 第一组:检测加热温度对淬火硬度的影响

a. 将 45 钢试样做好标记,分别加热到 780 ℃,850 ℃和 920 ℃。

b. 保温 15~20 分钟后,水中淬火。

c. 用洛氏硬度计,分别检测不同加热温度的试样淬火后的硬度,填入附表 4－1 中。

② 第二组:检测冷却速度对热处理性能的影响

a. 将 45 钢试样做好标记,加热到 850 ℃。

b. 保温 15~20 分钟后,分别进行水中淬火、油中淬火、空冷正火。

c. 用洛氏硬度计,分别检测不同冷却速度下的试样热处理后的硬度,填入附表 4－2 中。

附表 4 - 1 加热温度对淬火硬度的影响

序号	材料	加热温度/℃	冷却介质	淬火硬度 HRC			
				1	2	3	平均

附表 4 - 2 冷却速度对热处理性能的影响

序号	材料	加热温度/℃	冷却介质	正火、淬火硬度 HRC			
				1	2	3	平均

③ 第三组:检测回火温度对淬火钢性能的影响

a. 将已淬过火的 45 钢试样做好标记,分别加热到 200 ℃,400 ℃和 600 ℃。

b. 保温 20 ~ 25 分钟后,出炉空冷。

c. 用洛氏硬度计,分别检测不同回火温度的试样回火后的硬度,填入附表 4 - 3 中。

附表 4 - 3 回火温度对淬火钢性能的影响

序号	材料	加热温度/℃	冷却介质	回火硬度 HRC			
				1	2	3	平均

4. 操作要点

(1)对箱式加热炉,取放试样时必须先切断电源,使用夹钳,并且需戴手套进行操作。

(2)取放试样及开关炉门时,应操作迅速,以防温度下降,影响热处理性能。

(3)试样在冷却介质中淬火时,应不断搅拌,以便试样能够迅速和均匀冷却。

(4)淬火时的水温应保持在 20 ~ 30 ℃左右,若水温过高,必须及时换水。

(5)经热处理后的试样,应在砂轮机上磨去氧化皮后,再进行硬度值的检测。

5. 实训结果记录

项 目 小 结

钢的奥氏体化由四个基本过程组成,即奥氏体形核、奥氏体核长大、残余渗碳体的溶解及奥氏体成分的均匀化。奥氏体化速度与加热温度、加热速度、钢的成分及原始组织等因素有关。奥氏体晶粒大小用晶粒度表示。有三种不同概念的晶粒度,即起始晶粒度、实际晶粒度和本质晶粒度。影响奥氏体实际晶粒度的因素主要为加热温度、保温时间和钢的化学成分等。

根据过冷奥氏体转变温度的不同,转变产物可分为珠光体、贝氏体和马氏体三种。较高温度下发生的珠光体转变是一种扩散型相变;较低温度下发生的马氏体转变是一种无扩散型相变;中温贝氏体转变是一种半扩散型相变。一般情况下,珠光体为片层状组织,根据珠光体转变温度的不同,导致珠光体片间距尺寸的不同,可将珠光组织分为珠光体、索氏体和托氏体三种。贝氏体按其转变温度和组织形态的差异,分为上贝氏体和下贝氏体。马氏体根据其含碳量和组织形态的差异,分为板条状马氏体、片状马氏体和稳针马氏体。

钢的退火是为了均匀成分和组织、细化晶粒、调整硬度、消除应力。常用的退火工艺有完全退火、等温退火、球化退火、均匀化退火(扩散退火)和去应力退火。

正火与退火的目的近似。与退火相比,相同成分的钢正火后机械性能较高;而且正火生产效率高、成本低,工业生产中宜尽量采用正火代替退火。

淬火钢的加热温度。对于亚共析钢淬火加热温度为 A_{C3} 以上 $30 \sim 50 \ ℃$,共析钢和过共析钢淬火加热温度为 A_{C1} 以上 $30 \sim 50 \ ℃$。最常用的淬火方法为单液淬火、双液淬火、分级淬火、等温淬火和局部淬火。

淬火钢在回火过程中,随着回火温度的升高会发生马氏体分解、残余奥氏体转变、碳化物转变、渗碳体球化和铁素体的再结晶。一般情况下,淬火钢的回火温度越高,强度、硬度越低,塑性、韧性越好。淬火钢经低温回火得到回火马氏体组织、中温回火后得到回火托氏体组织、高温回火后得到回火索氏体组织。应注意淬火钢在两个温度区间回火时易出现回火脆性。

钢的淬透性是指钢在淬火时获得马氏体组织的能力,其大小可用钢在一定条件下淬火获得淬透层的深度来表示。钢的淬透性在本质上取决于过冷奥氏体的稳定性。钢的淬硬性是指钢在淬火后的可硬性,用淬火后马氏体所能达到的最高硬度来表示。钢的淬硬性主要取决于马氏体中的含碳量。

采用表面淬火和化学热处理(渗碳、渗氮、碳氮共渗等)可有效提高钢件表面的硬度和耐磨、耐蚀性能等,与其他热处理工艺的恰当配合,可使钢件心部具有高的强韧性、表面具有高硬度和高耐磨性,达到"表硬里韧"的性能。

项目五　机械工程材料的选用

项目描述:机械工程材料的选用是机械设计与制造的重要内容,本项目主要介绍如何进行钢的选用、铸铁的选用和有色金属及其合金的选用,如何进行非金属材料和复合材料的选用。详细介绍钢中合金元素和杂质对钢的性能影响,合金元素在钢中的作用,结构钢、工具钢、特种钢的特性和适用范围;介绍铸铁的石墨化,介绍灰口铸铁、球墨铸铁、蠕墨铸铁、合金铸铁、铝及铝合金、铜及铜合金、其他合金的特性及应用范围;介绍了高分子材料、无机非金属材料、复合材料的特性及应用范围。通过本项目的学习,可为从事机械设计与制造和在生产实际中合理选用金属材料、非金属材料以及复合材料奠定基础。

任务一　钢　的　选　用

任务描述:随着现代工业的发展,对钢的使用性能提出了更高的要求。本任务就是通过学习钢的特性、适用范围、选用标准,最终获得从事机械设计与制造的应用能力。

知识目标:了解钢的主要成分、性能及用途。掌握选用标准及适用范围。

能力目标:具备常用钢材的选用能力;能够分析钢中合金元素和杂质对性能的影响;掌握碳素结构钢、合金结构钢、工具钢、特种钢的特性和适用范围及其选用标准。

知识链接:钢中合金元素和杂质对性能的影响;合金元素在钢中的作用;结构钢特性及应用;合金工具钢特性及应用;特种钢及其应用。

1.1　钢中常存元素和杂质对性能的影响

钢在冶炼过程中,不可避免地会带入少量的常存元素,如锰、硅、硫、磷;同时也会带入一些杂质元素,如非金属杂质元素;并且会带入某些气体元素,如氮、氢、氧等。这些常存元素、杂质元素和气体元素,对钢的性能和钢的品质会产生较大的影响。

1.1.1　锰元素的影响

锰是炼钢时用锰铁脱氧而残留在钢中的。通常锰在钢中的常存含量<0.8%。锰具有较强的脱氧能力,能够把钢水中的 FeO 还原为铁;锰同时还能与硫化合为 MnS,能减轻或消除硫的有害作用;大部分的锰能够溶于铁素体,形成固溶体,对钢起到固溶强化作用;少部分锰能够溶于 Fe_3C,形成合金渗碳体($Fe,Mn)_3C$,起到弥散强化作用。故一般认为锰在钢中是有益元素。

1.1.2　硅元素的影响

硅在钢中也是一种有益的元素。在镇静钢中(用硅铁和锰铁脱氧的钢),硅的常存含量通常在 0.10% ~ 0.40% 之间;在沸腾钢中(只用锰铁脱氧的钢),硅的常存含量只有 0.03% ~ 0.07%。硅也能固溶入铁素体,对铁素体起到固溶强化作用,从而使钢的强度、硬度、弹性均得到提高。但当硅在钢中作为常存元素少量存在时,因其含量较低,对钢的性能影响并不十分显著。

1.1.3 硫元素的影响

硫在钢中是有害杂质元素。由生铁带入钢中,硫在铁素体中的溶解度极小,主要以 FeS 形式存在。FeS 与 γ-Fe 能形成熔点为 985℃的低熔点共晶体,并分布于奥氏体晶界上。当钢在 1 000 ~ 1 200 ℃进行锻造等热加工时,晶界上的低熔点共晶体已经熔化,致使晶粒间的结合力被破坏,会使钢沿着奥氏体晶界开裂而变脆,这种现象称为"热脆性"。为了避免产生热脆性,钢中硫含量必须严格控制,通常普通钢:硫含量应≤0.055%;优质钢:硫含量应≤0.040%;高级优质钢:硫含量应≤0.030%。

在钢中增加锰的含量,可消除硫的有害作用。因为 Mn 与 S 可以形成熔点为 1 620 ℃的 MnS,MnS 高温时具有塑性,因此可有效地消除硫所产生的"热脆性"危害。另外,在切削加工中,MnS 能起到断屑作用,可改善钢的切削加工性能。

1.1.4 磷元素的影响

磷也是一种有害元素。由生铁带入钢中,在一般情况下,钢中的磷能全部溶入铁素体中,这虽然可使铁素体得到固溶强化,使钢的强度、硬度有所提高,但却会使室温下钢的塑性、韧性急剧降低,并使脆性转化温度有所升高,使钢出现脆化现象,这种脆化现象称为"冷脆"。磷的存在,还会使钢的焊接性能变坏,因此钢中磷含量要严格控制,普通钢:磷含量应≤0.045%;优质钢:磷含量应≤0.040%;高级优质钢:磷含量应≤0.035%。

1.1.5 非金属元素的影响

1. 碳的影响

钢是铁碳合金,碳与铁可以形成一系列化合物,如 Fe_3C,Fe_2C,FeC 等。碳能提高钢材的强度和硬度,也会降低钢材的塑性和韧性。碳含量增加 0.1%,钢材的抗拉强度可提高 70 MPa,屈服点可提高 28 MPa。但钢中的碳含量不能过高,当钢中的含碳量大于 5% 时,钢会变得很脆,已经不具有实际使用价值。

2. 氮的影响

氮由炉气进入钢中。氮在奥氏体中的溶解度较大,而在铁素体中的溶解度很小,在 200 ~ 300 ℃加热过程中,氮通常会以氮化物的形式析出,使钢的强度和硬度升高,塑性和韧性大大下降,使钢出现脆化,这种脆化现象称为钢的"兰脆"。生产中防止"兰脆"的有效方法是,在钢中加入铝,通过铝进行固氮处理。其机理是将氮固定在氮与铝形成的氮化铝(AlN)中,从而减轻或消除产生"兰脆"的可能性。

3. 氧的影响

炼钢的过程其实就是氧化过程,氧通过氧化过程进入钢中。氧通常与铁形成 FeO,由于 FeO 的存在,会使钢的强度、硬度、塑性、韧性都有不同程度的下降,对钢的品质产生不良影响。为此,生产中通常采用加入锰铁、硅铁或铝元素等,对钢进行脱氧,以消除氧所产生的不良影响。

4. 氢的影响

氢由炉料中或空气中的水分带入钢中。氢在铁素体中的溶解度很小,在钢水结晶过程中,如果冷却速度太快,氢来不及扩散到金属外部,便会聚集在晶体的缺陷处,如空位、滑移线和晶界处。聚集的氢会在晶体内部产生很大的压力,使钢材晶体内部出现显微裂纹,即所谓白点,致使钢产生"氢脆"。对于合金钢,氢的影响尤其显著,严重影响合金钢的力学性能,容易出现脆断。故而氢是钢中的有害元素,冶炼中往往会采用预热炉料等工艺,消除炉料水分,减小氢进入钢中的可能性。

1.2 合金元素在钢中的作用

为了改善钢的力学性能或获得特殊性能,生产中可以通过合金化的途径来实现,也就是常说的"合金出优势"。为此,在炼钢过程中,会有目的地人为加入一些元素,这些元素称为合金元素,常用的合金元素有:Mn($>0.08\%$),Si($>0.5\%$),Cr,Ni,Mo,W,V,Ti,Zr,Co,Al,B,Re(稀土)等。

合金元素的加入,除可以使钢获得较高的强度、硬度和较好韧性外,还可以提高钢的淬透性,使零件在整个截面上获得既均匀又良好的综合力学性能,从而保证零件的产品质量和提高使用寿命。

合金元素在钢中的作用可归纳为如下几点。

(1)改善钢的热处理工艺性能:①细化奥氏体晶粒;②提高钢的淬透性;③提高钢的回火稳定性;④产生二次硬化;⑤防止第二类回火脆性的产生。

(2)提高钢的力学性能:①产生固溶强化;②产生弥散强化;③产生细晶强化。

(3)使钢具有特殊性能:①提高钢的耐腐蚀性能;②提高钢的抗高温氧化性能;③提高钢的红硬性(即热硬性);④提高钢的抗冲击和抗磨损性能;⑤提高钢的耐低温性能。

1.2.1 合金元素在钢中的存在形式

合金元素在钢中的存在形式主要有以下四种。

(1)合金元素与钢中的碳相互作用,形成碳化物存在于钢中。

根据其与碳结合力的强弱,可把碳化物形成元素分成以下三类。

① 弱碳化物形成元素:如锰等。锰与碳的结合力仅略强于铁。锰加入钢中,一般不形成特殊碳化物(结构与 Fe_3C 不同的碳化物称为特殊碳化物),而是溶入渗碳体中,形成合金渗碳体$(Fe,Mn)_3C$。

② 中强碳化物形成元素:如铬、钼、钨等。此类元素,一般也倾向于形成合金渗碳体,如$(Fe,Cr)_3C$,$(Fe,W)_3C$ 等,只有当其含量较高($>5\%$)时,才会倾向于形成特殊碳化物。

③ 强碳化物形成元素:如钒、铌、锆、钛等。此类元素,主要与碳形成稳定性极高、硬度和耐磨性极好的特殊碳化物(如 TiC),TiC 在淬火加热时,要到 1 000 ℃以上才开始缓慢的分解;在高速钢中加入钒,能形成 V_4C,可使钢具有更高的耐磨性。

(2)合金元素固溶于铁素体(或奥氏体)中,以合金固溶体的形式存在于钢中。

(3)合金元素与钢中的氮、氧、硫等元素化合,以氮化物、氧化物、硫化物和硅酸盐类等非金属夹杂物的形式存在于钢中。

（4）以游离状态存在于钢中。即在钢中既不固溶于铁素体，也不形成金属化合物，以游离原子的形式存在于钢中，如铅和铜。

1.2.2 合金元素对铁碳相图的影响

1. 合金元素改变钢的临界点

在钢中加入合金元素后，会使钢的铁碳合金相图发生变化，其变化主要表现在使 A 相区的大小、形状和位置发生明显改变，如图 5-1 所示。

这些变化将对钢的加工工艺和钢的使用性能产生重要的影响。根据合金元素对 F-Fe₃C 相图的影响可将其分为两类，即扩大 A 相区元素和缩小 A 相区元素。

如图 5-1(a)所示，具有面心立方晶格的 Ni，Co，Mn，Cu 等元素以及 N 和 C 元素都是扩大 A 相区元素。如图 5-1(b)所示，具有体心立方晶格的 Cr，Mo，W，V，Ti 等合金元素均为缩小 A 相区元素。钢中加入扩大 A 相区元素，如 Ni 或 Mn，可使 A 相区扩大，甚至使钢在室温下得到稳定的奥氏体组织；相反，当钢中含有大量缩小 A 相区元素，如 Cr，将使钢的 A 相区缩小，甚至会使 A 相区消失，得到加热和冷却时都无相变的单相铁素体组织。

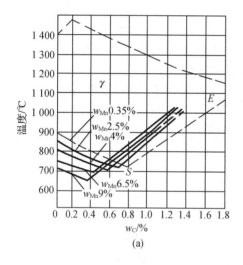
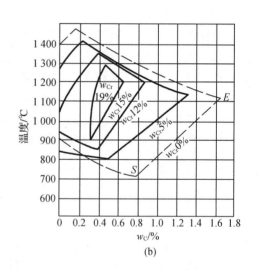

图 5-1 合金元素对 Fe-Fe₃C 相图 A 相区的影响

(a)Mn 对 Fe-Fe₃C 相图的影响；(b)Cr 对 Fe-Fe₃C 相图的影响

几乎所有的合金元素都使 S 点和 E 点向左移，即移向低碳方向，如图 5-1 所示。S 点左移意味着碳含量 <0.77% 的亚共析成分的合金钢中珠光体的含量增多，并有可能会出现共析钢或过共析钢组织。例如含 w_{Cr}13% 的钢，出现共析组织的碳含量仅为 w_C0.3%。E 点左移意味着莱氏体有可能在碳含量远低于 w_C2.11% 的合金钢中出现，例如在含 w_W18% 的合金钢中，在碳含量仅为 w_C0.8% 时，其铸态组织中就出现了大量的莱氏体。

一般来说，Ni，Co，Mn，Cu 等合金元素会使临界点向左下方偏移，使奥氏体的形成温度下降。而 Cr，W，Mo，V，Ti 等合金元素会使临界点向左上方偏移，使奥氏体形成的温度升高。并且加入合金元素后,钢的共析转变一般不会恒温进行,而是在一定的温度范围内进行。

2. 合金元素影响碳在奥氏体中的扩散速度

合金钢的奥氏体形成过程基本上与碳钢相同,但合金元素会影响奥氏体的形成速度,这主要是由于合金元素的加入改变了碳在钢中的扩散速度。Co 和 Ni 会提高碳在奥氏体中的扩散速度,因而会增大奥氏体的形成速度;碳化物形成元素 Cr,W,Mo,V,Ti 等与碳有较强的亲和力,显著减慢了碳在奥氏体中的扩散速度,故奥氏体的形成速度会大大减慢;其他元素如 Si,Al 对碳在奥氏体中的扩散速度影响很小,对奥氏体的形成速度几乎没有影响。

1.2.3 合金元素对热处理的影响

1. 合金元素对钢在加热时奥氏体化的影响

合金钢的奥氏体化过程基本上是由碳的扩散能力来决定的。合金元素的加入对碳的扩散能力及碳化物的稳定性有直接影响。少数非碳化物形成元素能增加碳的扩散速度,加速奥氏体的形成。而大部分合金元素使碳的扩散能力降低,特别是强碳化物形成元素,对含有这类元素的合金钢,通常采用升高加热温度或延长保温时间的方法来促进奥氏体化。这就是在热处理生产中,合金钢的加热温度会比相同碳含量的碳钢要高、保温时间也相对要长的原因。

合金元素对钢在加热时奥氏体晶粒度的大小,也有不同程度的影响。如 P,Mn 等元素会促进奥氏体晶粒长大;Ti,Nb,N 等元素可强烈阻止奥氏体晶粒长大;W,Mo,Cr 等元素对奥氏体晶粒长大会起到一定的阻碍作用;Si,Co,Cu 等元素对奥氏体晶粒度影响不大。

2. 合金元素对钢的淬透性的影响

实践证明,除 Co,Al 外,能溶入奥氏体中的合金元素都会减慢奥氏体的分解速度,使 C 曲线右移,并使 M_s 线降低,因而都有可能提高钢的淬透性。合金元素减缓过冷奥氏体转变速度的原因,主要是由于合金元素溶入奥氏体后阻止了碳的析出和扩散的缘故。

3. 合金元素对回火转变的影响

(1) 提高钢的回火稳定性

回火稳定性是指钢对回火时发生软化过程的抵抗能力,由于合金元素能使铁碳原子扩散速度减慢,使淬火钢回火时马氏体不易分解,析出的碳化物也不易聚集长大,保持一种较细小、高分散的组织状态,从而使钢的硬度随回火温度的升高而下降的程度减弱。因此,与碳钢相比,在同一温度回火时,合金钢的硬度和强度高,这有利于提高合金结构钢的强度、韧性和合金工具钢的红硬性。

(2) 产生二次硬化

对于含较多碳化物形成元素的高合金钢,在 $500 \sim 600$ ℃度范围回火时,其硬度不但不会降低,反而会升高的现象称为二次硬化。产生二次硬化的原因是,因为这类钢在该温度范围内回火时,将析出细小、弥散的特殊碳化物,如 Mo_2C,W_2C,VC 等。这类碳化物硬度很高,在高温下也非常稳定,难以聚集长大,使高合金钢具备在高温下并不丧失高硬度的特性,即通常所说的红硬性,也称为热硬性。如高速工具钢就是靠二次硬化获得红硬性,从而具备高速切削性能。

（3）回火脆性

合金元素对淬火钢回火后的不利影响是产生第二类回火脆性。

在 500～600 ℃回火时,合金钢会产生第二类回火脆性,主要出现在合金结构钢（如铬钢、锰钢等）中。当出现第二类回火脆性时,可将合金钢重新加热至 500～600 ℃,经保温后快速冷却,便可加以消除。对于不能做到快速冷却的大型结构件,可加入 1% W 或0.5% Mo,以阻碍合金元素沿晶界的偏聚,从而可有效防止第二类回火脆性的产生。

1.3 结构钢

1.3.1 碳素结构钢

（1）碳素结构钢是指用于制造工程构件（如桥梁、船舶、屋架、车架等构件）和机械零件（如齿轮、轴、连杆等零件）的碳钢,碳素结构钢含碳量一般在 0.7% 以下,属于低碳和中碳钢。老名称为普通碳素钢,老牌号按 GB 221—1979 标准,分为甲类钢、乙类钢、特类钢。现在改为以钢材的屈服点命名,在 GB/T 700—2006 标准中的牌号表示,参见图 5-2。

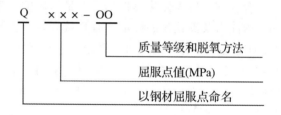

图 5-2 碳素结构钢牌号示意图

① 钢号冠以"Q",后面的数字表示屈服点值（MPa）。例如:Q235。

② 必要时钢号后面可标出表示质量等级和脱氧方法的符号。质量等级符号分为:A,B,C,D。脱氧方法符号为:F——沸腾钢;Z——镇静钢;b——半镇静钢;TZ——特殊镇静钢。例如 Q235AF,表示 A 级沸腾钢;又如 Q235CZ 和 Q235DTZ,分别表示 C 级镇静钢和 D 级特殊镇静钢,在实际使用时可省略为 Q235C 和 Q235D。

③ 碳素结构钢牌号和化学成分见表 5-1。碳素结构钢的力学性能见表 5-2。

表 5-1 碳素结构钢牌号和化学成分

牌号	统一数字代码[①]	等级	脱氧方法	化学成分（质量分数/%）,不大于				
				C	Si	Mn	P	S
Q195	U11952	—	F,Z	0.12	0.30	0.50	0.035	0.040
Q215	U12152	A	F,Z	0.15	0.35	1.0	0.045	0.050
	U12353	B						0.045
Q235	U12352	A	F,Z	0.22	0.35	1.40	0.045	0.050
	U12355	B		0.20				0.045
	U12358	C	Z	0.17			0.040	0.040
	U12359	D	TZ				0.035	0.035

表 5 - 1（续）

牌号	统一数字代码[①]	等级	脱氧方法	化学成分（质量分数/%），不大于				
				C	Si	Mn	P	S
Q275	U12752	A	F,Z	0.24	0.35	1.50	0.045	0.050
	U12755	B	Z	0.22			0.045	0.045
	U12758	C	X	0.20			0.040	0.040
	U12759	D	TZ				0.035	0.035

注:①为镇静钢、特殊镇静钢牌号的统一数字。

表 5 - 2　碳素结构钢的力学性能

牌号	等级	屈服点 σ_s/MPa，不小于						σ_b/MPa	伸长率 δ/% 不小于					冲试验（V 缺口）	
		厚度（或直径）/mm							厚度（或直径）/mm					温度/℃	冲击功（纵向）/J 不小于
		≤16	>16 ~40	>40 ~60	>60 ~100	>100 ~150	>150 ~200		≤40	>40 ~60	>60 ~100	>100 ~150	>150 ~200		
Q195	—	195	185	—	—	—	—	315 ~ 430	33	—	—	—	—	—	—
Q215	A	215	205	195	185	175	165	335 ~ 450	31	30	29	27	26	—	—
	B													+20	27
Q235	A	235	225	215	215	198	185	370 ~ 500	26	25	24	22	21	—	—
	B													+20	27
	C													0	
	D													-20	
Q275	A	275	265	255	245	225	215	410 ~ 540	22	21	20	18	17	—	—
	B													+20	27
	C													0	
	D													-20	

④ 专门用途的碳素钢,例如桥梁钢等,基本上采用碳素结构钢的表示方法,但在钢号最后附加表示用途的字母。例如桥梁用钢的钢号表示为 Q235q。

（2）优质碳素结构钢是对硫、磷控制较严,用于制造重要机械结构零件的非合金钢,也是金属材料中使用最为广泛的重要非合金钢。根据 Mn 含量的不同,又分为两组: $w_{Mn} < 0.8\%$ 为正常含锰量钢,称第一组; $w_{Mn} = 0.8\% \sim 1.2\%$ 为较高含锰量钢,称第二组。当碳含量相同时,第二组钢的强度、硬度略高于第一组。

优质碳素结构钢的牌号用两位数字来表示。这两位数字表示钢中平均碳含量的万分之几。例如,45 钢表示 w_C 为 0.45% 的优质碳素结构钢。若钢中锰的含量较高时,在数字后面附化学元素符号 Mn,如 60Mn。

1.3.2　合金结构钢

合金结构钢分为低合金高强度钢、合金渗碳钢、合金调质钢、合金弹簧钢、滚动轴承钢等。

　　1. 低合金高强度钢

　　低合金高强度结构钢(又称普低钢),是普通碳钢加入少量合金元素形成的,是结合我国资源条件发展起来的钢种。此类钢中合金元素含量较低,一般不超过 3%。

　　新的国家标准公布了低合金高强度结构钢的新牌号,新旧牌号对比如表 5-3 所示。新的牌号由代表钢的屈服点的汉语拼音字母(Q)、屈服点数值、质量等级符号(A,B,C,D,E)三部分按顺序排列。如 Q390A,Q 表示钢材屈服点的"屈"字汉语拼音的首位字母;390 表示屈服点数值,单位 MPa;A 表示质量等级为 A 级。

表 5-3　低合金高强度结构钢新旧牌号对照

新牌号 GB/T 1591—2004	旧牌号 GB 1591—1988	主要特性
Q345	12MnV,14MnNb,16Mn,16MnRe,18Nb	钢的强度高,具有良好的综合性能和焊接性能
Q390	15MnV,15MnTi,16MnNb	钢中加入 V,Nb,Ti 使晶粒细化,提高强度,具有良好的力学性能、工艺性能和焊接性能
Q420	15MnVN,14MnVTiRe	具有良好的综合性能和焊接性能
Q460	—	强度最高,在正火、正火回火成淬火加回火状态下有很好的综合力学性能

　　低合金高强度结构钢大多在热轧、正火状态下供应,使用时一般不再进行热处理。

　　低合金高强度结构钢的强度高,塑性和韧性好,焊接性和冷变形性良好,耐蚀性较好,韧脆转变温度低,成本低,适于冷成形和焊接件。低合金高强度结构钢广泛应用于桥梁、车辆、船舶、锅炉、高压容器、输油管,以及低温下工作的结构件。在某些情况下,可用这类钢代替碳素结构钢,可大大减轻零件或构件的质量,最常用的是 Q345 钢。例如,我国载重汽车的大梁采用 Q345 后,使载重比由 1.05 提高到 1.25;南京长江大桥采用 Q345 钢比用碳素结构钢节约钢材 15% 以上。万吨远洋轮的结构件也常使用 Q345 钢。

　　常用的低合金高强度结构钢还有 Q295,Q390,Q420,Q460 等。

　　低合金高强度结构钢合金化的主要特点如下所示。

　　(1) 合金元素以 Mn 为主(国外以 Cr,Ni 为主),最高锰含量可达 $w_{Mn}1.8\%$,并辅以少量的 V,Ti,Mo,Nb,B 等元素。合金元素主要作用是固溶强化铁素体,细化铁素体晶粒,使钢的强度与韧性都得到改善。

　　(2) 常加入少量的 P,Cu 元素以提高钢的耐大气腐蚀能力。

　　(3) 部分钢中加入少量稀土元素,以减少钢中有害杂质的影响,改善夹杂物的形状和分布,从而提高钢的工艺性能和力学性能。

　　(4) 碳含量一般低于 $w_C0.2\%$,以保证良好的焊接性、冷成型性和低温韧性。

　　(5) 对 S,P 含量要求不太高,这有利于降低冶炼成本。

表5-4　低合金高强度结构钢的成分、性能及用途

钢号	化学成分(质量分数/%)				钢材厚度/mm	力学性能			冷弯试验 a:试件厚度 b:心棒直径	用途
	C	Si	Mn	其他		σ_b/MPa	σ_s/MPa	δ/%		
Q345 (14MnNb)	0.12～0.18	0.20～0.55	0.80～1.20	0.015～0.05Nb	≤16	490～640	355	21	180° (d=2a)	油罐、锅炉、桥梁等
Q345 (16Mn)	0.12～0.20	0.20～0.55	1.20～1.60	—	≤16	510～660	345	22	180° (d=2a)	桥梁、船舶、车辆、压力容器、建筑结构等
Q390 (15MnTi)	0.12～0.18	0.20～0.55	1.20～1.60	0.12～0.20Ti	≤25	530～680	390	20	180° (d=3a)	船舶、压力容器、电站设备等
Q390 (15MnV)	0.12～0.18	0.20～0.65	1.25～150	0.04～0.14 V	＞16～25	510～660	375	18	180° (d=3a)	压力容器、船舶、桥梁、车辆、起重机械等

采用低合金高强度结构钢的主要目的是减轻结构质量,提高零部件或钢结构的使用可靠性及耐持久性。低合金高强度结构钢具有良好的力学性能,特别是具有较高的屈服强度。例如,低合金高强度结构钢(Q345)的屈服点可达300～400 MPa,碳素结构钢(Q235钢)的屈服点只有235 MPa。所以若用低合金高强度结构钢来代替碳素结构钢,就可在相同载荷条件下,使结构件质量减轻20%～30%。这类钢还具有良好的塑性(δ>20%),便于冲压成型。此外,低合金高强度结构钢还具有比碳素结构钢更低的冷脆转变温度,这对在北方高寒地区使用的结构件及运输工具(如车辆、容器、桥梁等),具有十分重要的意义。表5-4列出了我国生产的几种常用低合金高强度结构钢的成分、性能及用途。

2. 合金调质钢

合金调质钢包括40Cr,40CrNi,35CrMo等中碳合金钢,通常经调质处理后使用,具有良好的综合力学性能(即具有高的强度和良好的塑性和韧性),主要用于重要机械零件,如齿轮、曲轴、高强度螺栓、机床主轴等。

合金调质钢经调质处理(淬火+高温回火)后,得到回火索氏体组织。

(1) 化学成分

一般合金调质钢含碳量介于0.25%～0.50%之间,含碳量过低不易淬硬,从而在回火后不能达到所需的强度和硬度。但若含碳量过高,又会造成韧性不足。

合金调质钢中的主加元素有Cr,Ni,Mn等,它们能固溶于铁素体,使铁素体得到强

化,并提高钢的淬透性。淬透性是调质钢的一个重要性能指标。其他如 Mo,V,Al,B 等合金元素,含量一般较少。钼的作用主要是防止在高温回火时产生第二类回火脆性,钒的作用是阻碍奥氏体晶粒长大,起到细化晶粒的作用;铝的作用是在渗氮时,能加速合金调质钢的渗氮过程,强化渗氮效果;加入微量的硼(0.001% ~ 0.004%)能显著提高钢的淬透性,微量的硼对淬透性的作用大约相当于 0.3% 的铬或 0.2% 的钼。硼是我国富有元素,铬是我国稀有元素,因此,以硼代铬很有发展前途。

(2)热处理特点

合金调质钢的热处理可分为下列两种。

① 预先热处理

合金调质钢的预先热处理,应根据其成分和组织特点,可采用退火、正火或正火 + 高温回火。

对于合金元素含量较少的钢,调质前常进行正火处理,正火后组织为索氏体;对于合金元素较多的钢,可采用退火或正火 + 高温回火。因为正火后组织可能为马氏体,硬度较高,不利于切削加工,正火后应进行高温回火(650 ~ 700 ℃),使其硬度降至 HBS 200 左右。

② 调质处理

调质是使合金调质钢的机械性能达到设计要求的关键。调质处理中淬透性的大小直接影响合金调质钢的最终机械性能。

调质钢热处理的第一步工序是淬火,淬火温度必须按照规定的温度加热。淬火介质应根据零件的尺寸大小和钢的淬透性高低来进行选择,一般合金调质钢都在油中淬火。淬火后需进行回火,为了获得良好的综合机械性能,一般采用 500 ~ 650 ℃高温回火,回火的具体温度应根据钢的成分及对性能的要求而定。图 5 - 3 为 40Cr 钢,不同的回火温度与性能的关系。为了抑制合金调质钢(含有 Cr,Mn,Ni 等元素)回火时慢冷造成的第二类回火脆性,回火时要采用快速冷却方式(一般为油冷)。但对于大截面的零件,中心部分难以达到快冷的目的,因此,应采用含有 Mo,W 等元素的钢来抑制回火脆性。

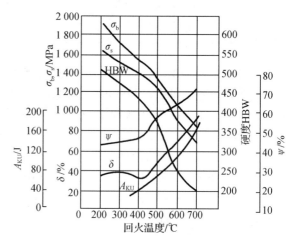

图 5 - 3 40Cr 钢在不同的回火温度回火后的力学性能(直径 D = 12,油淬)

常用调质钢调质处理规范及其性能指标如表 5 - 5 所示。

调质钢零件,除要求具有良好的综合机械性能外,往往要求表层有良好的耐磨性。这时,经调质处理后的零件还应该进行表面淬火。常用调质钢的性能特点和用途如表 5 - 6 所示。

3. 合金渗碳钢

合金渗碳钢包括20Cr,20CrMnTi,20MnVB 等低碳合金钢,经表面渗碳、淬火和低温回火处理后,用于要求表面承受强烈磨损和冲击载荷的零件,如活塞销、变速箱、齿轮、小轴等。

表5-5 常用调质钢调质处理规范及其性能指标

钢号	热处理				力学性能				
	淬火温度/℃	冷却介质	回火温度/℃	冷却介质	σ_b/MPa	σ_s/MPa	δ/%	ψ/%	A_{KU}/J
					≥				
45	830	水	560~620	水	700~850	450~550	15~17	40~45	40~48
42Mn2V	860	油	600	水、油	1 000	850	11	45	48
40MnVB	850	油	500	水、油	1 050	850	10	45	56
40Cr	850	油	500	水、油	1 000	800	9	45	48
42CrMn	840	油	520	水、油	1 000	850	9	45	48
42CrMo	850	油	580	水、油	1 100	950	12	45	64
40CrNi	820	油	500	水、油	1 000	800	10	45	56
30CrMnSi	880	油	540	水、油	1 100	900	10	45	40
35CrMo	850	油	560	水、油	1 000	850	12	45	64
40CrNiMo	850	油	620	水、油	1 000	850	12	55	80

表5-6 常用调质钢的性能特点和用途

钢号	淬透性		性能特点	用途举例
	淬透性值	油淬临界直径/mm		
45	J43 1.5~3.5	<5~20（水淬）	小截面零件调质后具有较高的综合力学性能。水淬有时开裂,形状复杂零件可油淬	制造齿轮、轴、压缩机、泵的运动零件
42Mn2V	J46 6~9	约25	强度比40Mn2 高,接近40CrNi	制造小截面的高负荷重零件,如螺栓、轴、进气阀等,可用作表面淬火零件,代替40Cr 或45Cr,表面淬火后硬度和耐磨性较好
40MnVB	J44 19~22	25~67	综合力学性能较40Cr 好	可代替40Cr 或部分代替42CrMo 和40CrNi,用于制造重要的调质零件,如柴油机汽缸头螺柱、组合曲轴边接螺钉、机床齿轮花键轴等

表 5 – 6(续)

| 钢号 | 淬透性 | | 性能特点 | 用途举例 |
	淬透性值	油淬临界直径/ mm		
40Cr	J44 7 ~ 17	18 ~ 48	强度比碳钢高 20%,疲劳强度较高	制造重要的调质零件,如对齿轮、轴、套筒、连杆螺钉、螺栓、进气阀等进行表面淬火和碳氮共渗
40CrMn	J44 8 ~ 16	20 ~ 47	淬透性比 40Cr 好,强度高,在某些用途中可以和 42CrMo、40CrNi 互换,制造较大调质件,回火脆性倾向大	制造在高速与高弯曲负荷下工作的轴、连杆,以及在高速高负荷(无强力冲击负荷)下的齿轮轴、齿轮水泵转子,离合器,小轴等

这些零件要求具有较高的表面硬度和耐磨性,而心部则要求具有较高的强度和适当的韧性。为了兼顾这两方面的性能要求,可以采用低碳钢通过渗碳,淬火 + 低温回火来达到。这种用于制造渗碳零件的钢就称为合金渗碳钢。合金渗碳钢主要用于制造表面性能要求较高或截面尺寸较大的渗碳零件。

(1)化学成分

渗碳钢的含碳量一般在 0.10% ~ 0.25% 之间,属于低碳钢。这样的含碳量可保证渗碳零件心部具有足够的韧性和塑性。为了提高钢的心部强度,钢中可加入一定数量的合金元素。

合金渗碳钢中的主加合金元素是 Mn 和 Cr。Mn(< 2.0%) 及 Cr(< 2.0%) 的加入量,能强化铁素体组织,并能提高钢的淬透性。辅加合金元素是 B 和 Ni。B(< 0.005%) 的加入量,能进一步提高钢的淬透性。Ni(< 4.5%) 的加入量,在强化中心部分性能的同时,可使韧性得到提高,Ni 一般常和 Cr 配合使用。此外,在合金渗碳钢中还加入微量的 V(< 0.4%),W(< 1.2%),Mo(< 0.6%),Ti(0.1%) 等能强烈形成碳化物的元素。这些元素能细化晶粒,防止钢件在渗碳过程中发生过热。

(2)热处理特点

为保证渗碳件表面获得高硬度和高耐磨性,渗碳后都进行淬火 + 低温回火。在渗碳后,因钢表层的碳浓度较高,所以在淬火 + 低温回火后,表层可获得回火马氏体和一定量的合金碳化物组织,硬而耐磨;心部将获得有足够强度和塑性的低碳马氏体,同时还可部分地消除内应力,使整个工件的强度和塑性都得到提高,达到"表硬里韧"的性能。

(3)常用的合金渗碳钢

根据淬透性的高低,常用合金渗碳钢可分为以下三类。

① 低淬透性渗碳钢

如 15Cr,20Cr,15Mn2,20Mn2 等,这类钢经渗碳、淬火 + 低温回火后,心部强度较低。低淬透性渗碳钢,水淬临界直径约为 20 ~ 35 mm。低温回火后的心部组织为回火低碳马氏体。这类钢常用作受力不太大、心部强度不需要很高的耐磨零件,如柴油机的凸轮轴、小齿轮和心部韧性要求高的渗碳零件。

② 中淬透性合金渗碳钢

如 20CrMnTi,12CrNi3,20CrMnMo,20MnVB 等。这类钢合金元素总含量在 4% 左右。其淬透性和机械性能较高,油淬临界直径约为 25 ~ 60 mm 左右。主要用于承受中等动载荷的耐磨零件,如汽车变速齿轮、联轴节、齿轮轴、花键轴套等。由于含有 Ti,V,Mo 等元素,渗碳时奥氏体晶粒长大倾向较小,可由渗碳温度预冷到约 870 ℃ 左右,直接淬火,再经低温回火后,具有良好的机械性能。

图 5 - 4 表示了应用较广泛的 20CrMnTi 钢,用于制造渗碳齿轮的热处理工艺曲线。渗碳后预冷到 870 ~ 880 ℃,直接油淬是为了减少淬火变形。同时,在预冷过程中,渗碳层中析出弥散分布合金渗碳体,在随后淬火时,减少了渗碳层的含碳量,残余奥氏体量减少。经过这样的处理后,20CrMnTi 钢可以获得耐磨性较高的渗碳层,且心部也具有较高的强度和韧性。

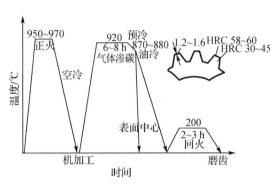

图 5 - 4 20CrMnTi 钢制造渗碳齿轮的
热处理工艺曲线

③ 高淬透性合金渗碳钢

如 12Cr2Ni4,18Cr2Ni4WA,20Cr2Ni4A 等。这类钢合金元素总含量小于 7.5%。淬火 + 低温回火后心部强度很高,主要用作重载和强烈磨损的大型零件,如内燃机车的主动牵引齿轮、柴油机曲轴等。这类钢淬透性较好,临界直径在 100 mm 以上,甚至在空冷时也能获得马氏体组织。此外,由于钢中含有较多的合金元素,使马氏体转变温度大大下降,渗碳表层在淬火后将保留大量的残余奥氏体。为减少淬火后表层残余奥氏体量,可在淬火后进行冷处理。

由于在我国,铬是稀有元素,为了减少铬元素的使用量,我国已开始采用中淬透性无铬渗碳钢,如采用 20Mn2TiB,20SiMnVB 等。这些钢的淬透性和机械性能均和 20CrMnTi 钢相仿,完全可以代替 20CrMnTi 含铬渗碳钢。

常用渗碳钢的热处理工艺规范及机械性能如表 5 - 7 所示。

表 5 - 7 常用渗碳钢的热处理工艺规范及力学性能

钢号	毛坯尺寸 /mm	热处理					力学性能				
		淬火温度/℃		冷却介质	回火温度/℃	冷却介质	σ_b/MPa	σ_s/MPa	δ/%	ψ/%	A_{KU}/J
		第一次	第二次				不小于				
15Mn2	15	900		空	200	水,空	600	350	17	40	
20Mn2	15	850		水、油	200	水,空	800	600	10	40	48
20CrMnTi	15	880	870	油	200	水,空	1100	850	10	45	56
20CrMnMo	15	850		油	200	水,空	1200	900	10	45	56

表 5 - 7(续)

钢号	毛坯尺寸/mm	热处理					力学性能				
		淬火温度/℃		冷却介质	回火温度/℃	冷却介质	σ_b/MPa	σ_s/MPa	δ/%	ψ/%	A_{KU}/J
		第一次	第二次				不小于				
15Cr	15	880	800	水、油	200	水,空	750	500	11	45	56
20Cr	15	880	800	水、油	200	水,空	850	550	10	40	48
12CrNi3A	15	860	780	油	200	水,空	950	700	11	50	72
12CriNi4A	15	860	780	油	200	水,空	1 100	850	10	50	72
18Cr2Ni4WA	15	950	850	空	200	水,空	1 200	850	10	45	80
20Cr2Ni4A		880	780	油	200	水,空	1 200	1 100	10	45	64

4. 弹簧钢

弹簧钢是专用结构钢,主要用于制造各种弹簧或有类似性能要求的零件。弹簧是利用弹性变形来储存能量,起到缓冲和减振作用,因此,弹簧钢应满足以下性能要求:①具有好的弹性,即具有较高的弹性极限,以保证其具有足够的弹性变形能力,避免在高负荷下出现塑性变形;②由于弹簧是在频繁的交变应力下工作,所以要求具备高的疲劳强度、高的屈强比和良好的表面质量,以免产生疲劳破坏;③弹簧在工作时往往承受冲击载荷,需要具有足够的韧性;④要有一定的淬透性和低的脱碳敏感性;⑤在高温及腐蚀条件下工作的弹簧,还应具有良好的耐热性及耐蚀性。

(1)化学成分

由于对弹簧钢的主要性能要求是高弹性极限和疲劳强度,因此,弹簧钢采用较高的含碳量。碳素弹簧钢碳含量是 $w_C = 0.6\% \sim 0.75\%$。合金弹簧钢碳含量一般是 $w_C = 0.46\% \sim 0.70\%$。合金弹簧钢中所含合金元素主要有 Si,Mn,Cr,V 等,它们的主要作用是提高钢的淬透性和回火稳定性,强化铁素体和细化晶粒,从而有效地改善弹簧钢的力学性能,提高弹性极限和屈强比。其中 Cr,V 还有利于提高弹簧钢的高温强度,而 Si 对于提高弹簧钢屈强比的作用尤为突出。

(2)常用弹簧钢及其热处理特点

① 热轧弹簧钢及其热处理特点

热轧弹簧钢(即热成形弹簧钢),是用于制造各种尺寸较大的热成形螺旋弹簧和板弹簧专用钢。表 5 - 8 所示为常用热轧弹簧钢的化学成分、热处理及力学性能。

常用的 65Mn 弹簧钢,锰含量为 $w_{Mn} = 0.90\% \sim 1.20\%$,属于较高锰含量的优质碳素结构钢。这类钢淬透性较好,强度较高,但易脱碳、过热和产生回火脆性,淬火时也易开裂。

常用的硅锰弹簧钢,如 55Si2Mn,60Si2Mn 等,由于硅含量高,可显著提高弹性极限和回火稳定性。这类钢常用于尺寸 <25 mm 的机车车辆弹簧、拖拉机的板簧、螺旋弹簧等。

表5-8 常用热轧弹簧钢的化学成分、热处理及力学性能

类别	钢号	化学成分(质量分数/%)				热处理			力学性能			
		C	Si	Mn	其他	淬火温度/℃	淬火介质	回火温度/℃	σ_b/MPa	σ_s/MPa	δ/%	ψ/%
									不小于			
碳钢	65	0.62 ~ 0.70	0.17 ~ 0.37	0.50 ~ 0.80	Cr≤ 0.25	840	油	500	980	785	9	35
	70	0.67 ~ 0.75	0.17 ~ 0.37	0.50 ~ 0.80	Cr≤ 0.25	830	油	480	1 030	835	8	30
合金钢	65Mn	0.62 ~ 0.70	0.17 ~ 0.37	0.90 ~ 1.20	Cr≤ 0.25	830	油	540	980	785	8	30
	55SiCrA	0.52 ~ 0.60	1.20 ~ 1.60	0.60 ~ 0.80	Cr0.5 ~ 0.8	860	油	450	1 450 ~ 1 750	1 300 ($R_{po.2}$)	6	25
	55CrMnA	0.52 ~ 0.60	0.17 ~ 0.37	0.65 ~ 0.95	Cr0.65 ~ 0.95	830 ~ 860	油	460 ~ 510	1 225	1 080 ($R_{po.2}$)	9	20
	60Si2Mn	0.56 ~ 0.64	1.50 ~ 2.00	0.70 ~ 1.00	Cr≤ 0.35	870	油	480	1 275	1 180	5	25
	50CrVA	0.46 ~ 0.54	0.17 ~ 0.37	0.50 ~ 0.80	Cr0.80 ~ 1.10 V0.10 ~ 0.20	850	油	500	1 275	1 130	10	40
	55SiMnVB	0.52 ~ 0.60	0.70 ~ 1.00	1.00 ~ 1.30	B0.000 5 ~ 0.035	860	油	460	1375	1 225	5	30

新型弹簧钢,如55SiMnMoV等,具有更好的淬透性及更高的强度,可代替55CrVA钢制造大截面汽车板簧和重型车、越野车的板簧。

热轧弹簧钢采用的加工工艺路线如下(以板簧为例):

扁钢剪断──加热压弯成型──淬火＋中温回火──喷丸──装配

弹簧钢淬火温度一般为830～880 ℃。加热时不容许脱碳,以免降低钢的疲劳强度。因此,在热处理时必须严格控制加热炉内气氛,缩短加热时间。通常采用在油中淬火,并且冷却至100～150 ℃时,随即加热,进行中温回火(400～550 ℃),可获得综合机械性能较好的回火托氏体组织。

回火托氏体组织,硬度控制在HRC 40～45范围内。弹簧热处理后,须进行表面喷丸处理,使其表面强化,并且使表层产生残留压应力,这样能明显提高弹簧的疲劳寿命。例如,60Si2Mn钢汽车板簧,经喷丸处理后,使用寿命可提高5～6倍。

② 冷拉(轧)弹簧钢及其热处理特点

在室温下经冷拉而成型的弹簧钢,称为冷拉弹簧钢。直径较小或厚度较薄的弹簧,一般常用冷拉弹簧钢或冷轧弹簧钢带来制作。这类弹簧主要由碳素弹簧钢(65,65Mn,75)或合金钢弹簧钢(55Si2Mn,60Si2Mn)经冷拉而成,冷拉后可获得很高的强度。弹簧在冷拉之前,先要经过"索氏体化"处理,以得到强度高、塑性好最宜于冷拉的索氏体组织。

索氏体化处理是将钢加热到A_{C3}以上50～100 ℃,得到奥氏体组织,然后在500～550

℃的盐浴里进行等温冷却,使其转变成索氏体组织。最后再经过清理,拉拔成所需的尺寸。弹簧经冷卷制成后只进行去除应力退火即可。

例如,用直径≤8 mm的冷拉碳素弹簧钢丝,冷绕制成形的弹簧(见图5-5),不进行淬火处理,只进行低温定形回火。其加工工艺过程如下:

缠绕——切成单件——磨光端面——调整几何尺寸——定形回火——最后调整尺寸——喷砂——检验——表面处理

图5-5　冷绕弹簧

定形回火在硝盐浴炉中进行,回火温度250～350 ℃,保温时间10～15 min。为避免弹簧在回火过程中产生变形,通常将弹簧套在心轴上。回火后的弹簧若弹性过高,可重复回火。

5. 滚动轴承钢

(1)工作条件及性能要求

在柴油机、拖拉机、机床、汽车以及其他高速运转的机械中,广泛使用着滚动轴承。滚动轴承的品种很多,但结构上一般均由外圈、内圈、滚动体和保持架等组成。用于制造滚动轴承的钢,统称为滚动轴承钢(实际上,目前滚动轴承钢已不限于用作制造滚动轴承)。滚动轴承在工作时,滚动体和内外圈均承受周期性交变载荷,并且它们之间呈点或线接触,因而接触应力可达3 000～3 500 MPa,循环受力次数可达数万次/min。在周期载荷作用下,在内外圈和滚动体表面都会产生小块金属剥落的疲劳破坏。滚动体和内外圈的接触面之间既有滚动,也有滑动,因而会产生滚动和滑动摩擦,这些摩擦将造成过度磨损,使滚动轴承丧失转动精度。

根据滚动轴承的工作条件,对滚动轴承钢有如下性能要求:滚动轴承钢必须具有高而均匀的耐磨性,高的弹性极限和接触疲劳强度,足够的韧性和淬透性,同时在大气和润滑剂中具有一定的抗蚀能力。此外,对钢的纯度、非金属夹杂物、组织均匀性、碳化物的分布状况,以及脱碳程度等都有严格要求,否则这些缺陷将会缩短轴承的使用寿命。

表5-9　常见滚动轴承钢的化学成分

钢号	化学成分(质量分数/%)								
	C	Si	Mn	P	S	Cr	Ni	Mo	其他
GCr9	1.00～1.10	0.15～0.35	0.25～0.45	≤0.025	≤0.025	0.90～1.20	≤0.30	0.08	Cu≤0.25
GCr9SiMn	1.00～1.10	0.45～0.75	0.95～1.25	≤0.025	≤0.025	0.90～1.20	≤0.30	0.08	Cu≤0.25
GCr15	0.95～1.05	0.15～0.35	0.25～0.45	≤0.025	≤0.025	1.40～1.65	≤0.30	0.08	Cu≤0.25
GCr15SiMn	0.95～1.05	0.45～0.75	0.95～1.25	≤0.025	≤0.025	1.40～1.65	≤0.30	0.08	Cu≤0.25

（2）化学成分

滚动轴承钢一般是指高碳铬钢，其含碳量为 $w_C = 0.95\% \sim 1.10\%$，含铬量为 $w_{Cr} = 0.4\% \sim 1.65\%$，尺寸较大的轴承可采用高碳铬锰硅钢。

滚动轴承钢具有高的含碳量 $w_C = 0.95\% \sim 1.10\%$ 是为了使滚动轴承钢获得高硬度和高耐磨性，含有 $w_{Cr} = 0.4\% \sim 1.65\%$ 的铬，以增加淬透性及耐磨性。当铬含量 $w_{Cr}1.50\%$，厚度不超过 25 mm 的零件，在油中淬火便可淬透。另外，Cr 与 C 所形成的 $(Fe,Cr)_3C$ 合金渗碳体比一般 Fe_3C 更稳定，能阻碍奥氏体晶粒长大，减小钢的过热敏感性，使淬火后获得细针状或隐针马氏体组织，提高钢的强韧性。同时 Cr 还能提高低温回火时的回火稳定性。但当 Cr 含量过高（如 $w_{Cr} > 1.65\%$）时，会增加淬火钢中残留奥氏体量和碳化物分布不均匀性，其结果影响轴承的使用寿命和尺寸稳定性。

对于大型轴承，在 GCr15 基础上，还可加入适量的硅 $w_{Si} = 0.40\% \sim 0.65\%$ 和适量的锰 $w_{Mn} = 0.90\% \sim 1.20\%$，以便进一步改善轴承钢的淬透性，提高钢的强度和弹性极限，而不降低韧性。

滚动轴承钢，对杂质含量要求很严，一般规定硫含量 w_S 应小于 0.02%，磷含量 w_P 应小于 0.027%，非金属夹杂物（氧化物、硫化物、硅酸盐等）的含量必须很低，而且在钢中的分布要在规定的级别范围之内。

（3）热处理特点

滚动轴承钢的热处理常采用以下几种。

① 正火：为消除锻造毛坯的网状碳化物，可在 900 ~ 950 ℃保温后，在空气中冷却，正火后硬度为 HBW 270 ~ 390。

② 球化退火：加热到 780 ~ 810 ℃保温后，冷却到 710 ~ 720 ℃，再保温一段时间后缓冷，可得到球化珠光体，其硬度为 HBW 207 ~ 229。球化退火的目的是便于切削加工，同时使碳化物呈细粒状均匀分布，为淬火作组织准备。

③ 淬火：淬火加热时要严格控制加热温度，淬火后应得到极细的马氏体（即隐针马氏体）和较少的残留奥氏体。GCr15SiMn 钢通常采用 820 ~ 840 ℃淬火。温度过高将引起晶粒粗化，并因碳化物溶入奥氏体过多，而使淬火后残留奥氏体量增多，导致钢的性能不良。滚动轴承钢淬火后的硬度为 HRC 63 ~ 66，残留奥氏体含量为 5% ~ 10%。

④ 冷处理：对于精密滚动轴承，淬火后要在 1 ~ 2 h 内进行冷处理。其规范为在 −70 ~ −80 ℃保持 1 ~ 2 h，使残留奥氏体量降到 2% ~ 4% 左右。冷处理可使钢的硬度略有升高，并能增加尺寸稳定性。

⑤ 回火：一般情况下，滚动轴承钢均采用低温回火，即 150 ~ 160 ℃回火，保温 2 ~ 5 h。回火后硬度为 HRC 61 ~ 65。

⑥ 时效：对精密零件，为保证尺寸的稳定性（即在长期存放或使用中不发生变形），除了在淬火后进行冷处理外，还要在磨削后，再进行 120 ~ 130 ℃保温 5 ~ 10 h 的低温时效处理，以消除内应力、稳定尺寸。

滚动轴承的生产工艺路线一般如下：

轧制、锻造──→预先热处理（球化退火）──→机加工──→淬火 + 低温回火──→磨削

常用滚动轴承钢的热处理、硬度及用途如表 5 – 10。

滚动轴承钢，除用作轴承外，还可以用作精密量具、冷冲模、机床丝杠以及柴油机油

泵上的喷油嘴等。

表 5 – 10　常用滚动轴承钢的热处理、硬度及用途

钢号	热处理		回火后硬度 HRC	主要用途
	淬火温度/℃	回火温度/℃		
GCr9	800 ~ 820	150 ~ 160	62 ~ 66	20 mm 以内的各种滚动轴承
GCr9SiMn	810 ~ 830	150 ~ 200	61 ~ 65	壁厚 < 14 mm,外径 < 250 mm 的轴套。25 ~ 50 mm 左右滚柱等
GCr15SiMn	820 ~ 840	170 ~ 200	> 62	壁厚 ≥ 14 mm,外径 ≥ 250 mm 的套圈;直径 20 ~ 200 mm 的钢球;其他同 GCr15

1.4　合金工具钢

用来制造各种刀具、模具、量具和其他工具的合金钢,统称为合金工具钢。

根据使用要求,对合金工具钢不仅要求高的淬透性,而且要求具有高的硬度和耐磨性,对切削刀具还需要较高的热硬性,对热加工模具还需要具有一定的抗热疲劳性能和在热处理时尽可能小的变形等。因此,合金工具钢含碳量一般都比较高,而加入合金元素主要是为了提高钢的硬度和耐磨性,同时为了增加钢的淬透性和回火稳定性。

1.4.1　刃具钢

1. 对刃具钢的性能要求

刃具钢主要用于制造切削刀具。切削时,刀具不仅受到切削力的作用,而且刃部还受到切屑、加工表面的摩擦而产生的高温,同时还承受一定的冲击和振动。所以,要求刀具材料具有如下几方面性能。

(1) 高硬度

刀具必须具有比被加工工件更高的硬度,一般切削金属用的刀具,其刃口部分硬度要高于 HRC 60,硬度主要取决于钢的含碳量。

(2) 高耐磨

耐磨性与钢的硬度有关,也与钢的组织有关。在回火马氏体的基体上,分布着细小的合金碳化物颗粒,能提高钢的耐磨性。

(3) 高的热硬性

对切削刀具,不仅要求在室温下有高的硬度,而且在温度较高的情况下,也能保持高硬度。热硬性的高低与回火稳定性和碳化物弥散沉淀等有关。如 W,V,Nb 等元素的加入,可显著地提高钢的热硬性。

另外,刃具钢还要求有一定的强度、韧性和塑性,以免切削部分在冲击、震动载荷的作用下,发生折断和剥落。

2. 低合金刃具钢

(1) 化学成分

低合金刃具钢,除含碳量较高外,常加入少量的 Cr,Mn,V,W,Si 等。这些元素可不

同程度地提高钢的淬透性,同时,它们所形成的合金碳化物,也比渗碳体稳定和耐磨。硅虽然对淬透性提高不大,但能增加钢的回火稳定性。

（2）热处理特点

低合金刃具钢的热处理和碳素工具钢基本相同,即球化退火、淬火＋低温回火。图 5 – 6 为 9SiCr 刃具钢等温球化退火工艺。

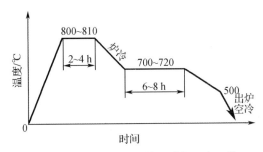

图 5 – 6　9SiCr 刃具钢等温球化退火工艺

低合金刃具钢,由于多种元素的复合作用,提高了钢的淬透性,使 φ < 40 mm 的工具钢,在油中淬火均能淬透,且变形小,耐磨性高。因此,这种钢常用来制造切削速度较小的薄刃刀具,如板牙、丝锥、钻头等。

由于合金元素的存在,晶粒长大倾向小,可相应地提高淬火温度,增加固溶体的溶解度,从而提高了钢的机械性能,但若温度过高,由于晶粒长大将使钢的性能变坏,所以,一般将加热温度选择在 850 ~ 870 ℃为宜。

常用低合金刃具钢的化学成分、热处理及用途如表 5 – 11 所示。

表 5 – 11　常用低合金刃具钢的化学成分、热处理及用途

钢号	化学成分（质量分数/%）					淬火			回火		用途举例
	C	Mn	Si	Cr	其他	温度/℃	介质	HRC不低于	温度/℃	HRC	
9SiCr	0.85 ~ 0.95	0.3 ~ 06	1.2 ~ 1.6	0.95 ~ 1.25		850 ~ 870	油	62	190 ~ 200	60 ~ 63	板牙、丝锥、绞刀、搓丝板、冷冲模等
CrWMn	0.9 ~ 1.05	0.8 ~ 1.1	≤0.4	0.9 ~ 1.2	1.2 ~ 1.6W	820 ~ 840	油	62	140 ~ 160	62 ~ 65	长丝锥、长绞刀、板牙、拉刀、量具、冷冲模等

3. 高速钢

高速钢是一种高合金工具钢,含碳量为 0.7% ~ 1.4%,钢中含 W,Mo,Cr,V 等合金元素,其合金元素总含量 > 10%。高速钢的主要特性是具有良好的热硬性,它在 600 ℃高温下工作,硬度仍无明显下降,能以较高的切削速度进行切削。

（1）高速钢的化学成分

下面以应用最广泛的 W18Cr4V 为例,来分析各合金元素的作用。

① 碳

在 W18Cr4V 钢中含碳量为 0.7% ~ 0.8%。若 $w_c < 0.70\%$,合金碳化物数量减少,

马氏体中含碳量也减少,则钢的耐磨性及热硬性降低;若 $w_C > 0.8\%$,则碳化物的不均匀性增加,残余奥氏体数量增加,使钢机械性能和工艺性能降低。

② 钨

钨是高速钢具备热硬性的主加元素,也是强碳化物形成元素。在高速钢中钨将与铁、碳形成特殊碳化物 Fe_4W_2C。钨在淬火加热时,一部分溶入奥氏体中,淬火后存在于马氏体中,提高了回火稳定性,回火时析出弥散分布的特殊碳化物 W_2C,形成二次硬化,使钢硬度和热硬性得到提高,从而增加了钢的耐磨性;另一部分是未分解的 Fe_4W_2C,淬火加热时能阻止奥氏体晶粒的长大。同时高速钢的热硬性随着含钨量的增加而增加,但当含钨量 >20% 时,由于碳化物分布的不均匀性增加,钢的强度与塑性会降低,且增加了加工难度。

③ 铬

铬主要是增加高速钢的耐磨性和淬透性。含铬量低时,水淬或油淬才能得到马氏体组织;而含铬量达 4% 时,空冷即可得到马氏体组织,故高速钢又有"风钢"之称。若铬含量 >4% 时,使 M_s 点下降,会使残余奥氏体量增加,并使残余奥氏体稳定性增加,以至于使钢的回火次数增多,工艺操作变得复杂,因此,一般高速钢含铬量均为 4%。

④ 钒

能显著地提高钢的热硬性、硬度和耐磨性,并且还能细化晶粒,使钢对过热的敏感性降低。同时,钒在回火时,也能产生"二次硬化"作用。但钒含量增加,会增加磨削加工难度,因此,钒含量一般在 1% ~4% 范围内。

(2)高速钢的组织结构

铸态的高速钢组织有莱氏体组织存在。高速钢莱氏体中的合金碳化物,呈鱼骨骼状分布在晶界上(图5－7),使钢发脆。这种粗大的合金碳化物不能用热处理的方法加以消除,必须用锻造的方法将碳化物破碎,并使其均匀分布。碳化物分布的均匀程度将影响着高速钢的机械性能和加工性能。所以锻造对于高速钢来说是十分重要的加工环节。高速钢锻造后组织大致有 70% ~80% 的珠光体和 20% ~30% 的合金碳化物。

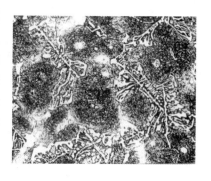

图 5 -7　W18Cr4V 钢的铸态组织

(3)高速钢的热处理

① 退火

高速钢锻造以后,将产生锻造应力,同时硬度也较高,必须进行球化退火,W18Cr4V 钢球化退火工艺如图5－8所示。在 860~880 ℃温度保温数小时,这样,使奥氏体内溶入的合金元素不多,奥氏体稳定性较小,易于转变为珠光体组织。如加热温度太高,奥氏体内会溶入大量的碳及合金元素,奥氏体稳定性大,就达不到退火的目的。高速钢在退火后硬度为 HBS 207~255,可以进行切削加工。W18Cr4V 钢锻造后,退火组织如图5－9所示。其显微组织由索氏体和均匀分布的碳化物(白色)所组成。

② 淬火

高速钢的优越性只有在正确的淬火＋回火之后才能发挥出来。图 5 - 10 为

W18Cr4V 钢盘形齿轮铣刀淬火＋回火工艺。

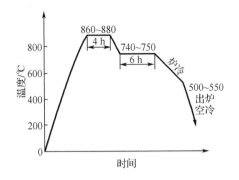

图 5 - 8　W18Cr4V 钢球化退火工艺

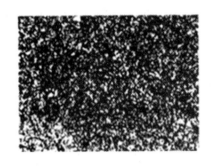

图 5 - 9　W18Cr4v 钢锻造退火后的
显微组织(500 ×)

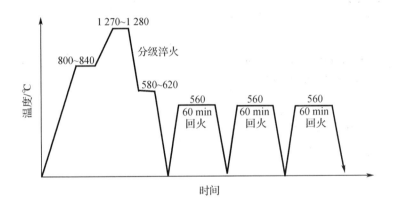

图 5 - 10　W18Cr4V 钢盘形齿轮铣刀的淬火回火工艺

　　a. 预热:为防止工件的氧化和脱碳,加热一般在盐浴炉中进行。由于高速钢中含有大量合金元素,导热性差,为避免骤然加热至淬火温度而产生过大的内应力,甚至使刀具变形或开裂,一般在 800 ～ 840 ℃先进行预热,截面大的刀具可进行二次预热,分别在 500 ～ 650 ℃和 800 ～ 840 ℃进行两次预热。

　　b. 加热温度:高速钢的热硬性主要取决于马氏体中合金元素的含量,即加热时溶于奥氏体中合金元素的量。温度愈高,则溶于奥氏体中的合金元素愈多,马氏体中合金浓度也愈高,从而可更好地提高钢的热硬性。高速钢中的钨及钒在奥氏体中的溶解度只有在 1 000 ℃以上才会明显增加。淬火加热温度对奥氏体内合金元素含量的影响,如图 5 - 11 所示。若温度过高,不仅晶粒粗大,影响淬火后的性能,而且碳化物偏析严重的地方易于熔化。同时,由于温度过高,使淬火时马氏体转变温度变低,因而使残余奥氏体量大大增加。因此,高速钢淬火的加热温度,常控制在 1 150 ～ 1 300 ℃之间,W18Cr4V 钢淬火温度应取 1 270 ～ 1 280 ℃为宜。

　　c. 保温时间:根据刀具截面尺寸而定。在高温盐浴炉中加热时,直径小于 50 mm 的刀具,每 mm 保温 10 秒钟;直径大于 50 mm 的刀具,每 mm 保温 6 秒钟,但总时间不应少于 1 分钟。

　　d. 冷却高速钢的淬透性好,若刀具截面尺寸不大时,空冷即可被淬透。为防止氧化和脱碳,一般采用油淬。形状复杂或要求变形小的刀具,如齿轮铣刀采用 580～620 ℃,在中性盐浴中进行分级淬火,可以减小变形和开裂。W18Cr4V 钢淬火后的组织,由马氏体＋残留奥氏体＋粒状碳化物组成,其显微组织见图 5－12。

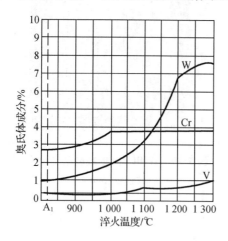

图 5－11 W18Cr4V 钢淬火温度对奥氏体合金成分的影响

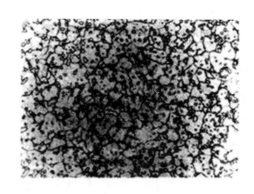

图 5－12 W18Cr4V 钢淬火后的组织(400×)

③ 回火

W18Cr4V 钢硬度与回火温度的关系如图 5－13 所示。由图可看出,在 550～570 ℃ 回火时硬度最高。其原因有两个:其一是在此温度范围内,钨及钒的碳化物(W_2C,VC)呈细小分散状从马氏体中沉淀析出,这些碳化物很稳定,难以长大,从而提高了钢的硬度,这就是所谓的"弥散强化";其二是在此温度范围内,一部分碳及合金元素也从奥氏体中析出,从而降低了残留奥氏体中碳及合金元素含量,提高了马氏体转变温度,当随后冷

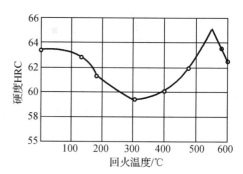

图 5－13 W18Cr4V 钢硬度与回火温度的关系

却时,就会有部分残留奥氏体转变为马氏体,使钢的硬度得到提高。由于以上原因,在回火时便出现了硬度回升的"二次硬化"现象。

高速钢淬火后要在 560 ℃ 进行三次回火,每次保温 1 h。这是因为高速钢淬火后约有 20%～25% 的残留奥氏体,一次回火难以消除,经三次回火后,即可使残留奥氏体量降到 1%～2%,而且,后一次回火还能消除前一次回火中产生的内应力。

高速钢经回火后其金相组织如图 5－14 所示。

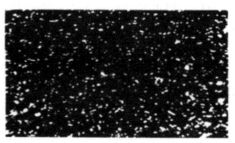

图 5－14 高速钢淬火回火后的显微组织(250×)

1.4.2　模具钢

用于制造冲压、模锻、挤压、压铸等模具的钢,称为模具钢。根据模具工作条件的不同,可将模具分为热作模具和冷作模具,相应的模具钢也可分为热作模具钢和冷作模具钢。

1. 热作模具钢

热作模具包括热锻模、热镦模、热挤压模、精密锻造模、高速锻模、压铸模等,它们属于受热状态下对金属进行变形加工的模具,也称为热变形模具。热作模具在工作过程中,一方面承受很大压应力、弯曲应力及冲击应力,还经受强烈的摩擦;另一方面又要经受与高温金属和冷却介质(水、油和空气)的周期作用而引起很大的热应力。因此热作模具钢不仅在常温下应具有足够的强韧性、足够的硬度和耐磨性,而且在较高温度下也能保持这些性能。热作模具一般体积较大,必须要有足够的淬透性;另外,热作模具反复受热、冷交变作用,易发生"热疲劳"而龟裂,所以热作模具钢还要具有良好的耐热疲劳性。

热作模具钢一般是含碳量 $w_C \leqslant 0.5\%$,并含有 Cr,Ni,Mo,Mn 等合金元素的亚共析钢。碳含量较低是为了保证有足够的韧性;合金元素的作用是为了强化铁素体、提高淬透性。目前,一般中小型热锻模具都采用 5CrMnMo 钢制造,大型热锻模具采用 5CrNiMo 钢制造。热作模具钢的热处理主要包括以下几点。

(1)锻造后退火:消除锻造应力,降低硬度利于切削加工,为淬火作组织准备。

(2)淬火 + 回火。

常用的热作模具钢的种类、热处理及用途如表 5 – 12。各类热作模具选材举例见表 5 – 13。

表 5 – 12　常用热作模具钢的种类、热处理及用途

钢号	淬火处理		回火后硬度 HRC	用途
	温度/℃	冷却剂		
5CrMnMo	820 ~ 850	油	39 ~ 47	中小型热锻模
5CrNiMo	830 ~ 860	油	35 ~ 39	压模、大型热锻模
3Gr2W8V	1 075 ~ 1 125	油	40 ~ 54	高应力压模、精密锻模、高速锻模
4Cr5MoSiV	980 ~ 1 030	油或空	39 ~ 50	大中型锻模、挤压模
4Cr5W2SiV	1 030 ~ 1 050	油或空	39 ~ 50	大中型锻模、挤压模

表 5 – 13　热作模具选材举例

名称	类型	选材举例	硬度 HRC
锻模	高度 <250 mm 小型热锻模	5CrMnMo[①],5Cr2MnMo	39 ~ 47
	高度在 250 ~ 400 mm 中型热锻模		
	高度 >400 mm 大型热锻模	5CrNiMo,5Cr2MnMo	35 ~ 39
	寿命要求高的热锻模	3Cr2W8V,4Cr5MoSiV,4Cr5W2SiV	40 ~ 54

表 5 – 13（续）

名称	类型	选材举例	硬度 HRC
锻模	热镦模	W4Mo2VTiNb,4Cr5MoSiV,4Cr5W2SiV	39 ~ 54
	精密锻造或高速锻模	3Cr2W8V 或 4Cr5MoSiV,4Cr5W2SiV 4Cr3W4Mo2VTiNb	45 ~ 54
压铸模	压铸锌、铝、镁合金	4Cr5MoSiV,4CrSw2SiV,3Cr2W8V	43 ~ 50
	压铸铜和黄铜	4Cr5MoSiV,4Cr5W2SiV,3Gr2W8V,钨基粉末 冶金材料,钼、钛、锆难熔金属	
	压铸钢铁	钨基本粉末冶金材料,钼、钛、锆难熔金属	
	温挤压和温镦锻(300 ~ 800 ℃)	8Cr8Mo2SiV,基体钢	
挤压模	热挤压[2]	挤压钢、钛或镍合金用 4Cr5MoSiV, 3Cr2W8V(>1 000 ℃)	43 ~ 47
		挤压铜或钢合金用 3Gr2W8V(<1 000 ℃)	36 ~ 45
		挤压铝、镁合金用 4Cr5MoSiV, 4Cr5W2SiV(<500 ℃)	46 ~ 50
		挤压铅用 45 钢(<100 ℃)	16 ~ 20

注：①5Cr2MnMo 为堆焊锻模的堆焊金属牌号,其化学成分(质量分数)为 C 0.43% ~ 0.53%,Cr 1.80% ~ 2.20%,Mn0.60% ~ 0.90%,Mo 0.80% ~ 1.20%;

②所列热挤压温度均为被挤压材料的加热温度。

2. 冷作模具钢

冷作模具包括冷冲模、冷镦模、冷挤压模以及拉丝模等。冷作模具在工作中要承受很大的压力、弯曲力、冲击力和摩擦力,所以对这类模具钢要求有很高的强度、硬度(HRC 50 ~60)、耐磨性和适当的韧性。

冷作模具钢化学成分基本上和刃具钢相似,如 T10A,9SiCr,9Mn2V,CrWMn 等,都可作冷作模具钢,不过只适合于制造尺寸较小的模具。对于尺寸较大的重载或要求精度较高,热处理变形小的模具,一般采用 Cr12 钢,如 Cr12,Cr12MoV。Cr12 钢的化学成分如表 5 –14 所示。各种冷作模具钢的选用举例见表 5 –15 所示。

表 5 – 14　Cr12 型钢的主要化学成分

钢号	元素含量(质量分数/%)				
	C	Cr	Mo	W	V
Cr12	2.00 ~ 2.30	11.50 ~ 13.00	—	—	—
Cr12MoV	1.45 ~ 1.70	11.00 ~ 12.50	0.40 ~ 0.60	—	0.15 ~ 0.30

表 5-15 冷作模具钢的选用举例

名称	选材举例			备注
	简单(轻载)	复杂(轻载)	重载	
硅钢片冲模	Cr12,Cr12MoV, Cr6WV	同左	—	因加工批量大要求寿命较长,均采用高合金钢
冲孔落料模	T10A,9Mn2V	9Mn2V,Cr6WV, Cr12MoV	Cr12MoV	
压弯模	T10A,9Mn2V	—	Cr12,Cr12MoV, Cr6WV	
拔丝拉伸模	T10A,9Mn2V	—	Cr12,Cr12MoV,	
冷挤压模	T10A,9Mn2V	9Mn2V,Cr12MoV, Cr6WV	Cr12MoV,Cr6WV	要求热硬性时还时选用 W18Cr4V,W6Mo5Cr4V2
小冲头	T10A,9Mn2V	Cr12MoV,	W18Cr4V, W6Mo5Cr4V2	冷挤压钢件,硬铅冲头还有可选用超硬高速钢,基体钢[1]
冷镦模	T10A,9Mn2V	—	Cr12MoV, 8Cr8Mo2SiV, W18Cr4V, Cr4W2MoV, 8Cr8Mo2SiV2, 基体钢[1]	

注:[1]基体钢指 5Cr4W2Mo3V,6Cr4Mo3Ni2WV,55Cr4WMo5VCo8,它们的成分相当于高速工具钢的在正常淬火状态的基体成分。这种钢过剩碳化物数量少,颗粒细,分布均匀,在保证一定耐磨性和热硬性条件下,显著改善抗弯强度的韧性,淬火变形也较小。

Cr12 钢具有较高的淬透性、高耐磨性和热处理时变形小的特点,但这种钢含碳量较高,碳化物分布很不均匀,大大降低了钢的强度,而且常常造成模具在工作时边缘崩落。Cr12MoV 钢,由于含碳量较低,碳化物分布比较均匀,因此,强度、韧性都较高。钼不但能减轻碳化物的偏析,而且还能提高钢的淬透性。钒可细化晶粒,增加钢的韧性。

冷作模具钢的热处理主要包括:①锻后退火,退火后硬度≤HBS 255;②淬火+回火。常用冷作模具钢的热处理、硬度与用途如表 5-16 所示。

在生产实际中,为了进一步提高模具钢的表面耐磨性、抗疲劳能力、减小变形、延长模具的寿命,常常会对模具钢采用表面渗氮、氮碳共渗和渗硼等表面化学热处理工艺,从而获得更加优良的表面抗磨性能。

表 5 – 16　常用冷用模具钢的热处理、硬度与用途

钢号	淬火温度/℃	达到下列硬度的回火温度/℃		用途
		HRC 58 ~ 62	HRC 55 ~ 60	
Cr12	950 ~ 10 000	180 ~ 280	280 ~ 550	重载的压弯模、拉丝模等
Cr12MoV	950 ~ 1 000	180 ~ 280	280 ~ 550	复杂或重载的冲孔落料模、冷挤压模、冷镦模、拉丝模等

1.4.3　量具钢

量具钢主要用于制造各种量具,如游标卡尺、千分尺、量块、塞规等。

1. 对量具钢的要求

量具钢一般应满足下列要求。

(1) 量具的工作部分应具有高的硬度(HRC≥62)和耐磨性,以保证量具在长期使用过程中不因磨损而失去原有的精度。

(2) 量具在使用过程中和保存期间,应具有尺寸稳定性,以保证其测量精度。

(3) 量具在使用时,偶尔受到碰撞和冲击,不致发生崩落和破坏。

2. 量具用钢

由于量具的用途不同和所要求的精度不同,所选的钢种和热处理方法也不同。

精度较低、形状简单的量具,如量规等可采用 T10A,T12A,9SiCr 等钢来制造;也常用 10 钢、15 钢制造,并经渗碳、淬火 + 低温回火后使用。如精度不高、耐冲击的样板、直尺等量具,可用 50,55,60,60Mn,65Mn 钢制造,并经感应加热表面淬火后使用。

高精度的精密量具如塞规,量块等,常用热处理变形小的钢,如用 CrMn,CrWMn 钢制造。CrWMn 钢常称为微变形钢,由于有铬、钨和锰合金元素的存在,不仅提高了钢的淬透性和耐磨性,而且还有效地减小热处理变形,增强了量具的尺寸稳定性。

3. 量具钢热处理特点

精密量具的热处理工艺比较复杂,关键在于如何使量具经热处理之后,在长期的使用中不发生变形。

一般量具钢都采用淬火 + 低温回火的热处理工艺,其组织是回火马氏体和残余奥氏体,同时还存有一定的淬火应力。这种处于不稳定状态下的组织,在长期放置和使用过程中,将发生变化,从而使量具的尺寸发生变化,对于高精度的量具,这种变化是不允许的。尺寸变化的原因主要是残余奥氏体转变为马氏体,使尺寸增大;残余应力在量具内部的重新分布和消失,也会引起尺寸的变化。为使量具尺寸和形状稳定,确保其精度,对要求较高的精密量具,淬火温度应低些,同时在淬火后立即将其冷至 – 80 ℃左右,甚至在液氮中进行处理,然后取出再进行正常回火。为了保证量具尺寸稳定,在精磨或研磨前,必须进行时效处理,进一步消除内应力。必要时,这种处理要重复多次。图 5 – 15 是用 CrWMn 钢制造量块退火后的热处理工艺。

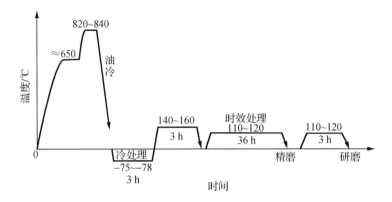

图 5 – 15　CrWMn 块退火后的热处理工艺

1.5　特种钢

特种钢很多,在此主要介绍几种特殊性能钢,如不锈钢、耐热钢和耐磨钢。

1.5.1　不锈钢

碳钢和以上各节所介绍的合金钢,在与含有酸、碱或盐类的溶液接触时,都会受到腐蚀。因此,在这类环境下工作的零件,要考虑选择不锈钢或其他耐蚀材料。

不锈钢在大气、海水、碱及酸溶液中都能抗腐蚀。铬镍不锈钢能抵抗硫酸腐蚀。不锈钢中抗腐蚀的基本元素是铬,因此,不锈钢中都含有大于 13% Cr,铬镍不锈钢中还含有较多的镍。

常用的不锈钢主要有铬不锈钢和铬镍不锈钢。

1. 铬不锈钢

这类钢主要牌号有 1Cr13,2Cr13,3Cr13,4Cr13,7Cr13,1Cr17 等。

Cr13 型不锈钢随着含碳量增加,耐蚀性能随之下降。这是因为过量的碳,会与铬形成铬碳化物,使基体中含铬量减少;同时,铬的碳化物与基体形成了微电池,降低了耐蚀性。

Cr13 型不锈钢经锻造后组织中出现了马氏体,硬度较高,而且由于残余应力存在,不利于切削加工,因此,Cr13 型不锈钢,锻后必须进行退火处理。

1Cr17 属于铁素体类型不锈钢,加热时不发生相变,因而不能淬火强化。1Cr17 不锈钢中含铬量较 Cr13 型钢多,组织为单相铁素体,故有较高的耐蚀性和塑性。

2. 铬镍不锈钢(18 – 8 型)

在我国标准钢号中,18 – 8 型不锈钢中含有约 18% Cr,9% Ni,如 0Cr18Ni9,1Cr18Ni9Ti 等都可以认为是 18 – 8 型铬镍不锈钢。加入镍的作用是扩大 A 区,降低 M_s 点,使钢在室温时具有单相奥氏体组织,它与铬的共同作用,进一步改善了耐蚀性。

18 – 8 型不锈钢中含碳量都很低,属于超低碳范围,其强度、硬度均很低,无磁性,塑性、韧性、焊接性能均比 Cr13 型不锈钢好,但其切削加工性较差。铬镍不锈钢在使用温度为 500 ~ 700 ℃时,在奥氏体晶界上会析出 $(Cr,Fe)_{23}C_6$,使晶界附近成为贫铬区,从而引起晶界腐蚀。

18－8型不锈钢中加钛的目的是为了抑制$(Cr,Fe)_{23}C_6$在晶界上析出,避免产生晶界腐蚀,可使18－8型不锈钢在500～700 ℃温度范围内工作。

18－8型不锈钢常用的热处理工艺方法有如下三种。

(1) 固溶处理

将钢加热到1 050～1 150 ℃,使所有碳化物全部溶入奥氏体中,然后水淬,在室温下获得单相奥氏体组织,使其具有很好的耐蚀性。

(2) 稳定化处理

在固溶处理后,再进行一次稳定化处理,使碳基本上稳定于碳化钛中,而使$(Cr,Fe)_{23}C_6$不会再析出,从而将固溶体的含铬量提高。稳定化处理工艺一般加热温度为850～880 ℃,保温6 h,冷却方式通常采用空冷。

(3) 去除应力处理

为了消除因冷变形而产生的残余应力,一般加热至300～350 ℃;为了消除焊接件残余应力,一般应加热至850 ℃以上,可同时使$(Cr,Fe)_{23}C_6$完全溶解于奥氏体中,起到减轻晶界腐蚀的作用。

1.5.2　耐热钢

1. 耐热性概念

金属的耐热性包含高温抗氧化性和高温强度的综合概念。耐热钢通常是指在高温下不发生氧化,并具有足够强度的钢。

金属抗氧化性指标,是用单位时间内、单位面积上质量的增加或减少的数值来表示的,单位为克/(米^2·小时)[g/(m^2·h)]。在钢中加入足够的Cr,Al等元素,可在其表面上生成高熔点的氧化膜,以避免在高温下继续腐蚀。如钢中含有15% Cr时,其抗氧化温度可达900 ℃;含有20%～25% Cr时,则抗氧化温度可达1 100 ℃。

金属对蠕变抗力愈大,则表示金属的高温强度愈高。蠕变极限($\sigma_{蠕}$)通常用下列符号表示$\sigma_{1/300}^{700}$,右上角符号为试验温度(700 ℃),右下角符号中的分子是蠕变(1%),分母是时间(300 h),即表示试样在700 ℃下经过300 h,产生1%变形量的应力值。对于在使用中不考虑变形量大小,而只要求在一定应力下,具有一定使用寿命的零件(如锅炉钢管等),规定另一个热强性指标:即持久强度。通常用下列符号表示:$\sigma_{10^5}^{500}$,右上角符号为试验温度(500 ℃),右下角符号表示时间(100 000 h),即试样在温度为500 ℃时,经100 000 h发生断裂的应力值。在钢中加入Mo,W,V等合金元素,可以减缓钢在高温下的软化过程,增强抗蠕变能力。

2. 常用耐热钢

(1) 珠光体－马氏体型耐热钢

这类钢所含的主要元素是Cr,Mo,Si等。当合金元素含量较高时,空冷便可得到马氏体组织。故在正火状态下,其组织是珠光体＋马氏体。这类钢的特点是热膨胀系数较小,制造和使用中变形也小,而且工艺性能比奥氏体钢好。此外,还可以通过热处理使其性能在较宽范围内变化。

这类钢按含铬量的多少,可分为低铬、中铬和高铬钢三种。

低铬钢含有较少量的铬、钼、钨、钒、硼等元素来改善其热强性。一般都在正火(或淬火）+高温回火状态下使用。

中铬钢是含碳较高（$w_C = 0.35\% \sim 0.5\%$）的铬硅钢，具有较高的硬度、耐磨性和高温强度。通常在淬火 + 高温回火状态下使用。

高铬钢是 Cr13 型，以及在此基础上再加入少量 Mo，Ni，V，W，Nb 等元素，以进一步改善其蠕变抗力而发展起来的钢。加入 Mo，W 的作用，一方面是为了提高基体的再结晶温度，改善蠕变抗力，另一方面可以形成稳定的合金碳化物，进一步强化基体，使钢在 500 ℃ 以下都具有良好的蠕变抗力，并具有优良的消震性。这类钢一般也在淬火 + 高温回火状态下使用。

（2）奥氏体型耐热钢

奥氏体型耐热钢，主要是利用弥散分布的、高温时不易聚集长大的碳化物或金属化合物来使钢获得热强性。因此，它的高温强度比珠光体 – 马氏体型耐热钢要高，工作温度可达 650 ~ 700 ℃。由于钢中含铬量较高，钢的抗氧化性也非常好。此外，奥氏体型耐热钢还具有良好的塑性变形性能和焊接性能。但奥氏体型耐热钢的切削加工性能不好，在加工时要予以注意。

18 – 8 型不锈钢，如 1Cr18Ni9Ti，由于含有大量的铬，也具有良好的高温抗氧化性，它的抗氧化温度可达 700 ~ 900 ℃，在 600 ℃ 左右有足够的热强性，可用来制造 600 ℃ 以下的锅炉及汽轮机的过热器管道及构件。几种常用的奥氏体型耐热钢的成分、性能及用途如表5 – 17所示。

除上述耐热钢外，若零件的工作温度超过 800 ℃，则应考虑选用镍基、钴基耐热合金；工作温度超过 900 ℃，可考虑选用钼基合金、陶瓷等材料。

一般来说，在 300 ~ 600 ℃ 范围以珠光体 – 马氏体型耐热钢较合适；在 600 ~ 800 ℃ 之间，必须选用奥氏体型耐热钢；温度在 800 ~ 1 000 ℃ 左右时，应当选用镍基合金；如果温度更高，则只有钼基合金和陶瓷材料才能满足要求。

表 5 – 17　几种奥氏体型耐热钢的成分、性能及用途

钢号	化学成分（质量分数/%）				热处理/℃	工作温度（℃）下, σ_b/MPa≥				用途
	C	Cr	Ni	其他		20	600	700	800	
1Cr18Ni9Ti	<0.12	17 ~ 19	8 ~ 11	Ti5 ×（C% 0.02）~0.08	1 100 ~ 1 150 水淬	550	340	250	150	610℃ 以下长期工作的过热管道、结构件
4Cr14Ni14W2Mo	0.4 ~ 0.5	13 ~ 15	13 ~ 15	1.75 ~ 2.25W 0.25 ~ 0.4Mo	1 175 水淬 750 时效	790	500	340	750（℃）280	大马力发动机气阀，蒸汽管道；燃气轮机叶片

1.5.3 耐磨钢

习惯上,耐磨钢主要指在冲击载荷下发生加工硬化的高锰钢,它主要用于在使用过程中,经受强烈冲击和严重磨损的零件,如坦克履带、破碎机颚板、铁路分道叉等。

1. 化学成分

高锰钢含碳量为 1.0% ~ 1.3%,含锰量为 11.0% ~ 14.0%,其他杂质(如 S,P,Si 等)也都要求限制在一定范围内。这种钢进行机械加工比较困难,因为会产生显著的加工硬化,所以,基本上高锰钢都为铸钢,其牌号为 ZGMnl3。

Mn 是扩大 Fe – Fe$_3$C 状态图中 A 区的元素,当钢中含锰量超过 12% 时,A_3 点便急剧下降,使钢在室温下保持着奥氏体组织形态。实验证明,只有当含碳量在 1.0% ~ 1.3%,含锰量在 11% ~ 14% 时,所得到的奥氏体型高锰钢才具有优良的性能。若含碳量过低,会使钢的耐磨性降低;而含碳量过高,则又将损害钢的韧性。含锰量过低,钢的强度、韧性达不到要求;而含锰量过高,又会造成在铸造或热处理时发生缩孔和裂纹,降低零件品质。

2. 热处理特点

高锰钢铸件一般在 1 290 ~ 1 350 ℃温度下进行浇注,在随后的冷却过程中,碳化物沿奥氏体晶界析出,使钢呈现相当大的脆性。为了使高锰钢全部获得奥氏体组织,必须进行"水韧处理"。

所谓"水韧处理",就是将铸造后的高锰钢加热到 1 000 ~ 1 100 ℃,并保温一定时间,使碳化物完全溶入奥氏体中,然后在水中快速冷却。由于冷却速度很快,碳化物来不及析出,使钢得到单相奥氏体组织,此时钢的硬度很低(约 HBS 180 ~ 220),但韧性很高。

高锰钢在水韧处理后,虽然硬度不高,但在受强烈冲击变形时,会产生显著的加工硬化。随着变形度的增加,硬度急剧上升。这时,不仅奥氏体本身发生加工硬化,而且还伴随有马氏体相变发生,因而耐磨性显著提高。而中心部分仍为原来的高韧性组织,这是高锰钢的一个重要特性。所以,高锰钢产生高抗磨性的重要条件是承受大的冲击力,否则是不耐磨的。例如,喷砂机的喷嘴,使用高锰钢或碳钢来制造,它们的使用寿命大致是相同的。这是因为喷嘴通过的是细小砂粒,并不能产生较大的冲击力致使高锰钢产生加工硬化而耐磨。

高锰钢经水韧处理后,绝不能再加热到 250 ~ 300 ℃以上进行回火,否则,碳化物又会重新沿奥氏体晶界析出,使钢变脆。因此,高锰钢水韧处理后不再进行回火。为防止产生淬火裂纹,应把铸件的壁厚设计得比较均匀为好。

任务二 铸铁的选用

任务描述:随着现代工业的发展,对铸铁的使用量越来越大,对铸铁的性能方面也提出了更高的要求。本任务就是通过学习铸铁的化学成分、组织特性、热处理方式、牌号、选用标准,最终获得在机械设计与制造中合理使用铸铁材料的应用能力。

知识目标:了解铸铁的主要成分、性能及用途。掌握选用标准及使用范围等。

　　能力目标:掌握铸铁的选用,了解石墨化过程及其影响因素;掌握各种铸铁的主要化学成分、性能、用途。掌握各类铸铁的特性和适用范围及选用标准。

　　知识链接:铸铁的石墨化;灰口铸铁的组织、性能和用途;可锻铸铁及其应用;球墨铸铁及其应用;合金铸铁简介。

2.1　铸铁的石墨化

　　铸铁是由生铁重新熔炼而成的铁碳合金。工业上常用铸铁的成分范围为:2.5% ~ 4.0% C,1.0% ~ 3.0% Si,0.5% ~ 1.4% Mn,0.01% ~ 0.50% P,0.02% ~ 0.20% S。由此可知,在成分上,铸铁比钢含有较多的碳,而且杂质元素硫、磷的含量也较高。

　　虽然铸铁的抗拉强度、塑性和韧性不如钢,无法进行锻造,但它具有优良的铸造性、减磨性和切削加工性等性能,而且熔炼简便、成本低,所以,铸铁在机械制造中获得广泛应用。

　　在一般机械中,铸铁件约占机器总质量的 40% ~ 70%,在机床和重型机械中甚至高达 80% ~ 90%。特别是近年来由于稀土镁球墨铸铁的发展,不少过去使用碳钢和合金钢制造的重要零件,如柴油机曲轴、连杆、齿轮等,现在大都采用球墨铸铁来制造。这不仅为国家节约了大量的钢材,而且减少了机械加工工作量,大大降低了生产成本。

　　铸铁中碳的存在形式有以下两种。

　　(1)金属化合物状态的渗碳体(Fe_3C)

　　如果铸铁中碳几乎全部以渗碳体形式存在,将形成白口铸铁。白口铸铁性能硬而脆,很难进行切削加工,工业上很少用它来制造机械零件。有时可以利用白口铸铁硬度高、耐磨损的特点,制造一些要求表面有高耐磨性的零件和工具,如轧辊、犁铧、货车车轮等。

　　(2)游离状态的石墨(常用 G 来表示)

　　如果铸铁中碳主要以石墨形式存在,将形成灰口铸铁。它是机械制造中应用最为广泛的一种铸铁。

2.1.1　铁碳合金双重相图

　　由前面所学的铁碳合金相图可知,在 $w_C > 2.11\%$ 的铁碳合金结晶过程中,由液体结晶或由奥氏体中析出的是渗碳体而不是石墨,得到的则是白口铸铁而不是灰口铸铁。这主要是因为液体或奥氏体的含碳量与渗碳体的含碳量(6.69%)较接近,与石墨的含碳量(100%)则相差悬殊,故在液体或奥氏体转变时,只需要较小的原子扩散量,就能形成渗碳体晶核并进一步长大。

　　另一方面,若将渗碳体加热到高温并维持较长时间,渗碳体会分解成铁素体 + 石墨(即 $Fe_3C \rightarrow F + G$)。可见石墨比渗碳体稳定,石墨是稳定相,渗碳体则是亚稳定相。当结晶动力学条件具备时,即铁碳合金缓慢冷却时,将提供足够的原子扩散时间,或在合金中有较多的促进石墨形成的元素(如 C,Si 等),从液体或奥氏体中将直接析出石墨,而不析出渗碳体。

　　考虑上述两种情况,铁碳合金存在着两种相图。如图 5 - 16 所示,其中实线部分为亚稳定的 $Fe - Fe_3C$ 相图,虚线部分为稳定的 $Fe - G$ 相图。$E'C'F'$ 线(1 154 ℃)是共晶反

应 $L \rightarrow A + G$ 的相平衡线; $P'S'K'$ 线 (738 ℃) 是共析反应 $A \rightarrow F + G$ 的相平衡线。因为液态合金和奥氏体溶解石墨的能力比溶解渗碳体来得小,故 $C'D'$ 线和 $S'E'$ 线分别在 CD 线和 SE 线的左边。

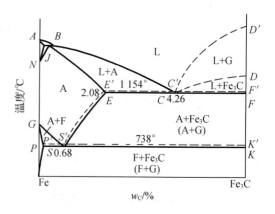

图 5 – 16　铁碳合金双重相图

从液态合金或奥氏体中析出石墨的温度比析出渗碳体的温度高,而且只有在虚线(稳定相图线)和实线(亚稳定相图线)之间的狭窄温度中才能析出石墨,即在缓慢冷却时,过冷度不大的条件下,才能析出石墨。根据铁碳合金的化学成分和结晶条件不同,结晶过程可以全部或部分地按照亚稳定或稳定的相图进行。

当铸铁全部按 $Fe - Fe_3C$ 相图结晶时,碳几乎全部以渗碳体 Fe_3C 析出,得到白口铸铁。

2.1.2　石墨化过程

铸铁组织的一个特点就是其中含有石墨。石墨是铁碳合金在凝固的过程中,碳原子以游离状态析出并聚集而成的。铸铁组织中石墨的形成过程,称为"石墨化"过程。在铸铁中,碳可能以两种形式存在,即化合为渗碳体(Fe_3C)或以游离状态的石墨存在。当含碳量为 $2.5\% \sim 4.0\%$ 的铸铁全部按 $Fe - G$ 相图结晶时,其石墨析出的过程可分为以下三个阶段。

1. 石墨化第一阶段

液态铁碳合金在共晶温度(1 154 ℃)发生共晶反应,同时,结晶出奥氏体和共晶石墨。

$$L'_C \xrightarrow{E'C'F'} A'_B + G_{共晶}$$

2. 石墨化第二阶段

在共晶温度和共析温度之间(1 154 ~ 738 ℃),随着温度降低,从奥氏体中将不断析出二次石墨。

$$A'_B \xrightarrow{E'S'} As' + G_{II}$$

3. 石墨化第三阶段

在共析温度(738 ℃),奥氏体发生共析反应,同时析出铁素体和共析石墨。

$$A'_S \xrightarrow{P'S'K'} F'_P + G_{共析}$$

一般来说,铸铁结晶过程中,在高温时由于原子扩散能力强,故第一和第二阶段的石墨化较容易进行,即按照 $Fe - G$ 相图结晶,得到 $(A + G)$ 组织;而在较低温度时,因铸铁成分和冷却速度条件不同,第三阶段石墨化进行不充分,被全部或部分地抑制,从而会得到三种不同的灰口铸铁组织,即 $P + G$,$F + P + G$ 和 $F + G$。

2.1.3　石墨化的影响因素

铸铁中石墨化程度直接决定了铸铁的组织和性能。影响铸铁中石墨化的因素主要有化学成分和冷却速度。

1. 化学成分

凡能削弱铁和碳原子间的结合力，或增强铁原子扩散能力的元素，都能促进石墨化；反之，则阻碍石墨化。通常将铸铁中较为常见的元素，按照对石墨化影响能力的不同，分为促进石墨化和阻碍石墨化的两大类元素。

促进石墨化的元素　　　　　　　　　　　　阻碍石墨化的元素

$$+ \longleftarrow - - - - - - - - - - - - - - 0 - - - - - - - - - - - - - - \longrightarrow -$$

Al,C,Si,Ti,Ni,Cu,P,Co,Zr,Nb,W,Mn,Mo,S,Cr,V,Fe,Mg,Ce,B

其中，铌(Nb)是中性元素，它的左边和右边分别是促进石墨化元素和阻碍石墨化元素，距离愈远，作用愈强。

实践证明，铸铁中碳和硅的含量愈高，石墨化愈充分。为了保证铸铁件得到灰口铸铁组织，且不含有过多和过大的石墨，通常把含碳量控制 2.5% ~ 4.0%，含硅量控制在 1% ~ 2.5%。硫不仅强烈阻碍石墨化，而且还降低铸铁的机械性能和铸造流动性能，故必须限制硫的含量，一般控制在 0.1% ~ 0.15%。锰本身是阻碍石墨化的元素，但锰可与硫结合，形成 MnS，从而消除了阻碍石墨化作用更强烈的硫的影响；故锰实际上间接起促进石墨化的作用，锰含量允许为 0.5% ~ 1.4%。

2. 冷却速度

在生产实践中还发现，同一铸件的不同部分，其组织往往不同，如厚壁处呈灰口，薄壁处呈白口，或中心部位呈灰口，表面层呈白口。这说明铸件的冷却速度也是影响石墨化的重要因素。冷却愈慢，愈有利于原子扩散，对石墨化愈有利，而快冷则阻碍石墨化。

图 5 – 17 为砂型铸造时，铸件壁厚与碳、硅含量对铸铁组织的影响。图中把铸铁组织分成以下五个区域。

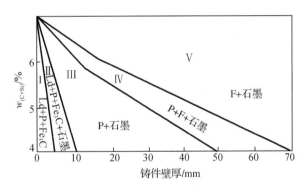

图 5 – 17　铸铁的化学成分、铸件壁厚对石墨化的影响

Ⅰ——白口铸铁区，其显微组织为低温莱氏体 + 珠光体 + 二次渗碳体。

Ⅱ——麻口铸铁区，其显微组织为低温莱氏体 + 珠光体 + 二次渗碳体 + 石墨。这种铸铁组织介于白口与灰口之间，有较大的硬脆性，故工业上很少应用。

Ⅲ——珠光体灰口铸铁区，其显微组织为珠光体 + 石墨。

Ⅳ——珠光体 – 铁素体灰口铸铁区，其显微组织为珠光体 + 铁素体 + 石墨。

Ⅴ——铁素体灰口铸铁区，其显微组织为铁素体 + 石墨。

2.1.4　铸铁中石墨的作用

灰口铸铁组织相当于在碳钢的基体(珠光体、珠光体－铁素体、铁素体)上分布着石墨。铸铁中的石墨是一种非金属存在物,与金属基体相比,石墨的强度极低,故铸铁中存在石墨,相当于在金属基体上形成了许多"微裂纹",不仅减少了金属基体承载面积,更重要的是在其尖端引起应力集中,使得灰口铸铁的抗拉强度、塑性和韧性远不如钢。如果能设法使灰口铸铁中石墨形状由片状改变成团絮状甚至球状,则可以减轻石墨对金属基体的割裂作用,使铸铁的机械性能得到一定程度的提高。值得指出的是,当铸铁在承受压缩载荷时,石墨的不利影响较小,铸铁表现出具有较高抗压强度的特性,故适宜于制造承受压缩载荷的零件。

石墨的存在固然降低了铸铁的机械性能,但给铸铁带来了以下一系列良好的其他性能。

(1) 优良的铸造性能

铸铁在凝固过程中析出密度较小的石墨,伴随着体积膨胀,从而减小了铸铁的收缩率,不容易产生缩孔、缩松等缺陷。再加上铸铁熔点低,流动性好,故铸铁具有优良的铸造性能。

(2) 良好的切削加工性

铸铁中由于石墨的存在,在切削加工时易于断屑,具有较好的切削加工性能。同时,石墨本身有润滑作用,可起到减磨效果,从而减轻刀具的磨损,延长刀具的使用寿命。

(3) 较好的耐磨性和减振性

耐磨性较好是由于石墨起到了润滑和减磨作用,而且当铸件表面的石墨掉落形成孔洞时,还可以储存润滑油。减振性较好是由于石墨的组织松软,能吸收振动,加之石墨的存在破坏了金属基体的连续性,不利于振动能量的传递。

(4) 较低的缺口敏感性

这是因为石墨本身就相当于在金属基体上存在了许多微小的缺口,故对其他的缺口存在不敏感,降低机械性能的幅度不大。

根据石墨形状不同,铸铁可分为灰口铸铁(即普通灰铸铁)、可锻铸铁、球墨铸铁、合金铸铁等。下面分别介绍它们的牌号,性能和用途。

2.2　灰口铸铁

2.2.1　灰口铸铁的组织、性能和用途

灰口铸铁中石墨呈片状,它由石墨和金属基体组成。基体组织依第三阶段石墨化进行的程度不同,可分为铁素体、铁素体＋珠光体和珠光体三种,相应有三种不同基体组织的灰口铸铁,显微组织见图 5 – 18。

根据国家标准 GB 9439 规定,灰口铸铁牌号冠以"HT"("灰"、"铁"两字的汉语拼音字首),后面数字表示最低抗拉强度(σ_b)。灰铸铁的牌号、力学性能及应用,如表 5 – 18 所示。

必须指出,灰口铸铁的机械性能与铸件壁厚有关。同样牌号的铁水浇注到薄壁铸件

中,由于冷却速度较快,析出的石墨比较细小,强度有所提高;如浇注到厚壁铸件中,则强度有所降低。例如,壁厚为80~100 mm 的铸件,该铸件的壁厚已属于厚壁铸件,要求抗拉强度为200 MPa,应选择牌号为HT250 而不是HT200。因为牌号为HT200 的抗拉强度的铸铁,在浇注到壁厚为 80~100 mm 的厚壁铸件时,抗拉强度仅为 160 MPa,不能满足使用要求。

　　此外,还应考虑灰口铸铁牌号愈高,虽然抗拉强度愈高,但铸造性能会随之变差,形成缩孔和裂纹的倾向增加,而且不是所有铸造车间都能生产高牌号铁水,因此,在选择灰口铸铁牌号时,应从生产的实际可能出发,既保证铸件有足够的机械性能,又便于铸造和降低铸造废品率。

2.2.2　灰口铸铁的孕育处理

　　为了细化灰口铸铁的组织,提高铸铁的力学性能,通常在碳、硅含量较低的灰口铸铁铁水中加入孕育剂进行孕育处理,经过孕育处理的灰口铸铁叫孕育铸铁或变质铸铁。孕育铸铁的金相组织是在细密的珠光体基体上,均匀分布细小的石墨片,故其强度高于普通灰口铸铁。同时由于铁液中均匀分布有大量人工晶核,结晶几乎是在整个铁液中同时进行,使铸件整个截面上的组织和性能比较均匀一致,因此孕育铸铁的断面敏感性小。

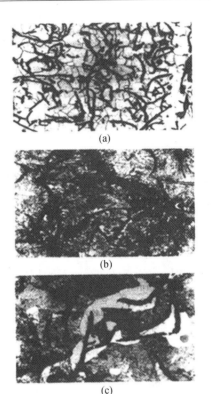

(a)

(b)

(c)

图 5 – 18

(a)铁素体灰铸件(100×);(b)珠光体灰铸铁(200×);(c)珠光体＋铁素体灰铸铁(200×)

表 5 – 18　灰铸铁的牌号、力学性能和用途

类别	牌号	铸件壁厚/mm	力学性能				用途举例
			σ_b/MPa	σ_{bb}/MPa	σ_{bc}/MPa	HBW	
铁素体灰铸铁	HT100	所有尺寸	100	260	500	<140	低载荷的不重要零件,如防护罩、手轮、重锤等
铁素体＋珠光体灰铸铁	HT150	15~30	150	330	650	150~200	承受中等载荷的零件,如机座、变速箱体、皮带轮、轴承座、支架等
珠光体灰铸铁	HT200	15~30	200	400	750	170~220	承受较大载荷的重要零件,如齿轮、支座、气缸、机体、飞轮、床身、齿轮箱、轴承座
	HT250	15~30	250	470	1 000	190~240	
变质灰铸铁	HT300	15~30	300	540	1 100	187~225	承受高载荷、耐磨和高气密的重要零件,如齿轮、凸轮、活塞环、床身等
	HT350	15~30	350	610	1 200	197~269	
	HT400	20~30	400	680	—	207~269	

　　孕育铸铁常用来制造力学性能要求高、截面尺寸变化较大的大型铸件,如重型机床的床身、液压件缸体、齿轮箱箱体等零件。

　　HT300 和 HT350 称为孕育铸铁(或变质铸铁)。它是在碳、硅含量较低的铁水(一般为 3.0% ~ 3.3% C,1.2% ~ 1.7% Si)中,加入少量硅铁或硅钙合金(加入量一般为铁水总质量的 0.4% 左右),使片状石墨变得细小且分散,从而提高了铸铁的机械性能。经孕育处理后,还可以使铸铁对冷却速度的敏感性显著减小,使铸件各部分都能得到比较均匀一致的组织和性能,故适用于制造机械性能要求较高、截面尺寸变化较大的大型铸件。

2.2.3　灰口铸铁的热处理

　　热处理只能改变灰口铸铁的基体组织,不能改变石墨的形状和分布状况,这对提高灰口铸铁力学性能的效果不大。故灰铸铁的热处理工艺仅有退火、表面淬火等。

　　热处理只能改变基体组织,不能消除片状石墨的有害作用,故铸铁的热处理不如钢的应用广泛。常见的灰口铸铁热处理方法有以下几种。

　　(1)去应力退火

　　将铸件加热到 500 ~ 600 ℃,保温一段时间,然后随炉冷却至 150 ~ 200 ℃后出炉。其目的是消除铸造内应力,防止铸件产生变形。

　　(2)改善切削加工性的退火

　　铸件的表面以及薄壁处,由于冷却速度较快(特别是采用金属型铸造时)易出现白口组织,使铸件的硬度和脆性增加,不易进行切削加工。为了降低硬度,改善切削加工性,可将铸件加热到 850 ~ 950 ℃,保温 2 ~ 5 h,然后随炉冷却至 400 ~ 500 ℃,出炉后在空气中冷却。

　　(3)表面淬火

　　为了提高铸件的表面硬度和耐磨性,如机床导轨面和内燃机气缸套内壁,可进行表面淬火。表面淬火可采用火焰加热、感应加热或电接触加热等。

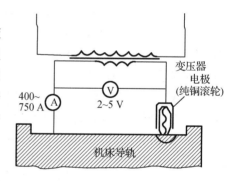

图 5 – 19　机床导轨点接触电加热表面淬火示意图

　　图 5 – 19 为机床导轨电接触加热原理示意图。其原理是用电极(如紫铜滚轮等)与工件紧密接触,通以低压、强电流,利用电极与工件接触处的电阻热,将工件表面迅速加热,并使电极以一定速度移动,于是被加热的表面,由于工件本身的导热而迅速冷却,达到表面淬火的目的。淬硬层的深度可达 0.20 ~ 0.30 mm,硬度可达 HRC 59 ~ 61。这种表面淬火法的变形小,设备简单,操作容易,故近年来应用日益广泛,可使机床导轨的寿命提高约 1.5 倍。

2.3　可锻铸铁

　　可锻铸铁中石墨呈团絮状(图 5 – 20)。由于石墨形状有较大程度改善,数量也较少,因此减弱了石墨对基体组织的割裂作用,使机械性能显著提高。"可锻"仅说明它比灰口铸铁有较好的塑性,但实际上所有铸铁都是不能锻造的。

可锻铸铁是白口铸铁经过石墨化退火或脱碳处理而获得的。根据其生产工艺不同，又可分为黑心可锻铸铁、珠光体可锻铸铁和白心可锻铸铁三种。

2.3.1 黑心可锻铸铁

黑心可锻铸铁是白口铸铁在中性气氛中进行充分的石墨化退火，使渗碳体分解成团絮状石墨和铁素体，断口呈黑色，并带有灰色外圈，故得名。其生产过程可分为以下两个步骤。

1. 先浇注成白口铸铁件

铁水成分通常为：2.2% ~ 2.8% C，1.2% ~ 2.0% Si，0.4% ~ 1.2% Mn，P≤0.1% 和 S≤0.2%。其中关键是掌握好铁水中的碳、硅含量，如碳、硅含量过高，一旦有片状石

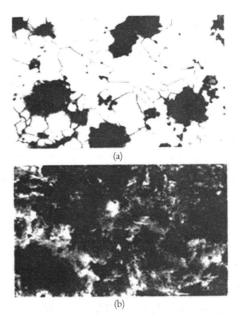

图 5－20 可锻铸铁的显微组织（200×）

（a）铁素体可锻铸铁；（b）珠光体可锻铸铁

墨形成，则在随后的退火过程中，从渗碳体分解出来的石墨沿着原来的片状石墨结晶，将得不到团絮状石墨；如碳、硅含量过低，会延长退火时间，降低生产率。

2. 进行石墨化退火

图 5－21 为可锻铸铁的石墨化退火工艺曲线。将白口铸铁加热到 900 ~ 980 ℃，经长时间保温，使渗碳体分解成奥氏体和团絮状石墨。当冷却到共析转变温度范围（720 ~ 760 ℃）时，以极缓慢的速度冷却（图中实线所示），使奥氏体分解为铁素体和团絮状石墨，或者冷却到略低于共析温度作长时间保温（图中虚线所示），使珠光体分解为铁素体和团絮状石墨，最后得到黑心可锻铸铁（图中曲线①）。

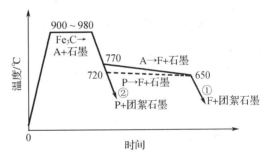

图 5－21 可锻铸铁的石墨化退火工艺

2.3.2 珠光体可锻铸铁

珠光体可锻铸铁与黑心可锻铸铁一样，也是白口铸铁在中性气氛中进行石墨化退火。所不同的是珠光体可锻铸铁不进行共析转变温度范围的石墨化，得到的组织是团絮状石墨和珠光体。具体的生产方法有两种：一是把铁素体可锻铸铁重新加热到共析转变温度，保温后以较快冷却速度通过共析转变温度范围，使奥氏体转变为珠光体；二是由白口铸铁经900 ~ 980 ℃阶段石墨化后，以较快的冷却速度，通过共析转变温度范围（图中曲线②）。在实际生产中，为了稳定珠光体，应适当提高铸件的含锰量，减少碳、硅含量，必要时可加入 Sn，Cr，V，Mo 等合金元素。

2.3.3　白心可锻铸铁

白心可锻铸铁是白口铸铁在氧化性气氛中退火,而获得表面几乎全部脱碳的可锻铸铁。

由于脱碳的结果,其断面呈银白色而得名。显微组织因断面各部分脱碳程度不同而有所区别,在深度为 1.5 ~ 2 mm 表面层完全脱碳,得到铁素体组织,中间层为铁素体 + 团絮状石墨,心部区为珠光体 + 团絮状石墨。

可锻铸铁牌号由"KTH","KTZ","KTB"和两组数字组成。其中"KTH"表示黑心可锻铸铁,"KTZ"表示珠光体可锻铸铁,"KTB"表示白心可锻铸铁。第一组数字表示最低抗拉强度(σ_b),第二组数字表示最低伸长率(δ)。

可锻铸铁具有较好的冲击韧性和耐蚀性,适用于制造形状复杂、承受冲击的薄壁铸件,铸件壁厚一般不超过 25 mm,否则会造成退火时间过长,甚至无法保证铸件质量;也适用于在潮湿空气、炉气和水等介质中工作的零件,如管接头,阀门等。因为可锻铸铁生产周期长、工艺复杂,它的应用和发展受到一定限制,某些传统的可锻铸铁零件,已逐渐被球墨铸铁所代替。可锻铸铁的牌号、力学性能及用途,如表 5 - 19 所示。

表 5 - 19　可锻铸铁的牌号、力学性能和用途

类别	牌号	试样直径 D/mm	力学性能				用途举例
			σ_b/MPa	$\sigma_{0.2}$/MPa	δ/%	HBW	
铁素体（黑心）可锻铸铁	KTH300 - 06	15	300	—	6	<150	水暖管件、汽车后桥壳、支架、钢丝绳扎头、扳手、农机上的犁刀、犁铧等
	KTH330 - 08	15	330	—	8	<150	
	KTH350 - 10	15	350	200	10	<50	
	KTH370 - 12	15	370	—	12	<150	
珠光体可锻铸铁	KTZ450 - 06	15	450	270	6	150 ~ 200	曲轴、连杆、齿轮、活塞环、扳手、矿车轮、凸轮轴、传动链条、万向接头
	KTZ550 - 04	15	550	340	4	180 ~ 230	
	KTZ650 - 02	15	650	430	2	210 ~ 260	
	KTZ700 - 02	15	700	530	2	240 ~ 290	

2.4　球墨铸铁

球墨铸铁中石墨呈球状(图 5 - 22)。球状石墨对基体组织的割裂程度进一步减弱,基体强度的利用率可达 70% ~ 90%。而灰口铸铁中基体强度的利用率仅 30% ~ 50%。球墨铸铁的机械性能除了与基体组织类型有关外,主要决定于球状石墨的形状、大小和分布。一般地说,石墨球越圆、球的直径愈小、分布愈均匀,则球墨铸铁的机械性能愈高。以铁素体为基体的球墨铸铁强度较低,塑性、韧性较高;以珠光体为基体的球墨铸铁强度

高,耐磨性好,但塑性、韧性较低。

球墨铸铁是在灰口铸铁成分的铁水中加入球化剂和墨化剂制成的。球化剂(稀土 – 镁合金等)的作用是使石墨球化,但会阻碍石墨析出,因此还必须加入墨化剂(硅铁、硅钙合金等),防止铸铁产生白口组织。例如,某厂采用冲入法球化处理,先在容量为 1t 的铁水包底部修筑小堤坝,两边分别放稀土 – 镁合金、硅铁粉(上置压铁板)和苏打粉(起脱硫作用),然后分两次出铁水,第一次出铁水 500 ~ 600 kg,第二次再出铁水 400 ~ 500 kg,并把墨化剂(硅铁)放在冲天炉出铁槽中,一起冲入铁水包中。

球墨铸铁牌号由"QT"("球"、"铁"两字的汉语拼音字首)和两组数字组成,前一组数字表示最低抗拉强度(σ_b),后一组数字表示最低伸长率(δ)。球墨铸铁的牌号、力学性能及用途,如表5 – 20所示。

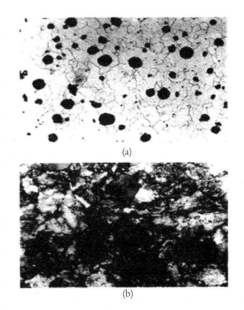

图 5 – 22 球墨铸铁的显微组织
(a)铁素体其体球墨铸件(150 ×);
(b)珠光体基体球墨铸铁(200 ×)

表 5 – 20 球墨铸铁的牌号、力学性能及用途

类别	牌号	力学性能					用途举例
		σ_b/MPa	$\sigma_{0.2}$/MPa	δ/%	A_{KV}/J	HBW	
铁素体球墨铸铁	QT400 – 18	400	250	18	14	130 ~ 180	气缸、后桥壳、机架、变速箱壳
	QT450 – 10	450	310	10	—	160 ~ 210	
珠光体 + 铁素体球墨铸铁	QT600 – 3	600	370	3	—	190 ~ 270	曲轴、连杆、凸轮轴、气缸套、矿车轮
珠光体球墨铸铁	QT 700 – 2	700	420	2	—	225 ~ 305	
	QT800 – 2	800	480	2	—	245 ~ 335	

球墨铸铁可进行热处理,如退火、正火、调质和等温淬火等,以改变金属基体组织,并显著提高其机械性能。例如,球墨铸铁曲轴采用 QT 700 – 2,为了提高基体组织中珠光体的含量和细化珠光体,以提高其强度和耐磨性,必须进行正火处理,然后再重新加热到 500 ~ 600 ℃后空冷,以减少内应力。又如 QT900 – 2 是经等温淬火获得的超高强度球墨铸铁,具体热处理工艺是将铸件加热到 850 ~ 900 ℃,经适当保温后,立即放到 250 ~ 350 ℃的等温槽中,保温 60 ~ 90 min,然后取出空冷,等温淬火后一般不再进行回火。球墨铸铁经等温淬火后,不仅具有高的综合机械性能,而且能增加耐磨性。对于形状复杂的铸件,等温淬火可以有效地防止变形和开裂。由于等温槽的冷却能力有限,等温淬火

仅适用于截面尺寸不大的零件。

球墨铸铁兼有钢的高强度和灰口铸铁的优良铸造性能,是一种有发展前途的铸造合金,目前已成功地代替了一部分可锻铸铁、铸钢件和锻钢件,用来制造受力复杂、机械性能要求高的铸件。但是,球墨铸铁对原铁水成分要求较严,对熔炼工艺和铸造工艺要求较高,有待进一步改进。

2.5　合金铸铁

随着生产的发展,对铸铁不仅要求具有较高的机械性能,而且有时还要求具有某些特殊性能。如耐磨性、耐热性和耐蚀性等。为此,在熔炼铸铁时有意识地加入一些合金元素,制成合金铸铁(或称特殊性能铸铁)。合金铸铁与合金钢比较,熔炼简便,成本低廉,基本上能满足特殊性能的要求,但机械性能较低,脆性较大。

常用的合金铸铁有耐磨铸铁、耐热铸铁和耐蚀铸铁。

2.5.1　耐磨铸铁

在无润滑的干摩擦条件下工作的零件应具有均匀的高硬度组织。白口铸铁是较好的耐磨铸铁,但脆性大,不能承受冲击载荷。生产中常采用冷硬铸铁(或称激冷铸铁),即采用金属型铸模铸造表面,使铸件形成耐磨的表层组织,而其他部位采用砂型铸造,同时适当调整铁水化学成分(如减少含硅量),保证白口层的深度,而心部为灰口组织。冷硬铸铁常用于制造轧辊和货车车轮等。近年来我国又试制成功一种具有较好冲击韧性和强度的中锰球墨铸铁,即在稀土镁球墨铸铁中加入 5.0% ~ 9.5% Mn,含 Si 量控制在 3.3% ~ 5.0%,并适当调整冷却速度,使铸铁基体获得马氏体 + 大量残余奥氏体 + 渗碳体,具有高的耐磨性,适用于制造农机用耙片、犁铧,饲料粉碎机锤片,球磨机磨球、衬板、煤粉机锤头等。

在润滑条件下工作的耐磨铸铁,其组织应为软基体上分布有硬的组织组成物,使软基体磨损后形成沟槽,确保形成油膜。珠光体灰口铸铁基本上能满足这样的要求,其中铁素体为软基体,渗碳体层片为硬的组织组成物,而石墨片起储油和润滑作用。为了进一步改善珠光体灰口铸铁的耐磨性,通常将含磷量提高到 0.4% ~ 0.6%,做成高磷铸铁。磷化铁可与珠光体或铁素体形成高硬度的组织组成物,可显著提高耐磨性。由于普通高磷铸铁的强度和韧性较差,需在其中加入铬、钼、钨、铜、钛、钒等合金元素,做成合金高磷铸铁,用于制造机床床身、气缸套、活塞环等。此外,还有钒钛耐磨铸铁、铬钼铜耐磨铸铁、硼耐磨铸铁等。

2.5.2　耐热铸铁

在高温下工作的铸件,如炉衬板、换热器、坩埚、炉内运输链条和钢锭模等,要求有良好的耐热性,应采用耐热铸铁。

铸铁的耐热性主要指它在高温下抗氧化和抗热生长的能力。灰口铸铁在高温下表面易氧化烧损,同时氧化性气体沿石墨片的边界渗入内部,造成内部氧化,以及渗碳体分解成石墨,使体积增大,即所谓"热生长"。为了提高铸铁的耐热性,可在铸铁中加入硅、铝、铬等元素,在铸件表面形成一层致密的氧化物,如 SiO_2,Al_2O_3,Cr_2O_3 等,保护内部不继续氧化。此外,这些元素还会提高铸铁的临界点,使铸铁在使用温度范围内不发生固态相变,以减少因体积变化而产生裂纹。耐热铸铁最好是单相铁素体基体,受热时不会发生渗碳体分解。石墨最好呈孤立分布的球状,以防止氧化性气体渗入铸铁内部。

常用的耐热铸铁有中硅球墨铸铁(含硅量为 5.0% ~6.0%)、高铝球墨铸铁(含铝量为 21% ~24%)、铝硅球墨铸铁(含铝量为 4.0% ~5.0%,含硅量为 4.4% ~5.4%)和高铬耐热铸铁(含铬量为 32% ~36%)等。

2.5.3 耐蚀铸铁

耐蚀铸铁是指在腐蚀性介质中工作时具有耐蚀能力的铸铁。目前应用最广泛的是高硅耐蚀铸铁,其中含硅量高达 14% ~18%,在含氧酸(如硝酸、硫酸等)中的耐蚀性能不亚于 1Cr18Ni9 不锈钢,而在碱性介质或盐酸中,由于表面 SiO_2 保护膜遭到破坏,会使耐蚀性下降。为改善高硅耐蚀铸铁在碱性介质中的耐蚀性,可在铸铁中加入 6.5% ~8.5% 铜;为改善在盐酸中的耐蚀性,加入 2.5% ~4.0% 钼。此外,为提高高硅耐蚀铸铁的机械性能,还可以在铸铁中加入微量的硼和进行球化处理。

任务三 有色金属及其合金的选用

任务描述:随着现代工业的发展,有色金属及其合金的使用量也越来越大,同时对有色金属及其合金使用性能方面提出了更高的要求。本任务就是通过学习有色金属及其合金的化学成分、组织特性、热处理方式、牌号、选用标准,最终获得有色金属及其合金的选用能力。

知识目标:了解有色金属及其合金的分类、性能及用途。掌握选用标准及使用范围等。

能力目标:掌握有色金属及其合金的选用、分类、牌号,掌握各种有色金属及其合金的主要化学成分、性能、用途。掌握其特性和适用范围及选用标准。

知识链接:铝及铝合金;铜及铜合金;其他有色金属合金。

钢铁通常称为黑色金属,而其他金属及其合金(如铝、铜、钛……)统称为有色金属。由于有色金属比黑色金属具有某些独特的性能,因此在工业上也得到了广泛的应用。但因有色金属一般价格较贵,选择材料时应尽量做到物尽其用,节约使用。有色金属种类较多,本章只介绍常用的铝、铜、钛及轴承合金。

3.1 铝及铝合金

3.1.1 工业纯铝

铝是储量最多的元素,铝的主要特点是比重小,约为铁的 1/3;导电、导热性较好,仅次于金、银和铜;塑性好($\psi=80\%$),能通过冷、热变形制成各种型材;抗大气腐蚀性好。

铝的抗拉强度低($\sigma_b=80\sim100$ MPa),经加工硬化后强度可提高到 $\sigma_b=150\sim250$ MPa,但塑性下降到 $\psi=50\%\sim60\%$。

工业纯铝常含有铁、硅等杂质,含杂质的数量愈高,其导电、导热及抗大气腐蚀性愈低。

根据以上特点,工业纯铝主要用来制造电线、散热器等要求耐蚀而强度要求不高的零件以及生活用具等。

我国工业纯铝的牌号是根据其杂质的含量来编制的,如 L1,L2……(L 是铝的汉语拼音首字母),其后的顺序数字愈大,纯度愈低。对于含铝量在 99.7% 以上的高纯铝,用牌号 LG1 ~ LG5 表示,顺序数字愈大,其纯度愈高,如 LG5 的含铝量不小于 99.99%。

3.1.2　铝合金

铝与硅、铜、镁、锰等元素所配制成的合金称为铝合金。它比纯铝具有较高的强度,而且某些铝合金还可以通过热处理进一步提高其强度。

许多元素在固态时都能与铝形成有限固溶体,其合金相图大都为共晶相图。

根据铝合金的成分及生产工艺特点,可分为变形铝合金和铸造铝合金,见表 5 – 21。

表 5 –21　铝合金的主要牌号(新、旧标准对照)、名称、性能特点

新牌号 (GB/T 3190—1996)	旧牌号 (GB/T 3190—1982)	名称	性能特点
1A99	LG5	高纯铝	导电性、导热性较好,强度低,塑性高,在大气中耐蚀性好
1A93	LG3		
2A11	LY11	硬铝	耐腐蚀性差,强度高
2A12	LY12		
2A50	LD5	锻铝	锻造性能和耐热性能好
2A70	LD7		
3A21	LF21	防锈铝	耐蚀性、压力加工性能、焊接性能好,但强度较低
5A05	LF5		
7A03	LC3	超硬铝	室温强度很高,耐蚀性差
7A04	LC4		
ZAlSi7Mg(ZL101)	101 号铸铝(ZL101)	简单铝硅合金	铸造性好,力学性能差
ZAlSi5Cu1Mg(ZL105)	105 号铸铝(ZL105)	特殊铝硅合金	铸造性较好,力学性能较高,可热处理强化
ZAlSi7Cu4(ZL107)	107 号铸铝(ZL107)		
ZAlCu5Mn(ZL201)	201 号铸铝(ZL201)	铝铜铸造合金	耐热性好,铸造性、耐蚀性差
ZAlMg10(ZL301)	301 号铸铝(ZL301)	铝镁铸造合金	耐蚀性好,力学性能一般
ZAlSn11Si7(ZL401)	401 号铸铝(ZL401)	铝锌铸造合金	适宜压铸,能自动淬火

铝合金的密度小,熔点低,导电、导热性不如纯铝。通过冷成型和热处理,其抗拉强度可达到 500 ~ 600 MPa,具有较高的比强度。

1. 铝合金分类

铝合金分为变形铝合金和铸造铝合金两类。当加热至高温时能形成单相固溶体组织,塑性较高,适于压力加工的,称为加工铝合金,又称为变形铝合金;含有共晶组织,液态流动性较高,适于铸造的,称为铸造铝合金。

（1）变形铝合金

变形铝合金分为防锈铝合金、硬铝合金、超硬铝合金、锻铝合金、特殊铝合金等。按新国标 GB/T 16474《变形铝及铝合金牌号表示法》和 GB/T 3190《变形铝及铝合金化学成分》规定,变形铝合金防锈铝牌号用 4 位字符体系表示,具体表示如表 5 – 22 所示。

表 5 – 22　变形铝及铝合金数字代号

数字代号	铝及铝合金
1 × × ×	铝的质量分数不少于 99%
2 × × ×	铝 – 铜合金
3 × × ×	铝 – 锰合金
4 × × ×	铝 – 硅合金
5 × × ×	铝 – 镁合金
6 × × ×	铝 – 镁 – 硅合金
7 × × ×	铝 – 锌合金
8 × × ×	铝 – 其他元素合金
9 × × ×	备用

牌号中的第一位数字为组别;第二位数字若为"A",则为原始铝合金,若为"B"~"Y"中的一个字母,则为改型铝合金;第三、四位数字表示同一组别中的不同铝合金。

① 防锈铝合金——防锈铝合金主要是 Al – Mn 系合金和 Al – Mg 系合金。其性能特点是塑性及焊接性能好,耐腐蚀,常用于制造各种高耐蚀性的薄板容器、防锈蒙皮等。典型牌号有 3A21,5A05 等。

② 硬铝合金——硬铝合金是 Al – Cu – Mg 系合金,是一种应用较广的可热处理强化的铝合金。通过淬火其强度 σ_b 可达 420 MPa,但其耐蚀性差。2A12 广泛用于制造飞机翼肋、翼架等结构受力件。

③ 超硬铝合金——超硬铝合金属于 Al – Zn – Mg – Cu 系合金,并有少量 Cr 和 Mn。超硬铝合金时效强化效果好,强度最高,σ_b 可达 600 MPa。目前应用最广的是 7A04,常用于制造飞机上受力大的结构零件,如起落架、大梁等。

④ 锻铝合金——锻铝合金包括 Al – Mg – Si – Cu 系和 Al – Cu – Mg – Ti 系两类合金。锻铝合金具有良好的热塑性和锻造性能,力学性能与硬铝相似,适宜锻造。主要用于航空及仪表工业中各种形状复杂的锻件或模锻件,如叶轮、框架、支杆等。

（2）铸造铝合金

铸造铝合金分为 Al – Si 系、Al – Cu 系、Al – Mg 系和 Al – Zn 系 4 种合金。合金代号用"铸铝"两字汉语拼音首字母"ZL"后跟 3 位数字表示。第一位数表示合金系列,1 为

Al – Si 系合金,2 为 Al – Cu 系合金,3 为 Al – Mg 系合金,4 为 Al – Zn 系合金;第二、三位数表示合金的顺序号。例如,ZL201 表示 1 号铝铜系铸造铝合金,ZL107 表示 7 号铝硅系铸造铝合金。

① 铸造铝硅合金——Al – Si 系铝合金又称硅铝明,其中 ZL102 称为简单硅铝明,含 Si 量 11% ~13%,铸造性能好、密度小、抗蚀性、耐热性、焊接性也相当好,但强度低,只适用于制造形状复杂但对强度要求不高的铸件,如仪表壳体等。

若在 ZL102 中加入适当合金元素 Cu,Mg,Mn,Ni 等,称为特殊硅铝明,经淬火时效或变质处理后强度显著地提高。由于特殊硅铝明具有良好的铸造性和较高的抗蚀性及足够的强度,在工业上应用十分广泛。例如 ZL108,ZL109 是目前常用的铸造铝活塞的材料。

② 铸造铝铜合金——Al – Cu 合金的强度较高,耐热性好,但铸造性能不好,有热裂和疏松倾向,耐蚀性较差。

③ 铸造铝镁合金——Al – Mg 合金(ZL301,ZL302)强度高,比重小(约为 2.55),有良好的耐蚀性,但铸造性能不好,耐热性低,多用于制造承受冲击载荷、在腐蚀性介质中工作的零件,如舰船配件、氨用泵体等。

④ 铸造铝锌合金——Al – Zn 合金(ZL401,ZL402)价格便宜,铸造性能优良,经变质处理和时效处理后强度较高,但抗蚀性差,热裂倾向大,常用于制造汽车、拖拉机的发动机零件及形状复杂的仪器零件,也可用于制造日用品。

铸造铝合金的铸件,由于形状较复杂,组织粗糙,化合物粗大,并有严重的偏析,因此它的热处理与变形铝合金相比,淬火温度应高一些,加热保温时间要长一些,以使粗大析出物完全溶解并使固溶体成分均匀化。淬火一般用水冷方式。

2. 提高铝合金强度的主要途径

提高铝合金强度的主要途径有以下几种。

(1) 固溶强化

在纯铝中加入合金元素,形成铝基固溶体,造成晶格畸变,阻碍了位错的运动,起到固溶强化的作用,可使其强度提高。Al – Cu,Al – Mg,Al – Si,Al – Zn,Al – Mn 等二元合金一般都能形成有限固溶体。若能形成无限固溶体或高浓度的固溶体型合金,不仅能获得更高的强度,而且还能获得更优良的塑性与更良好的压力加工性能。

(2) 时效强化

将适于热处理的合金加热到固态溶解度线以上某一温度,获得单相固溶体 α,然后水冷(淬火)获得过饱和固溶体 α 称为固溶处理。这种过饱和固溶体是不稳定的,在室温放置或在低于固溶度线某一温度下加热时,其强度和硬度随时间延长而增高,塑性、韧性降低,这个过程称为时效。在时效过程中,铝合金的强度、硬度增高的现象称为时效强化。室温下进行的时效称为自然时效,人工加热条件下进行的时效称为人工时效。

(3) 细晶强化

铝合金在浇注前进行变质处理,即在浇铸前向合金注液中加入变质剂,可有效地细化晶粒,从而提高合金强度,称为细化晶粒强化,简称细晶强化。对于变形铝合金,常用的变质剂有 Ti,B,Nb,Zr 等元素,它们所起的作用就是形成外来晶核,细化铝合金的晶粒。对于铸造铝合金(如硅铝明),若在浇注前加入一定量的变质剂(常用钠盐混合物:

2/3NaF + 1/3NaCl），可以增加结晶晶核，得到细小均匀的组织，显著地提高合金的强度和塑性。

（4）过剩相强化

如果铝中加入合金元素的数量超过了极限溶解度，则在固溶处理加热时，就有一部分不能溶入固溶体，出现第二相，第二相称为过剩相。这些过剩相通常是硬而脆的金属化合物，它们在合金中阻碍位错运动，使铝合金强度、硬度提高，这种强化作用称为过剩相强化。在生产中常常采用这种方式来强化铸造铝合金和耐热铝合金；但过剩相太多，反会造成铝合金强度降低，并且使铝合金变脆。

3.2 铜及铜合金

铜的相对密度为 8.96，熔点为 1 083 ℃。铜的导电性、导热性极佳，抗腐蚀力强，塑性很好，外形美观；铸造铜合金铸造性能不错；青铜及部分黄铜具有优良的减磨性和耐磨性；铍青铜等有较高的弹性极限及疲劳极限等。以上优良的性能，使得铜及铜合金在电气仪表、造船及机械制造业中获得了广泛的应用。但铜储藏量较小，价格较贵，需节约使用。

3.2.1 纯铜（紫铜）

1. 纯铜的性质

纯铜是玫瑰红色金属，表面形成氧化铜膜后，外观呈紫红色，故常称为紫铜。纯铜强度低，价格昂贵，不宜直接用于结构材料，主要用于制作电工导体以及配制各种铜合金。

工业纯铜中含有锡、铋、氧、硫、磷等杂质，它们都使铜的导电性能下降。铅和铋易使铜发生脆性断裂（热裂），硫、氧易使铜在冷加工时发生脆裂（冷脆）。

2. 纯铜的牌号

工业纯铜分未加工产品和加工产品两种。未加工产品代号有 Cu - 1 和 Cu - 2 两种。根据杂质的含量不同，加工产品分为 T1，T2，T3 三种。"T"为"铜"的汉语拼音首字母，后跟数字编号越大，其纯度越低。工业纯铜的牌号、成分及用途如表 5 - 23 所示。

表 5 - 23 工业纯铜加工产品的牌号、成分及用途

| 类别 | 牌号 | 含铜量 /% | 杂质/% | | 杂质总量/% | 用途 |
			Bi	Pb		
一号铜	T1	99.95	0.002	0.005	0.05	导电材料和配制高纯度合金
二号铜	T2	99.90	0.002	0.005	0.1	导电材料，制作电线、电缆等
三号铜	T3	99.70	0.002	0.01	0.3	一般用铜材、电气开关、垫圈、铆钉、油管等
四号铜	T4	99.50	0.003	0.05	0.5	同上

除工业纯铜外，还有一类纯铜称为无氧铜，其含氧量极低，牌号有 TU0，TU1，TU2，主要用于制作电真空器件及高导电性铜线，这种铜导线能抵抗氢的作用，不至于发生氢脆现象。

3.2.2　黄铜

以锌为主要合金元素,含锌量为 50% 的铜锌合金称为黄铜。黄铜具有良好的塑性、耐腐蚀性、变形加工性能和铸造性能,所以,应用较为广泛。黄铜可分为普通黄铜和特殊黄铜两大类。

1. 普通黄铜

普通黄铜是铜锌二元合金,分为单相黄铜和双相黄铜两种类型。常用的单相黄铜牌号有 H80,H70,H68 等(数字表示平均含铜量),单相黄铜塑性很好,可进行冷、热压力加工,适于制作冷轧板材、冷拉线材、管材及形状复杂的深冲零件。常用双相黄铜的牌号有 H62,H59 等,适宜热轧成棒材、板材,再经机加工制造各种零件。

2. 特殊黄铜

为了获得更高的强度、耐蚀性和良好的铸造性能,在铜锌合金中加入铝、铁、硅、锰、镍等元素,形成各种特殊黄铜。其编号方法是:H + 主加元素符号 + 铜含量 + 主加元素含量。例如,HPb60 - 1 表示平均成分为 60% Cu,1% Pb,余为 Zn 的铅黄铜。表 5 - 24 所示为常见黄铜的牌号、化学成分、力学性能及用途。

3.2.3　青铜

青铜包含锡青铜、铝青铜、铍青铜和硅青铜等,可分为压力加工青铜(以青铜加工产品供应)和铸造青铜两类。青铜的编号规则是:Q + 主加元素符号 + 主加元素含量 + (其他元素含量)。例如,QSn4 - 3 表示成分为 4% Sn,3% Zn,其余为铜的锡青铜。铸造青铜编号前加"Z"。

表 5 - 24　常见黄铜牌号、力学性能及用途

类别	牌号	化学成分/%		状态	力学性能			用途
		Cu	其他		σ_b/MPa	δ/%	HBS	
黄铜	H96	95.0 ~ 97.0	Zn:余量	TL	240 ~ 450	50 ~ 2	45 ~ 120	冷凝管、散热器管及导电零件
	H62	60.5 ~ 63.5	Zn:余量	TL	330 ~ 660	49 ~ 3	56 ~ 164	铆钉、螺帽、垫圈、散热器零件
特殊黄铜	HPb59 - 1	57.0 ~ 60.0	Pb:0.8 ~ 0.9 Zn:余量	TL	420 ~ 550	45 ~ 5	75 ~ 149	用于热冲压和切削加工制作的各种零件
	HMn58 - 2	57.0 ~ 60.0	Mn:1.0 ~ 2.0 Zn:余量	TL	400 ~ 700	40 ~ 10	90 ~ 178	腐蚀条件下工作的重要零件和弱电流工业零件
	HSn90 - 1	88.0 ~ 91.0	Sn:0.2 ~ 0.75 Zn:余量	TL	280 ~ 520	40 ~ 4	58 ~ 148	汽车、拖拉机弹性套管及其他耐蚀减磨零件

表 5 - 24（续）

类别	牌号	化学成分/%		状态	力学性能			用途
		Cu	其他		σ_b/MPa	δ/%	HBS	
铸造黄铜	ZCuZn38	60.0 ~ 63.0	Zn:余量	SJ	295 ~ 395	30 ~ 20	59 ~ 69	一般结构件及耐蚀零件,法兰、阀座、支架等
	ZCuZn31Al2	66.0 ~ 68.0	Al:2.0 ~ 3.0 Zn:余量	SJ	295 ~ 390	15 ~ 10	79 ~ 89	电机、仪表等压铸件及船舶、机械中的耐蚀件
	ZCuZn38Mn2Pb2	57.0 ~ 60.0	Mn:1.5 ~ 2.5 Pb:1.5 ~ 2.5 Zn:余量	SJ	245 ~ 345	14 ~ 10	69 ~ 79	一般用途结构件,船舶仪表等使用的外形简单的铸件,如套筒、轴瓦等
	ZCuZn16Si4	79.0 ~ 81.0	Si:2.5 ~ 4.5 Zn:余量	SJ	345 ~ 390	20 ~ 15	89 ~ 98	船舶零件、内燃机零件,在气、水、油中的铸件

表中符号的意义:T——退火状态;L——冷变形状态;S——砂型铸造;J——金属型铸造

1. 锡青铜

锡青铜是最常用的有色铜合金之一,其机械性能与含锡量有关,工业上用的锡青铜的含锡量一般为 3% ~ 14%,Sn 含量 <5% 时宜于冷加工使用,含锡量 5% ~ 7% 时宜热加工,含 Sn 量大于 10% 的锡青铜适合铸造。

2. 铝青铜

以铝为主要合金元素的铜合金称为铝青铜。铝青铜的强度和耐蚀性能比黄铜和锡青铜还高,它是锡青铜的代用品,常用来制造弹簧、船舶零件等。

3. 铍青铜

以铍为主要合金元素的铜合金称为铍青铜,是极其珍贵的金属材料,热处理强化后的抗拉强度可高达 1 250 ~ 1 500 MPa,硬度达 HBW 350 ~ 400,因此常用来制造各种重要弹性元件、耐磨零件。铍青铜具有高强度、高硬度、高弹性、耐磨、耐疲劳、耐腐蚀等特点。表 5 - 25 所示为常用青铜的牌号、成分、力学性能和主要用途。

表 5 - 25　常用青铜牌号、力学性能及用途

类别	牌号	化学成分/%		状态	力学性能			用途
		主加元素	其他		σ_b/MPa	δ/%	HBS	
锡青铜	QSn4 - 3	Sn:3.5 ~ 4.5	Zn:2.7 ~ 3.7 Cu:其余	TL	350 ~ 550	40 ~ 4	60 ~ 160	弹性元件、化工设备的耐蚀零件、抗磁零件、造纸工业用刮刀

表 5 – 25　常用青铜牌号、力学性能及用途

类别	牌号	化学成分/%		状态	力学性能			用途
		主加元素	其他		σ_b/MPa	δ/%	HBS	
锡青铜	QSn7 – 0.2	Sn:6.0 ~ 8.0	P:0.1 ~ 0.25 Cu:其余	TL	360 ~ 500	64 ~ 15	75 ~ 180	中等负荷、中等滑动速度下承受摩擦的零件,如抗摩擦的零件、抗磨垫圈、轴套、蜗轮等
	ZCuSn5Pb5Zn5	Sn:4.0 ~ 6.0	Zn:4.0 ~ 6.0 Pb:4.0 ~ 6.0 Cu:其余	SJ	180 ~ 200	10 ~ 8	59 ~ 64	在较高负荷、中等转速下工作的耐磨、耐蚀零件,如轴瓦、衬套、离合器等
	ZCuSn10P1	Sn:9.0 ~ 11.0	P:0.5 ~ 1.0 Cu:其余	SJ	220 ~ 250	5 ~ 3	79 ~ 89	在高负荷和高转速下工作的耐磨零件,如轴瓦等
铅青铜	ZCuPb30	Pb:27. ~ 33.0	Cu:其余	J			25	要求高转速的双金属轴瓦减磨零件
	ZCuPb15Sn8	Sn:7.0 ~ 9.0 Pb:13. ~ 17.0	Cu:其余	SJ	170 ~ 200	8 ~ 6	59 ~ 64	冷轧机的铜冷却管、冷冲击的双金属轴承等
铝青铜	ZCuAl9Mn2	Al:8.5 ~ 10.0 Mn:1.5 ~ 2.5	Cu:其余	SJ	390 ~ 440	20 ~ 10	83 ~ 93	耐磨、耐蚀零件,形状简单的大型铸件和要求气密性高的铸件
	ZCuAl9Fe4 Ni4Mn2	Ni:4.0 ~ 5.0 Al:8.5 ~ 10.0 Fe:4.0 ~ 5.0	Mn:0.8 ~ 2.5 Cu:其余	S	630	16	157	要求强度高、耐蚀性好的重要铸件,可用于制造轴承、齿轮、蜗轮、阀体等
铍青铜	QBe2	Be:1.9 ~ 2.2	Ni:0.2 ~ 0.5 Cu:其余	TL	500 ~ 850	40 ~ 4	90 ~ 250	用于重要的弹簧及弹性元件,高速、高压、高温下工作的轴承

表中符号的意义:T——退火状态;L——冷变形状态;S——砂型铸造;J——金属型铸造

3.3 其他有色金属合金

3.3.1 滑动轴承合金

1. 滑动轴承合金的性能要求及牌号

滑动轴承合金是指用于制造滑动轴承轴瓦及内衬的材料。滑动轴承在工作时承受较大的交变载荷,温度高、磨损大,故对于用作轴承的合金有很高要求。为此,轴承合金应该是在软基体上分布着硬质点的合金,如图5 – 23所示;或者在硬基体上分布着软质点的合金。当机器运转时,软基体受磨损而凹陷,硬质点就凸出于

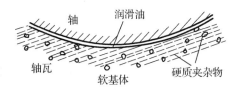

图5 – 23 软基体硬质点轴瓦与轴的分界面

基体上,减小轴与轴瓦间的摩擦系数,同时使外来硬物能嵌入基体中,使轴颈不被擦伤。软基体能承受冲击和振动,并使轴与轴瓦很好地磨合。采取硬基体上分布软质点,也可达到上述目的。

工业上应用的轴承合金种类很多,常用轴承合金按主要化学成分可分为锡基、铅基、铝基和铜基等,前两种称为巴氏合金。GB/T 1174规定其编号方法为:Z + 基体元素(锡或铝) + 主加元素(锑等) + 主加元素含量 + 辅加元素 + 辅加元素量。其中"Z"是"铸造"汉语拼音首字母。例如,ZSnSb11Cu6表示含11.0%Sb,6%Cu,其余为锡的锡基轴承合金。

2. 滑动轴承合金的主要类型

(1)锡基轴承合金(锡基巴氏合金)

锡基轴承合金是一种软基体上分布硬质点类型的轴承合金,以锡、锑为主加元素,并加入少量其他元素。常用的牌号有ZSnSb11Cu6,ZSnSb8Cu4,ZSnSb4Cu4等。锡基轴承合金摩擦系数小,线膨胀系数小,具有良好的磨合性、抗咬合性、耐蚀性,浇注性能也很好,普遍用于浇注汽车发动机、气体压缩机、汽轮机、涡轮机等的轴承和轴瓦。其缺点是疲劳强度不高,工作温度较低(一般不大于150 ℃),并且价格较高。

(2)铅基轴承合金(铅基巴氏合金)

铅基轴承合金是在铅锑合金的基础上,加入其他合金元素,如Sn,Cu,Cd等,防止产生枝晶偏析引起硬质点不均匀分布。铅基轴承合金的硬度、强度、韧性都比锡基轴承合金低,摩擦系数较大,但价格较便宜,铸造性能好,常用于制造汽车、拖拉机的曲轴、连杆轴承及电动机轴承,但其工作温度不能超过120 ℃。

(3)铝基轴承合金

铝基轴承合金是一种新型减磨材料,具有比重小、导热性好、疲劳强度高和耐腐蚀性能好,价格便宜等特点,广泛用于在高速高负荷条件下工作的轴承。按化学成分可分为铝锡系(Al基体 + 20%Sn + 1%Cu)、铝锑系(Al基体 + 4%Sb + 0.5%Mg)和铝石墨系(Al加8%Si合金基体 + 3% ~6%石墨)。

铝锡系轴承合金具有疲劳强度高、耐热性和耐磨性良好等优点,适用于制造在高速、重载条件下工作的轴承。铝锑系轴承合金适用于载荷不超过20 MPa、滑动线速度不大于10 m/s工作条件下的轴承。铝石墨系轴承合金具有优良的自润滑作用、减振作用及耐高

温性能,适用于制造活塞和机床主轴的轴承。

(4)铜基轴承合金

锡青铜、铅青铜、铝青铜、铍青铜等,在一定场合均可作为轴承材料。常用的铜基轴承合金有 ZCuPb30 和 ZCuSn10P1,它们都有良好的保持润滑油膜和减磨性能,有较高的疲劳极限和承载能力,导热性高,能在高温下工作,但强度较低。

(5)多层轴承合金

多层轴承合金是一种复合减磨材料,综合了各种减磨材料的优点,弥补其单一合金的不足。例如,将锡锑合金、铅锑合金、铜铅合金、铝基合金等之一与低碳钢带一起轧制,复合而成双金属。为了进一步改善顺应性、嵌镶性及耐蚀性,可在双层减磨合金表面上再镀上一层软而薄的镀层,这就构成了具有更好减磨性及耐磨性的三层减磨材料。这种多层合金的特点就是利用增加钢背和减少减磨合金层的厚度以提高疲劳强度,采用镀层来提高表面性能。

3.3.2　钛及钛合金

钛资源丰富,在地球各种元素中储量位居第九,而按金属结构材料排列,则仅次于铝、铁、镁,位居第四。钛比重小,比强度和比刚度高,塑性好,耐热性高,抗腐蚀性能优异,在现代工业中占有极其重要的地位。在航空、化工、导弹、航天及舰艇等方面,钛及其合金得到了广泛的应用。但由于钛在高温时异常活泼,钛及其合金的熔炼、浇铸、焊接和热处理等都要在真空或惰性气体中进行,加工条件严格,成本较高,使其应用受到一定程度的限制。

随着海绵钛成本下降,钛合金材料价格降低,钛合金的研制加快,钛材制品日益增多,使得钛在工业中的应用日益广泛。

1. 纯钛

纯钛是银白色金属,熔点为 1 668 ℃,相对密度为 4.54,比钢轻 43%。钛有很好的强度,约为铝的 6 倍,所以钛的比强度(强度/相对密度)在结构材料中是很高的。

纯钛分为高纯钛和工业纯钛两种。高纯钛强度不高,塑性好。工业纯钛按杂质含量不同可分为三个等级:TA1,TA2,TA3。

2. 钛合金

为了进一步提高强度,可在钛中加入合金元素。按使用状态和组织划分,钛合金可分为三类:α 型钛合金、β 型钛合金、α + β 型钛合金。牌号分别以 TA,TB,TC 加上编号表示。

随着工业的发展,各种不同特性的钛合金越来越多,可进一步将钛合金分为 6 种类型:α 型、近 α 型、马氏体 α + β 型、近亚稳定 β 型、亚稳定 β 型和稳定 β 型。

(1)α 型钛合金

α 型钛合金具有很好的强度、韧性及塑性,在冷状态也能加工成半成品,在高温下组织稳定,抗氧化能力较强,热强性较好。α 型钛合金有 TA1 ~ TA8 共 8 个牌号。

(2)β 型钛合金

全部是 β 相的钛合金较少应用,其比重较大,耐热性差及抗氧化性能低,生产工艺复杂。但全 β 型钛合金具有良好的塑性,易于加工成型,经时效处理能获得很高的强度。β

型钛合金有 TBl, TB8 两个牌号。

（3）α + β 型钛合金

α + β 型钛合金兼有 α 型和 β 型钛合金的优点，耐热性和塑性都比较好，并可进行热处理强化，生产工艺也比较简单，因此 α + β 型钛合金的应用比较广泛。其牌号为"TC"加序号，共有 10 个，其中以 TC4(Ti – 6Al – 4V) 合金应用最广。表 5 – 26 所示为工业纯钛及部分钛合金的牌号、成分、力学性能及用途。

表 5 – 26 工业纯钛及部分钛合金牌号、成分、力学性能及用途

类别	牌号	化学成分	热处理	室温力学性能		高温力学性能			用途
				σ_b /MPa	δ/%	温度 /℃	σ_b /MPa	σ_{100} /MPa	
工业纯钛	TA1	Ti(杂质极微)	T	300 ~ 500	30 ~ 40	—	—	—	在 350 ℃ 以下工作，强度要求不高的零件
	TA2	Ti(杂质微)	T	450 ~ 600	25 ~ 30	—	—	—	
	TA3	Ti(杂质微)	T	550 ~ 700	20 ~ 25	—	—	—	
α 钛合金	TA4	Ti – 3Al	T	700	12	—	—	—	在 500 ℃ 以下工作的零件，导弹燃料罐、超音速飞机的蜗轮机匣
	TA5	Ti – 4Al – 0.005B	T	700	15	—	—	—	
	TA6	Ti – 5Al	T	700	12 ~ 20	350	430	400	
β 钛合金	TB1	Ti – 3Al – 8Mo – 11Cr	C	1 100	16	—	—	—	在 350 ℃ 以下工作的零件，压气机叶片、轴、轮盘等重载荷旋转件，飞机构件
			CS	1 300	5				
	TB2	Ti – 5Mo – 5V – 8Cr – 3Al	C	< 1 000	20	—	—	—	
			CS	1 350	8				
α + β 钛合金	TC1	Ti – 2Al – 1.5Mn	T	600 ~ 800	20 ~ 25	350	350	350	在 400 ℃ 以下工作的零件，有一定高温强度的发动机零件，低温用部件
	TC2	Ti – 3Al – 1.5Mn	T	700	12 ~ 15	350	430	400	
	TC3	Ti – 5Al – 4V	T	900	8 ~ 10	500	450	200	
	TC4	Ti – 6Al – 4V	T	950	10	400	630	580	
			CS	1 200	8				

表中符号的意义:T——退火状态;C——淬火状态;CS——淬火 + 时效状态

3. 钛及钛合金的热处理

（1）退火

消除应力退火:目的是消除工业纯钛和钛合金零件加工或焊接后的内应力。退火温度一般为 450 ~ 650 ℃,保温 1 ~ 4 小时,采用空冷。

再结晶退火:目的是消除加工硬化。对于纯钛一般再结晶退火温度为 550~690 ℃;而钛合金再结晶退火温度为 750~800 ℃,保温 1~3 h,采用空冷。

（2）淬火和时效处理

淬火和时效处理的目的是提高钛合金的强度和硬度。α 型钛合金一般不进行淬火和时效处理,β 型钛合金、α + β 型钛合金可进行淬火时效处理以提高其强度和硬度。

钛合金的时效温度一般为 450~550 ℃,时间为几小时至几十小时。钛合金热处理加热时应防止污染和氧化,并严防过热,否则 β 晶粒粗化后,无法用热处理方法进行挽救。

3.3.3 镁及镁合金

镁的储量仅次于铝和铁,居第三位。中国镁矿储量居世界首位。纯镁为银白色,其密度为 1.74 g/cm³,是铝的 2/3,钢的 1/4,镁合金是工业应用中最轻的结构材料。纯镁的强度较低,实际应用时常加入其他元素,如 Al,Zn,Mn,Zr 以及稀土元素等,通过固溶强化、时效强化、细晶强化等,形成具有优良性能的镁合金,强度较高,具有良好的切削加工性能和铸造性能,高纯镁还具有优良的耐腐蚀性能和良好的导电导热性以及电磁屏蔽性等优点。

1. 镁合金的分类

镁合金分为变形镁合金和铸造镁合金两大类。

（1）变形镁合金

按化学成分将变形镁合金分为 Mg – Mn 系合金、Mg – Al – Zn 系合金和 Mg – Zn – Zr 系合金三类。我国变形镁合金牌号用字母 MB 及数字表示。

Mg – Mn 系合金具有良好的耐蚀性能及焊接性能,但强度较低,可用来制造承力不大,但要求耐蚀性高及焊接性好的零件。该系合金主要加工成板材、棒材、型材和锻件,目前仍然得到较多的应用,常用的有 MB1 和 MB8 两个牌号。

Mg – Al – Zn 系合金是发展最早、应用也较广泛的一类镁合金,其主要特点是强度高、能够进行热处理强化、有良好的铸造性能,但其屈服强度和耐热性不够高。该合金系主要有 MB2,MB3,MB5,MB6 和 MB7 五个牌号。

Mg – Zn – Zr 系合金具有强度高、塑性及耐蚀性好的特点。锆元素能促使晶粒细化,提高机械性能,改善耐蚀性和耐热性,但锌使其焊接时易出现裂纹。该合金系牌号主要有 MB15。

上述合金共同的缺点是:高温性能差,工作温度一般不能超过 150 ℃。随着现代科技的发展,要求镁合金能在 200~350℃ 或更高的温度下工作,因此开发了 Mg – Re(稀土)和 Mg – Th(钍)系镁合金。

（2）铸造镁合金

铸造镁合金的牌号用 ZM 及数字表示,分为高强度铸造镁合金和耐热铸造镁合金两个大类。

高强度铸造镁合金有 Mg – Al – Zr 系和 Mg – Zn – Zr 系,牌号有 ZM1,ZM2,ZM5,ZM7 和 ZM8。高强铸造镁合金适合铸造各类零部件;但由于其耐热性差,一般使用温度不能超过 150 ℃。其中 ZM5 合金是航空航天工业中应用最广的铸造镁合金,一般要进行淬火或淬火＋人工时效处理,用于制造飞机、发动机、卫星及导弹仪器舱中承受较高载荷的结构件或壳体零件。

耐热铸造镁合金有 Mg – Re – Zr 系合金,牌号有 ZM3,ZM4 和 ZM6,具有良好的铸造工艺性能,受热不易开裂,铸件致密度高,常温下强度和塑性均较低,但是耐热性好,长期使用温度为 200 ~ 250 ℃,短时使用温度可达 300 ~ 350 ℃。

2. 镁合金的应用

目前,镁合金在电子器材中主要用来生产笔记本电脑、移动电话、摄录器材以及数码视听产品的壳体,而且其应用正以高达 25% 的年增长速度增长,显示出了诱人的发展前景。

镁合金在汽车、飞机、通信、电子等领域内的应用以铸造镁合金居多。变形镁合金应用较少,主要集中在国防军工方面,如穿甲弹、诱饵鱼雷壳体、雷达、卫星上的井字梁等,质量与塑料壳体相当,但刚度很高。

3.3.4　粉末冶金

粉末冶金是指直接用金属粉末或金属与非金属粉末作为原料,通过配料、压制成型、烧结和后处理等制作成品或半成品的一种生产工艺过程。

1. 粉末冶金的工艺特点

粉末冶金生产工艺具备许多其他工艺方法不具备的优点。

(1) 能够生产出其他工艺方法不能或很难制造的制品。可制取难熔、极硬和特殊性能的材料,如硬质合金、磁性材料、高温耐热材料等;又能生产少切削或无切削的优质机械零件,如多孔含油轴承、精密齿轮、摆线泵内外转子、活塞环等。

(2) 材料的利用率很高,接近 100% 。

(3) 有些制品用其他方法虽然也可以制造,但用粉末压制成型工艺更为经济。

2. 粉末冶金的主要工艺

(1) 粉末的制取

金属粉末的制取有多种方法,主要有矿物还原法、电解法、雾化法和机械粉碎法等。

① 矿物还原法:矿物还原法指金属矿石在一定冶金条件下被还原后,得到一定形状和大小的金属料,然后将金属料经粉碎等处理以获得粉末。

② 电解法:电解法是采用金属盐的水溶液,电解析出或熔盐电解析出金属颗粒或海绵状金属块,再用机械法进行粉碎。电解法生产的金属品种多,纯度高,粉末颗粒呈树枝状或针状,其压制性和烧结性都较好。

③ 雾化法:雾化法制取粉末是将熔化的金属液通过喷射气流(空气或惰性气体)、水蒸气或水的机械力和急冷作用使金属熔液雾化,而得到金属粉末。

由于雾化法制得的粉末纯度较高,又可合金化,产量高、成本较低,故其应用发展很快,可用来生产铁、铅、铝、锌、铜及其合金等粉末。

④ 机械粉碎法:机械粉碎法最常见的是用钢球或硬质合金球,对金属块或粒原料进行球磨,适宜于制备一些脆性的金属粉末,或者经过脆性化处理的金属粉末。对于软金属料,采用旋涡研磨法,即通过螺旋桨的作用产生旋涡高速气流,使金属颗粒自行相互撞击而磨碎。

（2）粉末配混

粉末配混是根据产品配料计算，并按特定粒度分布把金属粉末及添加物（如润滑剂等）进行充分地混合，此工序通过混粉机完成。添加物主要在于改善混合粉的成型技术特征，如加入润滑剂，可改善混合粉末的流动性，增加可压制性。压制后烧结前，润滑剂用加热方法从混合粉末中排除。

（3）压制成形

粉末的压制成形是主要的基本工序。它的过程包括称粉、装粉、压制、保压及脱模等。压制成形的方法有很多，如钢模压制、流体等静压制、三向压制、粉末锻造、轧制与挤压、注射成型、喷射成型等，常用的方法如下所示。

① 钢模压制成型：它是指在常温下，用机械式压力机或液压机，以一定的比压（压力常在 150～160 MPa），将钢模内的松装粉末压制成型为压坯的方法。这种成型技术应用最多且最广泛。

② 流体等静压成型：它是借助于高压流体介质的静压力作用，使粉末在同一时间内在各个方向上均衡受压而获得密度分布均匀和强度较高的压坯。

③ 三向压制成型：它综合了单向钢模压制与流体等静压制的特点，得到的压坯密度和强度超过用其他成形方法得到的压坯。但它只适用于成形形状规则的零件，如圆柱形、正方形、长方形、筒形等。

④ 注射成型：金属粉末注射成型技术是一门新型的金属零件最终成型技术。主要生产制造形状复杂的各种金属小零件和微型零件，其特点是生产成本低，产品密度高，组织均匀，性能优异，可进行电镀、热处理等后续处理，生产出用其他工艺难以加工或无法加工的复杂形状，具有高精度、高强度、高密度、高性能的铁基或铜基合金、不锈钢、钨合金、硬质合金等粉末冶金金属材料，也可成型小型结构零件。

⑤ 粉末锻造成型：是指将压坯烧结成预成型件，然后在闭式模中锻造成零件的一种工艺方法，是粉末冶金与精密模锻相互结合的工艺，能生产出高密度、高强度的制品。

（4）压坯烧结

① 烧结目的：压制的型坯强度很低，必须进行烧结。烧结是将型坯，按一定的规范加热到规定温度并保温一段时间，使型坯获得一定的物理与机械性能的工序。

② 烧结机理：粉末压坯的表面积大，各种缺陷多，处于不稳定状态。在烧结过程中，高温坯料颗粒之间易于发生扩散、熔焊、化合、溶解和再结晶等物理化学过程，使分散的坯料颗粒结合成为一个稳定、坚实的结晶体，即烧结体，最终获得所需要的性能。由于粉末冶金制品组成成分与配方的不同，烧结过程可以是固相烧结或是液相烧结。所谓固相烧结是指粉粒在高温下仍然保持固态；而液相烧结则烧结温度会超过其中某种成分的熔点，高温下出现固、液两相共存状态，烧结体将更为致密坚实，进一步保证了烧结体的品质。

3. 粉末冶金的生产应用

（1）粉末压制机械结构零件

粉末压制机械结构零件又称烧结结构件，这类制品在工业中应用最广，广泛应用于汽车工业，包括发动机、变速箱、转向器、刮雨器和减震器中都用到烧结结构件。

（2）粉末压制轴承材料

粉末压制轴承材料主要用于生产多孔性含油轴承材料，其孔隙度通常达到18%～25%。粉末冶金含油轴承包括铁石墨和铜石墨多孔含油轴承，具有减磨性能好、寿命高、成本低、效率高等优点，特别是它具有自润滑性，轴承孔隙中能储存润滑油。在纺织机械、汽车、农机、冶金矿山机械等方面已获得广泛应用。

（3）多孔性材料及摩擦材料

多孔性材料如过滤器、热交换器等，通常要求孔隙度高，又要有一定的力学性能与耐蚀性，因此采用粉末压制、烧结比较合适。

（4）硬质合金

硬质合金刀具是将一些难熔的金属化合物粉末和黏结剂粉末混合加压成型，再经烧结而成，其硬度很高，可达 HRC 69～81，热硬性可达 1 000 ℃左右，耐磨性优良。但金属粉末的价格一般较高，粉末压制成型工艺设备和模具投资较大，零件几何形状受到一定限制，因此适宜于大批量生产。

任务四　非金属材料与复合材料

任务描述：了解高分子材料组成的基本概念；了解高分子化合物的聚合；了解高分子的分类命名及常用高分子材料；了解橡胶的组成特点和常用橡胶材料；了解合成纤维的性能和应用；了解胶黏剂的性能和应用；了解陶瓷材料性能和应用；了解水泥生产方法及技术特征；了解复合材料分类、性能特点及应用。

知识目标：了解非金属材料与复合材料组成的基本概念；了解高分子化合物的聚合；了解非金属材料与复合材料的分类命名及常用复合材料。

能力目标：具备非金属材料与复合材料的基础知识；具备非金属材料与复合材料的选用能力；常用橡胶材料和合成纤维材料的选用能力；了解胶黏剂的性能和应用；了解陶瓷材料性能和应用；了解水泥材生产方法及技术特征；掌握复合材料分类、性能特点及应用。

知识链接：非金属材料；复合材料。

4.1　非金属材料

非金属材料可分为有机非金属材料、无机非金属材料。其中有机非金属材料即为通常所指的高分子材料，如橡胶、塑料等；无机非金属材料是指陶瓷、玻璃、水泥等材料。

4.1.1　有机非金属材料

1. 高分子材料的基本概念

组成高分子材料的分子是长链分子，即由若干原子按一定规律，重复地连接成具有成千上万甚至上百万质量、最大伸直长度可达毫米量级的长链分子，因此高分子材料又被称为聚合物材料。它们的分子量都在几千、几万、几十万或几百万以上，甚至无穷，但多数在5 000～1 000 000之间。表5－27列举了一些物质的分子量。高分子化合物的分子量虽然很大,但其化学组成并不复杂,一般由一种或几种简单的低分子化合物(也称为单体,见表5-28)通过共价键重复连接而成。所以,高分子化合物也称为高聚物或聚合物。例如,聚乙烯是由低分子乙烯($CH_2 = CH_2$)聚合而成,聚氯乙烯是由低分子氯乙烯($CH_2 = CHCl$)聚合而成。

表5-27 常见几种物质的分子量

低分子物质				高分子物质				
水	石英	乙烯	单糖	天然高分子物质		人工合成高分子物质		
H_2O	SiO_2	$CH_2 = CH_2$	$C_6H_{12}O_6$	橡胶	淀粉	纤维素	聚苯乙烯	聚乙烯
18	60	28	180	200 000 ~ 500 000	> 20 000	570 000	> 50 000	50 000 ~ 160 000

表5-28 常见单体及结构

单位名称	单体结构式	高聚物名称
乙烯	$CH_2 = CH_2$	聚乙烯
丙烯	$CH_3 - CH = CH_2$	聚丙烯
苯乙烯	$CH_2 = CH \bigcirc$	聚苯乙烯
氯乙烯	$CH_2 = CH - CI$	聚氯乙烯
四氯乙烯	$CF_2 = CF_2$	聚四氯乙烯
丙烯腈	$CH_2 = CH - CN$	丁腈橡胶
甲基丙烯酸甲酯	$CH_3 - C = C - O - CH_3$ ($\overset{\|\|}{O}$, CH_3)	聚甲基丙烯酸甲酯 (有机玻璃)
三聚甲醛	(六元环结构 CH_3, O, CH_3, CH_2, O)	聚甲醛
双酚 A	$HO - \bigcirc - C(CH_3)(CH_3) - \bigcirc - OH$	聚碳酸酯

2. 高分子化合物的聚合

低分子化合物聚合起来形成高分子化合物的过程称为聚合反应。由单体聚合为高聚物的基本方式有两种。

（1）加成聚合反应（也称加聚反应）

由一种或多种单体相互加成，或由环状化合物开环相互结合成聚合物的反应，称为加聚反应。此类反应的过程没有产生其他副产物，生成的聚合物的化学组成与单体的基本相同。其中由一种单体经过加聚反应生成的高分子化合物，称为均聚物，而由两种或两种以上单体经过加聚反应生成的高分子化合物，称为共聚物。

（2）缩合聚合反应（也称缩聚反应）

由一种或多种单体互相聚合生成聚合物，同时析出其他低分子化合物（如水、氨、醇、卤化氢等）的反应，称为缩聚反应。与加聚反应类似，由一种单体进行的缩聚反应，称为均缩聚反应，由两种或两种以上的单体进行的缩聚反应，称为共缩聚反应。

3．高分子材料的分类及命名

（1）高分子材料的分类

高分子材料种类繁多，可根据材料来源、性能、结构和用途的不同。有多种不同的分类方法。

按高分子材料的来源不同划分，可分为天然高分子材料和合成高分子材料。天然高分子材料如天然橡胶、皮革、棉纤维等；合成高分子材料如合成橡胶、塑料、合成纤维等。

按高分子材料性能和产品用途不同划分，可分为塑料、橡胶、纤维、聚合物、高分子合金、聚合物基复合材料、黏合剂和涂料等。

按高分子材料的热行为及成型工艺特点不同划分，可分为热塑性高分子材料和热固性高分子材料。

（2）高分子材料的命名

高分子材料的命名方法和分类情况一样，也是多种多样。目前常用的命名方法主要有两种：一种是根据商品的来源或性质确定它的名称，如电木、有机玻璃、维尼纶、塑料王等。这种命名方法的优点是简短、通俗，但不能反映高分子化合物的结构和特性。另一类是根据单体原料名称命名，并在它的前面加一个"聚"字。如由乙烯加聚反应生成的聚合物就叫聚乙烯，由氯乙烯加聚反应生成的聚合物就叫聚氯乙烯。对于缩聚反应和共聚反应生成的聚合物，则在单体后面加"树脂"或"橡胶"。如酚醛树脂，乙丙橡胶，丁腈橡胶。有一些工程塑料，如环氧树脂、聚氨酯、聚酯则以该类材料的特征化学单元环氧基、氨基、酯基为基础来命名的。许多聚合物以化学名称的英文缩写来命名，因这样命名简便易记，所以被广泛采用。如 PE（聚乙烯），PP（聚丙烯），PVC（聚氯乙烯）等。

4.1.2　常用高分子材料

1．塑料

（1）塑料的组成

塑料是以合成或天然的树脂作为主要成分，添加或不添加辅助材料（添加剂），如填料、增塑剂、稳定剂、颜料、防老剂等，在一定温度、压力下加工成型的高分子材料。

① 树脂

树脂是塑料的主要成分，用以黏接塑料中的其他成分，并使其具有成型性能。树脂的种类、性质及加入量对塑料的性能有很大的影响。

② 添加剂

根据塑料的使用要求,在塑料中掺入一些其他物质,以改善塑料的性能。例如,加入增塑剂可以提高塑料的可塑性和柔软性,改善塑料的成型能力;加入云母、石棉粉,可以改善塑料的电绝缘性;加入 Al_2O_3,TiO_2,SiO_2,可以提高塑料的硬度和耐磨性;加入铝,可以提高塑料对光的反射能力和防止老化能力;加入稳定剂,可以提高塑料在光和热的作用下的稳定性。

（2）塑料的分类

塑料有很多的分类方法,常见分类方法有以下几种。

①按应用领域不同划分,可分为通用塑料、工程塑料和特种塑料。

②按塑料成型工艺不同划分,可分为热塑性塑料和热固性塑料。热塑性塑料是以热塑性树脂为主体成分(如聚氯乙烯、聚乙烯、聚丙烯、聚苯乙烯),加工塑化成型后,一般都具有链状的线性分子结构,受热后又软化,可反复塑制成型,亦可对型材作二次加工。热固性塑料是以热固性树脂为主体成分(如环氧树脂、酚醛树脂、不饱和聚酯树脂),加工固化成型后,一般具有网状的体型结构,受热不再软化,强热下发生热分解破坏,不可反复成型。

（3）塑料的种类及应用

近几年来塑料的生产和应用有很大的发展,越来越多地应用于各类工程中。表5-29列出了常用塑料的种类、性能特点和用途。

表 5-29　常用塑料的种类、性能及用途

类别	名称	代号	主要特点	用途
热塑性塑料	聚乙烯	PE	具有良好的耐蚀性和电绝缘性;高压聚乙烯柔性透明性较好;低压聚乙烯强度高、耐磨、耐蚀、绝缘性好	高压聚乙烯制造薄膜软管和塑料瓶;低压聚乙烯制造塑料管塑料板及承载不高的零件
	聚酰胺（尼龙）	PA	具有韧性好、耐磨、耐疲劳、耐油、耐水等综合性能,单吸水性强成型收缩不稳定	制造一般机器零件,如轴承、齿轮、凸轮轴、涡轮、铰链等
	浓缩塑料（聚甲醛）	POM	具有优良的综合力学性能,尺寸稳定耐磨、耐老化、吸水性小,可在104℃下长期使用,易燃长时间爆晒会老化。	制造减磨、耐磨件,如轴承、齿轮、凸轮轴、仪表外壳、汽化器、线圈骨架等
热塑性塑料	聚砜	PSF	具有良好的耐寒、耐热、抗蠕变及尺寸稳定性,耐酸碱和高温蒸汽,可在-65~150℃下长期工作。	制造耐蚀、减振耐磨、绝缘零件,如齿轮、凸轮、仪表外壳和接触器等

表 5－29（续）

类别	名称	代号	主要特点	用途
热塑性塑料	有机玻璃（聚甲醛丙烯酸甲脂）	PMMA	透光性好，可透过 92% 的太阳光，强度高，耐紫外线和大气老化，易于成型加工。	制造航空、仪器仪表和无线电工业中的透明件，如飞机的座舱、汽车风挡、光学镜片等
	ABS 塑料（聚乙烯丁二烯丙烯腈）	ABS	兼有三组元的性能，坚韧质硬刚性好，同时，耐热耐蚀，尺寸稳定性好，易于成型加工。	制造一般机械的减磨、耐磨件，如齿轮、电视机外壳、凸轮等
热固性塑料	环氧塑料	EP	强度较高，韧性较好，电绝缘性优良，化学稳定性和耐有机溶剂性好，因填料不同，性能也有所不同。	制造塑料模具、精密量具、电工电子元件及线圈的灌封固定
	酚醛树脂	PF	采用木屑作填料的酚醛树脂俗称"电木"，具有优良的耐热性、绝缘性、化学稳定性、尺寸稳定性和抗蠕变性。电性能及耐热性随填料不同而有差异。	制造一般机械零件、绝缘件、耐蚀零件及水润滑零件
	氨基塑料	UF	具有良好的电绝缘性和耐电弧性、硬度高耐磨、耐油脂及溶剂，难于自燃，着色性好，使用过程中不会失去光泽。	制造一般机械零件、绝缘件和装饰件，如玩具、餐具、开关、纽扣等

2. 橡胶

（1）橡胶的组成

橡胶是以高分子化合物为基础的，具有显著高弹性的材料。它是以生胶为原料，加入适量的配合剂，而形成的高分子弹性体。

① 生胶

它是橡胶制品的主要组分，其来源可以是天然的，也可以是人工合成的。生胶在橡胶制备过程中不但起着黏接其他配合剂的作用，而且是决定橡胶制品性能的关键因素。使用的生胶种类不同，则橡胶制品的性能亦不同。

② 配合剂

配合剂是为了提高和改善橡胶制品的各种性能而加入的物质。主要有硫化剂、硫化促进剂、防老剂、软化剂、填充剂、发泡剂及着色剂等。

（2）橡胶的性能特点

橡胶最显著的特性是具有高弹性，其高弹性主要表现为在较小的外力作用下，就能产生很大的变形，且当外力去除后又能很快恢复到近似原来的状态；高弹性的另一个表现为其宏观弹性变形量可高达 100% ~1 000%。同时橡胶具有优良的伸缩性和可贵的储能性,良好的耐磨性、绝缘性、隔音性和阻尼性,并具有一定的强度和硬度。橡胶常用于弹性材料、密封材料、减振防振材料、传动材料、绝缘材料。

(3)橡胶的分类

按原料来源不同,橡胶可分为天然橡胶和合成橡胶两大类;按应用范围不同,又可分为通用橡胶与特种橡胶两类。天然橡胶是橡树上流出的乳胶经加工而制成的;合成橡胶是通过人工合成制得的,具有与天然橡胶相近性能的高分子材料。通用橡胶是指用于制造轮胎、工业用品、日常用品、量大面广的橡胶;特种橡胶是指用于制造在特殊条件(高温、低温、酸、碱、油、辐射等)下使用的零部件的橡胶。

(4)常用橡胶材料

① 天然橡胶

天然橡胶是从天然植物中采集出来的,是一种以聚异戊二烯为主要成分的天然高分子化合物。它具有较高的弹性、较好的力学性能、良好的电绝缘性及耐碱性,是综合性能较好的橡胶。缺点是耐油性差,耐溶剂性差,耐臭氧老化性差,不耐高温及不耐浓强酸腐蚀。主要适用于制造轮胎、胶带、胶管等。

② 通用合成橡胶

a. 丁苯橡胶:它是由丁二烯和苯乙烯共聚而成的。其耐磨性、耐热性、耐油性、抗老化性均比天然橡胶好,并能以任意比例与天然橡胶混用,并且价格低廉。缺点是生胶强度低、黏接性差、成型困难、硫化速度慢,制成的轮胎弹性不如天然橡胶。主要用于制造汽车轮胎、胶带、胶管等。

b. 顺丁橡胶:它是由丁二烯聚合而成。其弹性、耐磨性、耐寒性均优于天然橡胶,是制造轮胎的优良材料。缺点是强度较低,加工性能差、抗撕性差。主要用于制造轮胎、胶带、弹簧、减震器、电绝缘制品等。

c. 氯丁橡胶:它是由氯丁橡胶聚合而成。氯丁橡胶不仅具有可与天然橡胶比拟的高弹性、高绝缘性、较高强度和高耐碱性,而且具有天然橡胶和一般通用橡胶所没有的优良性能。例如,耐油、耐溶剂、耐氧化、耐老化、耐酸、耐热、耐燃烧、耐挠曲等性能,故有"万能橡胶"之称。缺点是耐寒性差、密度大,生胶稳定性差。氯丁橡胶应用广泛,它既可作通用橡胶,又可作特种橡胶。由于其耐燃烧,故可用于制作矿井的运输带、胶管、电缆,也可作高速传动三角带及各种橡胶垫圈。

d. 乙丙橡胶:它是由乙烯和丙烯共聚组成。具有结构稳定、抗老化能力强,绝缘性、耐热性、耐寒性好,在酸、碱中抗蚀性好等优点。缺点是耐油性差、黏着性差、硫化速度慢。

主要用于制作轮胎、蒸汽胶管、耐热输送带、高压电线套管等。

③ 特种合成橡胶

a. 丁腈橡胶:它是由丁二烯和丙烯腈聚合而成。其耐油性好、耐热、耐燃烧、耐磨、耐碱、耐有机溶剂、抗老化。缺点是耐寒性差,其脆性转变化温度为 -10 ~ -20 ℃,并且耐酸性和绝缘性差。主要用于制作耐油制品,如油箱、储油槽、输油管等。

b. 硅橡胶:它是由二甲基硅氧烷与其他有机硅单体共聚而成。硅橡胶具有高耐热性和耐寒性,在 -100 ~350 ℃范围内保持良好弹性,抗老化能力强、绝缘性好。缺点是强度低,耐磨性、耐酸性差,并且价格较贵。主要用于飞机和宇航中的密封件、薄膜、胶管和耐高温的电线、电缆等。

c. 氟橡胶:它是以碳原子为主链和氟原子的聚合物。其化学稳定性高,耐腐蚀性能居各类橡胶之首,耐热性好,最高使用温度为 300 ℃。缺点是价格昂贵,耐寒性差,加工性能不好。主要用于国防和高技术中的密封件,如火箭、导弹的密封垫圈及化工设备中的里衬等。

3. 合成纤维

凡能保持长度比本身直径大 100 倍的均匀条状或丝状的高分子材料,均称为纤维。它可分为天然纤维和化学纤维。化学纤维又可分为人造纤维和合成纤维。人造纤维是用自然界的纤维加工制成,如"人造丝"、"人造棉"的黏胶纤维和硝化纤维等。合成纤维是以石油、煤、天然气为原料制成的,它发展很快。产量最多的有六大品种:(1)涤纶又叫的确良,具有高强度、耐磨、耐蚀,易洗快干等优点,是很好的衣料纤维;(2)尼龙在我国又称绵纶,其强度大、耐磨性好、弹性好,主要缺点是耐光性差;(3)腈纶在国外叫奥纶、开司米纶,它柔软、轻盈、保暖,有人造羊毛之称;(4)维纶的原料易得,成本低,性能与棉花相似且强度高;缺点是弹性较差,织物易皱;(5)丙纶是后起之秀,发展快,纤维以轻、牢、耐磨著称;缺点是可染性差,日晒易老化;(6)氯纶难燃、保暖、耐晒、耐磨,弹性也好,由于染色性差,热收缩大,其应用受到限制。

4. 胶黏剂

胶黏剂又称黏结剂、胶合剂或胶水。它有天然胶黏剂和合成胶黏剂之分,也可分为有机胶黏剂和无机胶黏剂。主要组成除基料(一种或几种高聚物)外,尚有固化剂、填料、增塑剂、增韧剂、稀释剂、促进剂及着色剂。

常用的胶黏剂有环氧胶黏剂、改性酚醛胶黏剂、聚氨酯胶黏剂、α 腈基丙烯酸酯胶黏剂、厌氧胶黏剂、无机胶黏剂等。

5. 涂料

涂料就是通常所说的油漆,是一种有机高分子胶体的混合溶液,涂在物体表面上能干结成膜。常用的涂料有酚醛树脂涂料、氨基树脂涂料、醇酸树脂涂料、聚氨酯涂料、有机硅涂料等。

4.1.3　无机非金属材料

1. 陶瓷材料

(1) 陶瓷的分类

陶瓷种类繁多,性能各异。按其原料来源不同,可分为普通陶瓷(传统陶瓷)和特种陶瓷(近代陶瓷)。普通陶瓷是以天然的硅酸盐矿物为原料(黏土、长石、石英等),经过材料加工、成型、烧结而成,因此这种陶瓷又叫硅酸盐陶瓷。特种陶瓷是采用纯度较高的人工合成化合物(如 Al_2O_3,ZrO_2,Si_3N_4,BN),经配料、成型、烧结而成。陶瓷按用途,可分为日用陶瓷和工业陶瓷。工业陶瓷又分为工程陶瓷和功能陶瓷。按化学组成,可分为氮化物陶瓷、氧化物陶瓷、碳化物陶瓷等。按性能,可分为高强度陶瓷、高温陶瓷、耐酸陶瓷等。陶瓷分类见表 5-30。

表 5 – 30　陶瓷的分类

按应用分类	按性能分类	按化学组成分类				
		氧化物陶瓷	氮化物陶瓷	碳化物陶瓷	复合瓷	金属陶瓷
日用陶瓷	高强度陶瓷	氧化物陶瓷	氮化物陶瓷	碳化物陶瓷	复合瓷	
建筑陶瓷	高温陶瓷	氧化物陶瓷	氮化物陶瓷	碳化物陶瓷	复合瓷	
绝缘陶瓷	耐磨陶瓷	氧化物陶瓷	氮化物陶瓷		复合瓷	
化工陶瓷	耐酸陶瓷	氧化物陶瓷				

（2）陶瓷的制造工艺

陶瓷的生产制作过程虽然各不相同,但一般都要经过坯料制备、成型与烧结三个阶段。

① 坯料制备

当采用天然的岩石、矿物、黏土等物质作原料时,一般要经过原料粉碎——精选(去掉杂质)——磨细(达到一定粒度)——配料(保证制品性能)——脱水(控制坯料水分)——炼坯、除腐(去除空气)等过程。

当采用高纯度可控人工合成的粉状化合物时,如何获得成分、纯度、粒度均达到要求的粉状化合物是坯料制备的关键。制取微粉的方法有机械粉碎法、溶液沉淀法、气相沉积法等。原料经过坯料制备后,依成型工艺的要求,可以是粉料、浆料或可塑泥团。

② 成型

陶瓷制品的成型方法很多,主要有以下三类。

a. 可塑法:可塑法又叫塑性料团成型法。在坯料中加入一定水或塑化剂,使其成为具有良好塑性的料团,然后利用料团的可塑性通过手工或机械成型。常用的有挤压和车坯成型。

b. 注浆法:注浆法又叫浆料成型法。它是把原料配制成浆料然后注入模具中成型,分为一般注浆成型和热压注浆成型。

c. 压制法:压制法又叫粉料成型法。它是将含有一定水分和添加剂的粉料,在金属模中,用较高的压力压制成型(和粉末冶金成型方法相同)。

③ 烧结

未经过烧结的陶瓷制品称为生坯。生坯是由许多固相粒子堆积起来的聚积体,颗粒之间除了点接触外,尚存在许多空隙,因此没有多大强度,必须经过高温烧结后才能使用。烧结是指生坯在高温加热时,发生一系列物理化学变化(水的蒸发,硅酸盐分解,有机物及碳化物的气化,晶体转型及熔化),并使生坯体积收缩,强度、密度增加,最终形成致密、坚硬的具有某种显微结构烧结体的过程。生坯经初步干燥后,即可涂釉或送去烧结。烧结后颗粒由点接触变成为面接触,粒子间也将产生物质的转移。这些变化均需在一定的温度和时间条件下才能完成,所以烧结的温度较高,所需的时间也较长。常见的烧结方法有热压法、液相烧结法、反应烧结法。

（3）常用工程结构陶瓷材料

① 普通陶瓷

普通陶瓷是以黏土（$Al_2O_3 \cdot 2SiO_2 \cdot 2HO_2$）、长石（$K_2O \cdot Al_2O_3 \cdot 6SiO_2$；$Na_2O \cdot Al_2O_3 \cdot 6SiO_2$）、石英（$SiO_2$）为原料，经配料、烧结而制成。其组织中主晶相为莫来石（$3Al_2O_3 \cdot 2SiO_2$），占 25% ~ 30%；次晶相为 SiO_2，占 10% ~ 35%；玻璃相占 35% ~ 60%；气相占 1% ~ 3%。其中玻璃相是以长石为溶剂，在高温下溶解一定量的黏土和石英后，经凝固而形成的。这类陶瓷质地坚硬，不会氧化、不导电，能耐 1 200 ℃高温，加工成型性好，成本低廉。其缺点是因含有较多的玻璃相，故强度较低，且在高温下玻璃相易软化，所以其耐高温性能及绝缘性能不如特种陶瓷。这类陶瓷的产量较大，广泛用于电气、化工、建筑、纺织等行业，用来制作工作温度低于 200 ℃的耐蚀器皿和容器、反应塔管道、供电系统的绝缘体、纺织机械中的导纱零件等。

② 特种陶瓷

a. 氧化铝陶瓷

它是以 Al_2O_3 为主要成分，含有少量的 SiO_2 的陶瓷。氧化铝陶瓷强度高于普通陶瓷 2 ~ 3倍，有的甚至是 5 ~ 6 倍；硬度高，仅次于金刚石、碳化硼、立方氮化硼和碳化硅，有很好的耐磨性；耐高温性能好。含 Al_2O_3 的刚玉瓷有高的蠕变抗力，能在 1 600 ℃高温下长期工作；耐腐蚀性及绝缘性好。缺点是脆性大，抗热震性差，不能承受环境温度的突然变化。主要用于制作内燃机的火花塞、火箭和导弹的导流罩、轴承、切削刀具以及石油化工用泵的密封环、纺织机上的导线器、熔化金属用的坩埚及高温热电偶的套管等。

b. 其他氧化物陶瓷

ⓐ 氧化镁陶瓷：主晶相为 MgO，是离子晶体，耐高温并抗熔融金属侵蚀。可制作用来熔炼高纯度的 Fe，Mo，U（铀），Th（钍）及其合金的坩埚。

ⓑ 氧化锆陶瓷：主晶相为 ZrO，是离子晶体，耐高温及腐蚀。室温下为绝缘体，在 1 000 ℃以上为导体。可制作熔炼 Pt，Pb，Ph 等金属的坩埚和高温电极。

c. 氮化物陶瓷

ⓐ 氮化硅陶瓷：它是以 Si_3N_4 为主要成分的陶瓷，Si_3N_4 为主晶相。氮化硅陶瓷硬度高，摩擦系数小，只有 0.1 ~ 0.2；具有自润滑性，可以在没有润滑剂的条件下使用；蠕变抗力高，热膨胀系数小；抗热震性能在陶瓷中最佳，比氧化铝陶瓷高 2 ~ 3 倍；化学稳定好，抗氢氟酸以外的各种无机酸和碱溶液的侵蚀，也能抵抗熔融非铁金属侵蚀。此外，由于氮化硅为共价晶体，因此具有优异的电绝缘性能。

ⓑ 氮化硼陶瓷：氮化硼陶瓷的主晶相是 BN，属于共价晶体，其晶体结构与石墨相仿为六方晶格，故有白石墨之称。此类陶瓷具有良好的耐热性和导热性，其导热率与不锈钢相当；热膨胀系数小（比其他陶瓷及金属均低得多），故其抗热震性和热稳定性均好；绝缘性好，在 2 000 ℃的高温下仍是绝缘体；化学稳定性高，能抵抗铁、铝、镍等金属的侵蚀；硬度较其他陶瓷低，可进行切削加工；有自润滑性。常用于制作热电偶套管、熔炼半导体及金属坩埚、冶金用高温容器和管道、玻璃制品成型模、高温绝缘体材料等。此外，由于 BN 有很大的吸收中子截面，可用作核反应堆中吸收热中子的控制棒。

d. 碳化物陶瓷

碳化物陶瓷的主晶相是 SiC，碳化硅是键能高而稳定的共价晶体。此类陶瓷的最大优点是高温强度高,而室温强度稍低;在 1 400 ℃时其抗弯强度保持在 500 ~ 600 MPa,而其他陶瓷在 1 200 ~ 1 400 ℃时强度已显著降低。其次,导热性好,热稳性、抗蠕变性能、耐磨性、耐蚀性都优于氮化硅陶瓷。

2. 水泥材料

（1）硅酸盐水泥的生产方法

水泥生产方法可简单概括为"两磨一烧",即生料粉磨、熟料煅烧、水泥粉磨。

原料经破碎后,按一定比例配合,经粉磨设备磨细,并配合成为成分合适、质量均匀的生料;生料在水泥窑内煅烧至部分熔融,成为熟料;熟料加入适量石膏和混合材料,经粉磨设备磨细,即为水泥。

硅酸盐水泥的生产主要经过原料破碎、原料预均化、原料配料、生料的粉磨和均化、熟料的煅烧、水泥的粉磨与储运等主要工艺过程。

水泥的生产方法按生料制备方法的不同,分为干法,湿法和半干法三大类。

将原料先烘干后粉磨,或在烘干磨内同时烘干与粉磨成生料粉,喂入干法窑内煅烧成熟料,称为干法生产。如干法中空窑、悬浮预热器窑和预分解窑皆为干法生产。随着均化技术的发展、收尘设备的改进和一系列新技术的应用,新型干法生产的熟料质量与湿法相当,由于热耗的大幅度降低和单机生产能力的大幅度提高,新型干法生产技术逐渐成为水泥生产的主导技术。

将生料粉加入适量水分制成生料球,喂入立窑或立波尔窑内,煅烧成熟的生产方法为半干法生产。另外,将湿法制备的生料浆脱水后入窑煅烧,称为湿磨干烧,也属半干法生产。半干法生产的立波尔窑是回转窑生产史上的重大发展,比回转窑热耗降低了 50%以上。但由于炉箅子加热机的结构和操作较复杂,物料受热不均匀,熟料的质量较差。

将原料加水粉磨成生料浆后,喂入湿法回转窑煅烧成熟料,称为湿法生产。湿法生产由于水分蒸发需要吸收大量气化潜热,因而热耗较高。但湿法粉磨电耗较低,生料易于均化,成分均匀,熟料质量较高,且输送方便,扬尘少,在 20 世纪 30 年代得到迅速发展。

（2）新型干法水泥生产的技术特征

新型干法水泥生产技术,就是以悬浮预热和预分解技术为核心。例如,原料矿山计算机控制网络化开采,原料预均化,生料均化,挤压粉磨,新型耐热、耐磨、耐火、隔热材料以及 IT 技术等广泛应用于水泥干法生产过程,使水泥生产具有高效、优质、节约资源、清洁生产、符合环境保护要求和大型化、自动化、科学管理特征的现代化水泥生产方法。

（3）新型干法水泥生产的特点

① 产品质量高:由于生料制备全过程广泛采用现代均化技术,生料成分均匀稳定,熟料质量可与湿法生产相媲美。

② 生产能耗低:采用高效多功能挤压粉磨、新型粉体输送设备,大大降低了粉磨和输送电耗;悬浮预热和预分解技术,使熟料烧成热耗可降低至 3 000 kJ/kg 以下,水泥单位电耗降低至 90 ~ 100 kWh/t 以下。

③ 环保:有利于低质原燃材料的综合利用,可广泛利用废渣、废料、再生燃料及降解有害废弃物。

④ 生产规模大:单机生产能力可达 10 000 t/d,劳动生产率高。

⑤ 自动化程度高:各种现代控制手段应用于生产全过程,保证生产的均衡稳定,达到

优质、高效、低消耗的目的。

⑥ 管理科学化：应用 IT 技术进行有效管理，信息获取、分析、处理的方法科学、现代化。

⑦ 投资大建设周期长：由于技术含量高，资源、地质、交通运输等条件要求较高，耐火材料消耗大，整体投资大。

（4）水泥生产设备

干法生料粉磨设备有立式磨和球磨机两大类。立式磨通常采用烘干兼粉磨系统，即系统通入热风，在粉磨生料的同时进行烘干；球磨机也可采用烘干兼粉磨系统，或原料预先烘干后再入球磨机粉磨。

熟料煅烧设备有立窑和回转窑两大类。

立窑由于生产规模小，熟料质量不均匀，生产率低和劳动强度大等缺点，将逐步淘汰。

回转窑的种类较多，其分类如下。

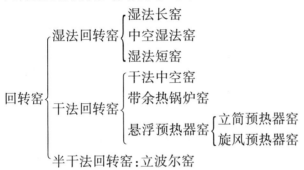

4.2　复合材料

所谓复合材料，是指由两种或两种以上不同性质的材料，通过不同的工艺方法人工合成的材料，各组分间有明显界面且性能优于各组成材料的多相材料。"复合"已成为改善材料性能的一种手段，复合材料已引起人们的重视，新型复合材料的研制和应用也愈来愈广泛。

4.2.1　复合材料的分类

1. 复合材料种类

按基体材料不同划分，可将复合材料分为两类：非金属基复合材料和金属基复合材料。

（1）非金属基复合材料，又可分为无机非金属基复合材料，如陶瓷基、水泥基复合材料等；有机非金属材料基复合材料，如塑料基、橡胶基复合材料。

（2）金属基复合材料，如铝基、铜基、镍基、钛基复合材料等。

2. 按增强材料分类

可将复合材料分为三类：纤维增强复合材料、粒子增强复合材料、叠层复合材料。

（1）纤维增强复合材料。如纤维增强塑料、纤维增强橡胶、纤维增强陶瓷、纤维增强金属等。

（2）粒子增强复合材料。如金属陶瓷、烧结弥散硬化合金等。

（3）叠层复合材料，如双层金属复合材料、三层复合材料。

3．复合材料的命名

（1）强调基体时，以基体为主命名。例如金属复合材料。

（2）强调增强材料时，则以增强材料为主命名。如碳纤维增强复合材料。

（3）基体与增强材料并用时，这种命名法常用来指某一具体复合材料，一般将增强材料名称放在前面，基体材料的名称放在后面，最后加"复合材料"而成。例如，"C/Al复合材料"，即为碳纤维增强铝合金复合材料。

（4）商业名称命名。如"玻璃钢"，即为玻璃纤维增强树脂基复合材料。

4.2.2 复合材料的性能特点

复合材料虽然种类繁多、性能各异，但不同种类的复合材料却有一些相同的性能特点。

1．比强度和比模量高

强度和弹性模量与密度的比值分别称为比强度和比模量。它们是衡量材料承载能力的一个重要指标，比强度愈高，即在同样的强度下，同一零件的自重愈小；比模量越大，在质量相同的条件下零件的刚度越大。这对高速运行的机械及要求减轻自重的构件是非常重要的。

2．良好的抗疲劳性能

由于纤维增强复合材料，特别是纤维～树脂复合材料，对缺口应力集中敏感性小，而且纤维和基体界面，能够阻止疲劳裂纹扩展和改变裂纹扩展方向，因此复合材料有较高的疲劳极限。

3．破断安全性好

纤维复合材料中有大量独立的纤维，平均每立方厘米面积上有几千到几万根。当纤维复合材料构件，由于超载或其他原因使少数纤维断裂时，载荷就会重新分配到其他未破断的纤维上，因而构件不至于在短期内突然断裂，故破断安全性好。

4．优良的高温性能

大多数增强纤维在高温下仍能保持高的强度，用其增强金属和树脂基体时，能显著提高它们的耐高温性能。例如，在400 ℃时铝合金的弹性模量大幅度下降并接近于零，强度也显著降低；而碳纤维、硼纤维增强后，在同样的温度下，强度和弹性模量仍能保持室温下的水平，明显起到了增强高温性能的作用。

5．减振性能好

因为结构的自振频率与材料的比模量平方根成正比，而复合材料的比模量高，其自振频率也高。这样可以避免构件在工作状态下产生共振，而且纤维与基体界面能吸收振动能量，即使产生了振动也会很快的衰减下来，所以纤维增强复合材料具有很好的减振性能。例如，用尺寸和形状相同，而材料不同的梁进行振动试验时，金属材料制作的梁停止振动的时间为9 s，而碳纤维增强复合材料制作的梁仅为2.5 s。

4.2.3　常用复合材料

1. 纤维增强复合材料

（1）常用增强纤维

纤维增强复合材料中常用的纤维有玻璃纤维、碳纤维、硼纤维、碳化硅纤维、Kevlar 有机纤维等，这些纤维除可增强树脂之外，其中碳化硅纤维、碳纤维、硼纤维还可增强金属和陶瓷。

（2）纤维树脂复合材料

① 玻璃纤维：玻璃纤维树脂复合材料，也称玻璃纤维增强塑料，也称为玻璃钢。按树脂性质可将其分为玻璃纤维增强热塑性塑料（即热塑性玻璃钢）和玻璃纤维增强热固性塑料（即热固性玻璃钢）。玻璃钢主要制作要求自重轻的受力构件及无磁性、绝缘、耐腐蚀的零件。例如，直升飞机机身、螺旋桨、发动机叶轮，火箭导弹发动机壳体、液体燃料箱等。

② 碳纤维：碳纤维树脂复合材料，也称碳纤维增强塑料。最常用的是碳纤维和聚酯、酚醛、环氧、聚四氟乙烯等树脂组成的复合材料。其性能优于玻璃钢，具有高强度、高弹性模量、高比强度和比模量。此外碳纤维树脂复合材料还具有优良的抗疲劳性能、耐冲击性能、自润滑性、减磨耐磨性、耐腐蚀性及耐热性。缺点是纤维与基体结合力低，材料在垂直于纤维方向上的强度和弹性模量较低。其用途与玻璃钢相似，如飞机机身、螺旋桨、尾翼，卫星壳体、宇宙飞船外表面防热层，机械轴承、齿轮等。

③ 硼纤维：如硼纤维树脂复合材料，主要由硼纤维和环氧、聚酰亚胺等树脂组成。具有高的比强度和比模量，良好的耐热性。例如，硼纤维树脂复合材料的拉伸、压缩、剪切和比强度均高于铝合金和钛合金。而其弹性模量为铝合金的 3 倍、钛合金的 2 倍；比模量则是铝合金及钛合金的 4 倍。缺点是各向异性明显，即纵向力学性能高于横向力学性能，两者相差十几倍甚至几十倍；此外加工困难，成本昂贵。主要用于航天、航空工业中制作要求刚度高的结构件，如飞机机身、机翼等。

④ 碳化硅纤维：如碳化硅纤维树脂复合材料、碳化硅纤维与环氧树脂组成的复合材料，都具有高的比强度、比模量。其抗拉强度接近碳纤维环氧树脂复合材料，而抗压强度为后者的 2 倍。因此，它是一种很有发展前途的新型材料。主要用于制作宇航器上的结构件，飞机机门、机翼、降落传动装置。

⑤ Kevlar 纤维：Kevlar 纤维树脂复合材料，它是由 Kevlar 纤维和环氧、聚乙烯、聚碳酸酯、聚酯等树脂组成。最常用的是 Kevlar 纤维与环氧树脂组成的复合材料，其主要性能特点是抗拉强度大于玻璃钢，而与碳纤维环氧树脂复合材料相似；延伸性好，与金属相当；其耐冲击性超过碳纤维增强塑料，具有优良的疲劳抗力和减振性；其疲劳强度高于玻璃钢和铝合金，减振能力为钢的 8 倍，为玻璃钢的 4～5 倍。主要用于制作飞机机身、雷达天线罩、火箭发动机外壳、轻型船舰、快艇等。

（3）纤维金属（或合金）复合材料

纤维增强金属复合材料是由高强度、高模量的脆性纤维（碳、硼、碳化硅纤维）和具有较高韧性及低屈服强度的金属（铝及铝合金、钛及钛合金、铜及铜合金、镍合金、镁合金等）组成的复合材料。此类材料具有比纤维树脂复合材料高的横向力学性能、高的层间剪切强度、冲击韧性好,高温强度高,耐热性、耐磨性、导电性、导热性好,具有尺寸稳定性好、不易老化等优点。但由于其工艺复杂、价格较贵,仍处于研制和试用阶段。

常见的纤维增强金属复合材料有纤维–铝(或铝合金)复合材料、纤维–钛合金复合材料、纤维–铜(或铜合金)复合材料等。

2. 叠层复合材料

叠层复合材料是由两层或两层以上不同材料结合而成。其目的是为了将组成材料层的最佳性能组合起来以得到更为有用的材料。用叠层增强法可使复合材料强度、刚度、耐磨、耐腐蚀、绝热、隔音、减轻自重等若干性能分别得到改善。常见的叠层有双层金属复合材料(如不锈钢–普通钢复合钢板、合金钢–普通钢复合钢板)、塑料–金属多层复合材料等。

3. 粒子增强型复合材料

金属陶瓷和砂轮是常见的颗粒增强复合材料。无论是氧化物金属陶瓷还是碳化物金属陶瓷,它们均具有高硬度、高强度、耐磨损、耐腐蚀、耐高温和热膨胀系数小的优点,常被用来磨削刀具和磨具。其中砂轮就是由 Al_2O_3 或 SiC 粒子与玻璃(或聚合物)等非金属材料为黏合剂所形成的一种磨削材料。

随着科学技术的进步,一大批新型复合材料将得到应用。金属化合物复合材料、纳米级复合材料、功能梯度复合材料、智能复合材料及体现复合材料"精髓"的"混杂"复合材料将得到发展及应用。可以预见,21 世纪将是复合材料的时代。

习题与思考题

1. 合金钢中经常加入哪些合金元素? 如何分类?

2. 合金元素 Mn,Cr,W,Mo,V,Ti 对过冷奥氏体的转变有哪些影响?

3. 合金元素对钢中基本相有何影响? 对钢的回火转变有什么影响?

4. 解释下列现象:

(1)在含碳量相同的情况下,除了含 Ni 和 Mn 的合金钢外,大多数合金钢的热处理加热温度都比碳钢高;

(2)在含碳量相同的情况下,含碳化物形成元素的合金钢比碳钢具有较高的回火稳定性;

(3)含碳量≥0.40%,含铬量为 12% 的钢属于过共析钢,而含碳量 1.5%,含铬量 12% 的钢属于莱氏体钢;

(4)高速钢在热锻或热轧后,经空冷便能获得马氏体组织。

5. 为什么渗碳钢的含碳量均为低碳? 合金渗碳钢中常加入哪些合金元素? 它们在钢中起什么作用?

6. 为什么调质钢的含碳量均为中碳? 合金调质钢中常加入哪些合金元素? 它们在钢中起什么作用?

7. 弹簧钢的含碳量应如何确定? 合金弹簧钢中常加入哪些合金元素? 最终热处理工艺如何确定?

8. 滚动轴承钢的含碳量如何确定？滚动轴承钢中常加入的合金元素有哪些？其作用如何？

9. 现有 φ35 mm×20 mm 的两根轴。一根为 20 钢，经 920 ℃渗碳后直接淬火（水冷）及 180 ℃回火，表层硬度为 HRC 58～62；另一根为 20CrMnTi 钢，经 920 ℃渗碳后直接淬火（油冷），－80 ℃冷处理及 180 ℃回火后表层硬度为 HRC 60～64。问这两根轴的表层和心部的组织（包括晶粒粗细）与性能有何区别？为什么？

10. 何谓热硬性（红硬性）？为什么 W18Cr4V 钢在回火时会出现"二次硬化"现象？65 钢淬火后硬度可达 HRC 60～62，为什么不能用其制作车刀等要求耐磨的工具？

11. W18Cr4V 钢的淬火加热温度应如何确定？若按常规方法进行淬火加热能否达到性能要求？为什么？淬火后为什么进行 560 ℃的三次回火？

12. 试述用 CrWMn 钢制造精密量具（量块）所需的热处理工艺。

13. 与马氏体不锈钢相比，奥氏体不锈钢有何特点？为提高其耐蚀性可采取什么工艺？

14. 常用的耐热钢有哪几种？合金元素在耐热钢中起什么作用？耐热钢应用有那些？

15. 指出下列合全钢的类别、用途、碳及合金元素的主要作用以及热处理特点：

（1）20CrMnTi；（2）40MnVB；（3）60Si2Mn；（4）9Mn2V；（5）Cr12MoV；（6）1Cr18Ni9Ti；（7）ZGMn13。

16. 铸铁强度的高低主要取决于什么？铸铁硬度的高低主要取决于什么？用哪些方法可以提高铸铁的强度和硬度？铸铁强度高时硬度是否也一定高？

17. 机床的床身和箱体为什么都采用灰铸铁铸造？可否用铸钢或钢板焊接而成？请进行简要的比较陈述。

18. HT200，KTH350－10，KTZ650－02，QT450－10，QT800－2 铸铁牌号中的数字分别表示什么性能？它们分别具有什么显微组织？

19. 下列说法是否正确？为什么？

（1）采用球化退火可以获得球墨铸铁。

（2）可锻铸铁由于可以进行锻造，故称为可锻铸铁。

（3）可锻铸铁适宜铸造薄壁零件，球墨铸铁不适宜铸造薄壁零件。

（4）白口铸铁由于硬度高、耐磨性好，故适宜制造切削刃具。

（5）灰口铸铁通过热处理后可使石墨形态由片状变成团絮状或球状。

20. 现有形状和尺寸完全相同的白口铸铁、灰口铸铁和低碳钢棒材各一根，请用最简单的方法将它们区分出来？

21. 铸造 Al－Si 合金为什么要进行变质处理？

22. 用已时效强化的 2A12 硬铝制造的某一结构件，使用中不慎撞弯，请问如何处理才能将其校直？

23. 黄铜主要分为哪三大类？常用青铜有哪些？各适用于什么场合？

24. 粉末冶金材料的种类有哪些？各有什么具体应用？

25. 根据高分子材料的分类方法不同，可把高分子材料分为哪几类？

28. 塑料由哪几部分组成？塑料可分为哪几类？

29. 陶瓷材料的成型方法有哪几种? 陶瓷材料的性能特点有哪些?

30. 什么是复合材料? 复合材料的性能特点有哪些?

项 目 小 结

通过本章学习,使学生熟悉和了解我国的钢材编号规则,掌握各类钢种的牌号,掌握钢中杂质与合金元素的分布规律及其对钢材性能的影响,掌握常用钢材的牌号、用途、性能及热处理特点。使学生掌握和了解铸铁石墨化的一般概念,掌握常用铸铁和铸钢材料。使学生熟悉和了解有色金属合金材料及粉末冶金材料的分类及其组成;掌握铝及铝合金材料、铜及铜合金材料、滑动轴承合金材料、粉末冶金材料的成分、组织、性能、牌号及其应用范围,并能正确的选用有色金属材料和粉末冶金材料。

通过本章学习,使学生了解高分子材料基本概念;了解高分子的分类命名及常用高分子材料;了解合成纤维的性能和应用;了解胶黏剂的性能和应用;了解陶瓷材料性能和应用;了解水泥材生产方法及技术特征;了解复合材料分类、性能特点及应用。

项目六　金属材料的选材原则和热处理工艺的应用

项目描述：在工业生产、科学研究中大量使用各种金属材料，金属材料品种繁多，在实际应用中，合理选择使用金属材料是一个工程技术人员必须具备的基本能力。热处理工艺方法有很多，合理选用热处理工艺方法是有效提高材料力学性能，充分发挥材料潜力，延长机器零件、工程构件使用寿命的有力措施，同时也是改善金属材料各种加工工艺性能的重要途径。

任务一　选材的一般原则

任务描述：理解和掌握选材的一般原则，材料正确选择的意义；掌握选材的具体方法；掌握零件失效分析方法，理解失效形式对零件的设计、选材、加工具有的指导作用。

知识目标：选材的具体要求；失效概念、失效的影响因素及失效形式。

能力目标：具备零件使用性能分析能力；具备正确合理选择金属材料的能力。

知识链接：零件的使用性能；零件的失效分析。

1.1　零件的使用性能

使用性能主要指零件在使用状态下材料应具有的力学、物理和化学等性能。不同零件所要求的使用性能是不同的，零件的使用性能是选材时最主要的依据。具体分析方法如下所示。

1.1.1　根据零件的工作条件确定使用性能

1. 零件工作条件

（1）受力状况

主要是载荷的类型、大小、形式和特点。载荷类型包括动载荷、静载荷、循环载荷和交变载荷等。载荷形式包括拉伸载荷、压缩载荷、弯曲载荷、扭转载荷等。载荷特点包括均匀分布载荷、集中分布载荷等。

（2）环境状况

主要是工作温度和环境介质。工作温度是指低温、常温、高温、变温等工作条件。环境介质是指有无腐蚀、摩擦作用等。

（3）特殊性能要求

主要是对导电性、磁性、热膨胀性、密度、外观等特殊性能的要求。

2. 判断主要失效形式

零件的失效形式与其特定的工作条件是分不开的。要深入现场，收集整理有关资料,进行相关的实验分析,判断失效的主要形式和原因,找出初步设计的不足,提出改进措施,确定所选材料应满足的主要力学性能指标,为正确选材提供具有实际意义的信息,确保零件的使用性能和提高零件抵抗失效的能力。

3. 合理选用材料的力学性能指标

进行机械设计时,仅有对材料使用性能的要求是不够的,必须将这些使用性能要求量化为相应的性能指标数据。常用的力学性能指标有强度、塑性、韧性、疲劳强度、硬度等。由于零件工作条件和失效形式的复杂性,要求我们在选材时必须根据具体情况,抓住主要矛盾,找出最关键的力学性能指标,同时兼顾其他性能。

正确运用材料的强度、塑性、韧性等指标,在一般情况下,材料的强度越高,其塑性韧性越低。片面追求高强度以提高零件的承载能力不一定就是安全的,因为材料的塑性过多降低,遇有短时过载因素,应力集中的敏感性增强,有可能造成零件的脆性断裂。而一定的塑性值能削减零件应力集中处的应力峰值,提高零件的承载能力和抗脆断能力。

表6-1列出了常用零件的工作条件、失效形式及要求的主要力学性能指标。

表6-1　典型机械零件的工作条件、失效形式及主要力学性能指标

零件	工作条件	主要失效形式	主要力学指标
紧固螺栓	拉应力、切应力	过量塑性变形断裂	强度、塑性
连杆螺栓	拉应力、冲击	过量塑性变形疲劳断裂	疲劳强度、屈服强度
连杆	交变拉压应力、冲击	疲劳断裂	拉压疲劳强度
活塞梢	交变切应力、冲击、表面、接触应力	疲劳断裂	疲劳强度、耐磨性
曲轴及轴类零件	交变弯曲、扭转应力、冲击、冲击、振动	疲劳、过量变形、磨损	弯曲疲劳强度、屈服强度、耐磨性、韧性
传动齿轮	交变弯曲应力、交变接触压应力、摩擦、冲击	断齿、齿面麻点剥落、齿面磨损、齿面胶合	弯曲、接触疲劳强度、表面耐磨性、心部屈服强度
弹簧	交变弯曲或扭转应力、冲击	过量变形、疲劳	弹性极限、屈强比、疲劳极限
滚动轴承	交变压应力、接触应力、冲击、温升、腐蚀	过量变形、疲劳	接触疲劳强度、耐磨性、耐蚀性
滑动轴承	交变拉应力、温升、腐蚀、冲击	过量变形、疲劳、咬蚀、腐蚀	接触疲劳强度、耐磨性、耐蚀性
汽轮机叶片	交变弯曲应力、高温、燃气、振动	过量变形、疲劳腐蚀	高温弯曲疲劳强度、蠕变极限及持久强度、耐蚀性、韧性

4. 选材的方法

按力学性能选材时,具体方法有以下三种:以综合性能为主时的选材;以疲劳强度为主时的选材;以耐磨性为主时的选材。

(1) 以综合性能为主时的选材

当零件工作中承受冲击载荷或循环载荷时,其失效形式主要是过量变形与疲劳断裂,因此,要求材料具有较高的疲劳强度、塑性与韧性,即要求有较好的综合力学性能。一般可选用调质或正火状态的非合金钢、调质或渗碳合金钢、正火或等温淬火状态的球墨铸铁来制造。

（2）以疲劳强度为主时的选材

疲劳破坏是零件在交变应力作用下最常见的破坏形式。实践证明,材料抗拉强度越高,疲劳强度也越高。在抗拉强度相同时,调质后的组织比退火、正火后的组织具有更好的塑性、韧性,且对应力集中敏感性小,具有较高的疲劳强度。因此,对受力较大的零件应选用淬透性较高的材料,以便进行调质处理。

（3）以耐磨性为主时的选材

两零件摩擦时,磨损量与其接触应力、相对速度、润滑条件及摩擦处的材料有关。而材料的耐磨性是其抵抗磨损能力的指标,它主要与材料的硬度、显微组织有关。摩擦较大而受力较小,应选高碳钢或高碳合金钢,经淬火＋低温回火,获得高硬度的回火马氏体＋碳化物以满足耐磨性的需要。

根据对材料力学性能指标数据的要求,可查阅有关设计手册,找到合适的材料,根据材料的应用范围进行判断、选材。

1.1.2　材料工艺性能的兼顾

材料的工艺性能是指材料适应某种加工的难易程度。良好的工艺性能不仅可以保证零件的质量,而且有利于提高生产效率和降低成本。一般金属材料的工艺性能包括铸造性能、锻造性能、焊接性能、切削加工性能和热处理工艺性能。

1. 铸造性能

是指金属在铸造工艺中获得优良铸件的能力,包括流动性、收缩性、热裂倾向性、偏析及吸气性等。液态金属的流动性能越好,收缩性和偏析倾向越小,材料的铸造性能越好。

2. 锻造性能

是指金属材料适合锻造的能力,包括金属的塑性和塑性变形抗力,塑性越好,塑性变形抗力越小,金属的锻造性能越好。如黄铜和铝合金在室温状态下就有良好的锻造性能;碳钢在加热状态下锻造性能较好;铸铁则不能进行锻造。

3. 焊接性能

是金属材料对焊接加工的适应性,是指金属材料在一定的焊接方法、焊接材料、工艺参数及结构形式条件下,获得优质焊接接头的难易程度。焊接性能好的材料,焊后可以得到优质焊接接头;若焊接性不好,则焊接接头将出现裂缝、气孔或其他缺陷。一般低碳钢焊接性能较好。通常碳含量越高,可焊性越差。铜合金、铝合金、铸铁的焊接性都比碳钢差。

4. 切削加工性能

是指金属材料适合切削加工的难易程度。切削加工性与材料化学成分、力学性能及纤维组织有密切关系。一般认为硬度在 HBW 160～230 范围内切削加工性能较好。铸铁比钢的切削加工性能好,一般碳钢比高合金钢的切削加工性能好。

5. 热处理工艺性能

是指金属材料热处理后获得良好性能的能力。包括淬透性、变形开裂倾向、过热敏感性、回火稳定性、氧化脱碳倾向等。一般来说,不同的金属材料采用不同的热处理方法,所表现出来的性能是不一样的。

1.1.3　选材的经济性

在满足使用性能要求的前提下,选用的材料应尽可能使零件的生产和使用的总成本最低,经济效益最高。可从以下几方面考虑。

1. 金属材料的价格

能够满足零件使用性能的材料往往不止一种,各种材料的价格差别比较大,在满足使用性能要求的前提下,应优先选用价格比较低的材料。如选用非合金钢和铸铁,不仅加工工艺性能好,而且生产成本低。

2. 零件的总成本

零件的总成本由生产成本与使用成本两部分组成。前者包括材料价格、加工费用等,后者包括产品维护、修理、更换零件及停机损失等,在选材时要综合考虑这几个方面对总成本的影响。

3. 国家的资源

选材时要注意所选材料是否符合我国的资源情况,特别是我国的镍、铬、钴等资源缺少,应尽量不选或少选含这类元素的钢或合金材料。

不同材料加工工艺不同,成本相差很大。在选用材料时,不能单凭材料价格或生产成本的高低来决定零件的选用,而应综合考虑材料对产品功能和成本的影响,从而获得最优化的技术效果和经济效益。例如,汽车齿轮用合金易切削钢制造,虽然材料价格比一般合金钢提高了,但在节省工时、提高工作效率方面,所创造的经济效益是十分显著的。

1.2　零件的失效分析

失效分析的结果对零件的设计、选材、加工以及使用具有重要的指导意义。

1. 失效的概念

失效是指零件在使用过程中,由于尺寸、形状或材料组织与性能发生变化而失去原设计的效能。失效一般有以下三种表现形式。

(1) 零件完全破坏,不能继续工作。

(2) 零件严重损伤,继续工作但不安全。

(3) 零件虽能安全工作,但不能满意的达到预期作用。

特别是那些没有预兆的突然失效,往往会严重危及生命和财产安全,针对零件的失效进行分析,找出失效的原因以及提出预防措施,是十分关键的步骤。失效分析的结果对零件的设计、选材、加工以及使用具有重要的指导意义。

2. 零件失效的原因

造成机械零件失效的原因很多,零件在设计、选材、加工及安装使用四个方面的不当都会导致零件的失效。

（1）设计不合理

零件设计不当而导致失效,主要表现在两个方面:一是零件的结构、尺寸设计不合理或结构工艺性不合理;二是设计时错误地估计了零件的工作条件,对零件承载能力设计不够,或是忽略、低估了温度、介质等因素的影响,致使零件早期失效。

（2）选材不合理

选材时首先应该满足零件的使用性能要求,保证零件的正常工作和足够的抵抗破坏的能力。往往一个零件需要同时满足几个方面的性能要求,这就要求以最关键的性能作为选材的主要依据。

（3）加工工艺不合理

零件在制造过程中,要经过一系列冷、热加工工序。任何不正确的加工工艺都可能造成缺陷。如冷加工时、零件表面有较深的刀痕;热加工时零件的表面存在裂纹、晶粒粗大等,这些都可能引起零件的失效。

（4）安装使用不正确

在装配和使用的过程中,机械零件配合过松或过紧,对中不良,固定太松或太紧等原因都会使机器在运转时产生附加应力和振动,致使零件发生早期失效。

3. 零件失效的形式

（1）过量变形失效

零件的过量变形失效主要有过量弹性变形失效和过量塑性变形失效。

① 过量弹性变形失效:任何零件受外力作用首先会发生弹性变形,但是如果发生超过所允许的弹性变形就会失效。如镗床的镗杆,由于加工中产生较大的弹性变形,会使零件加工的尺寸精度造成超差。

② 过量塑性变形失效:机械零件在使用过程中,一般对塑性变形有严格的要求。塑性变形失效多发生在因偶然过载或零件工作应力超过了材料的屈服点,从而使零件产生过量塑性变形导致失效。

（2）断裂失效

零件在工作过程中发生断裂的现象称为断裂失效。由于受力条件,环境介质以及温度条件的不同,断裂可以有多种表现形式。

① 韧性断裂:零件在产生较大塑性变形后的断裂为韧性断裂。由于这是一种有先兆的断裂,即断裂前已产生过量塑性变形失效,故危险较小,比较容易防范。

② 低应力脆性断裂:低应力脆性断裂不产生明显的塑性变形,而工作应力远低于材料静载荷时的屈服点。强度高而塑性、韧性差的材料,脆性断裂倾向较大。脆性断裂常发生在有尖锐缺口或裂纹的零件中,特别是在低温或冲击载荷下最容易发生。

③ 疲劳断裂:零件在受交变应力作用时,在远低于其静载时的强度极限应力下突然断裂。所有零部件工作过程中的失效,疲劳断裂约占断裂失效的80%左右。由于疲劳断裂前往往没有明显征兆,发生比较突然,所以疲劳断裂危害性较大。

④ 蠕变断裂:蠕变断裂是零件在高温下长期受载荷作用,在低于其屈服点的条件下缓慢发生塑性变形,最终断裂的现象。因此,在高温下工作的材料应具有足够的抗蠕变能力。

（3）表面损伤失效

零件的表面损伤失效主要是指零件表面的磨损，接触疲劳和腐蚀。

① 磨损：相互接触的零件间存在相对滑动时，接触表面会因发生摩擦损耗，而引起尺寸的变化称为磨损。磨损破坏是一种可以观察到的、渐发性的破坏形式，它使设备的精度降低，甚至使设备无法正常工作。

② 接触疲劳：产生相对滚动接触的零件，如齿轮、凸轮、滚动轴承等，在工作过程中承受交变接触压应力的作用，在达到相当循环次数后，表层出现微小裂纹，从而引起点状剥落，出现疲劳点蚀或麻点等，这一现象称为接触疲劳。

③ 腐蚀：腐蚀是材料表面受腐蚀性介质的影响，而产生的一种化学或电化学腐蚀的现象。潮湿的空气、水以及其他腐蚀性介质都可能使金属表面发生腐蚀，因而腐蚀失效也是一种比较普遍的失效方式。

任务二　热处理工艺的制定

任务描述：正确理解热处理的技术条件和热处理工艺目标。理解热处理工艺在整个加工过程中的位置及选择原则，理解热处理方法对于改善钢的切削工艺性能，保证零件的质量，提高使用性能的重要意义。

知识目标：热处理工艺的选择原则。

能力目标：具备常用热处理工艺在实际生产中的应用能力。

知识链接：热处理方案的选择；热处理工序的确定；热处理工艺方法在生产实际中的应用；热处理的技术条件及工艺代号标记规定。

2.1　热处理方案的选择

选择热处理方案时，应根据所选材料，结合本企业的实际技术能力，尽量采用当前比较先进的热处理工艺。

选择热处理方案的原则有如下几方面。

（1）对要求综合机械性能的零件

通常对钢进行调质处理。

（2）对要求具有弹性的结构件

如果不要求很大的弹性变形量，如各种弹簧，可选用弹簧钢，并根据所选材料采用消除应力退火和采用淬火＋中温回火；如果要求很大的弹性变形量，如敏感元件，则应选用铜基合金，可采用消除应力退火和淬火＋时效。

（3）对要求耐磨的零件

当选用低碳钢和低合金钢时，一般采用渗碳或碳氮共渗处理，若选用中碳钢和中合金钢时，一般采用高频表面淬火、或表面渗氮处理。

（4）对要求特殊物理化学性能的零件

应根据工件环境和对零件提出的性能要求，选用不锈钢、耐热钢等，并根据技术要求进行相应的处理。

2.2　热处理工序的确定

根据热处理的目的和工序位置的不同,热处理可分为预先热处理和最终热处理。需要合理地安排好热处理工艺在生产过程中的工序位置。

2.2.1　预先热处理

预先热处理包括退火、正火、调质等。退火、正火的工序位置通常安排在毛坯生产之后、切削加工之前,以消除毛坯生产的内应力,均匀组织,改善切削加工性能,并为后续的热处理做好组织准备。对于精密零件,为了消除切削加工的残余应力,在半精加工之后,还需安排去除应力退火工序。调质工序一般安排在粗加工之后、精加工或半精加工之前,目的是为了获得良好的综合力学性能,为最终热处理做组织准备。

2.2.2　最终热处理

最终热处理包括淬火、回火及表面热处理等。零件经最终热处理后,将获得所需要的力学性能。因最终热处理后零件的硬度很高,除磨削外,不宜进行其他形式的切削加工,故其工序位置一般安排在半精加工之后。有些零件性能要求不高,在毛坯生产之后进行退火、正火或调质,即可满足要求,这时退火、正火和调质也可以作为最终热处理。

2.3　热处理工艺方法在生产实际中的应用

2.3.1　退火和正火工艺路线

退火和正火通常作为预先热处理工序。一般工艺路线为:
毛坯生产(铸、锻、焊冲压等)──→退火或正火──→机械加工

2.3.2　调质处理工艺路线

调质是生产中最为常用的热处理工艺,这种处理工艺既可作为最终热处理,又可作为预先热处理。调质工序一般安排在粗加工之后,精加工或半精加工之前,一般的工艺路线为:
下料──→锻造──→正火(退火)──→粗加工(留余量)──→调质──→精加工

2.3.3　淬火、回火工艺路线

在生产中,淬火＋回火通常是实现使用性能的最终热处理工序,根据回火类型,大致有以下两种情况。

(1) 低温回火,一般工艺路线为:
下料──→锻造──→退火(正火)──→粗加工──→淬火＋低温回火──→磨削

(2) 中温回火,一般工艺路线为:
下料──→锻造──→退火(正火)──→粗加工──→淬火＋中温回火──→精加工──→磨削

2.4　热处理的技术条件及工艺代号标记规定

2.4.1　热处理的技术条件

　　热处理的技术条件包括热处理的方法及热处理后应达到的力学性能要求。设计者应根据零件的工作条件、所选用的材料及性能要求提出热处理技术条件,并标注在零件图上。一般零件均以硬度作为热处理技术条件,对渗碳零件应标注渗碳层深度,对某些性能要求较高的零件,还需标注力学性能指标或金相组织要求。

　　标注热处理技术条件时,可用文字在图纸标题栏上方作扼要说明。推荐采用"金属热处理工艺分类及代号"(GB/T 12603)的规定标注热处理技术条件,并标注应达到的力学性能指标及其他技术要求。

2.4.2　热处理工艺代号标记规定

5	×	×	×	□
↓	↓	↓	↓	↓
热处理	工艺类型	工艺名称	加热方法	附加分类工艺代号

　　热处理工艺代号由基础分类工艺代号及附加分类工艺代号两部分组成,其中基础分类工艺代号由四位数字组成,包括工艺总称代号、工艺类型代号、工艺名称代号和加热方法代号,如表6-2所示。

　　附加分类代号是对基础分类代号中某些工艺的具体条件再进一步细化分类,其中包括各种热处理的加热介质代号(如表6-3所示)、退火工艺代号(如表6-4所示)、淬火冷却介质和冷却方法代号(如表6-5所示)、渗碳、碳氮共渗后冷却方法代号(如表6-6所示)等。

　　例如图6-1中,5151表示对方头圆端紧定螺钉采用加热炉加热、整体调质热处理,调质后硬度为HBW 230~250;方头5213W表示对螺钉四方头部采用火焰表面加热、水冷淬火+中温回火,螺钉方头硬度达到HRC 42~46。

表6-2　热处理工艺分类及代号工艺总称代号

工艺总称	代号	工艺类型	代号	工艺名称	代号	加热方式	代号
热处理	5	整体热处理	1	退火	1	加热炉	1
				正火	2		
				淬火	3	感应	2
				淬火和回火	4		
				调质	5		
				稳定化处理	6	火焰	3
				固溶处理、水韧处理	7		
				固溶处理和时效	8	电阻	4
		表面热处理	2	表面淬火和回火	1		

表 6-2（续）

工艺总称	代号	工艺类型	代号	工艺名称	代号	加热方式	代号
热处理	5	表面热处理	2	物理气相沉积	2	激光	5
				化学气相沉积	3		
				等离子体化学气相沉积	4		
		化学热处理	3	渗碳	1	电子束	6
				碳氮共渗	2		
				渗氮	3		
				氮碳共渗	4	等离子体	7
				渗其他非金属	5		
				渗金属	6	其他	8
				多元共渗	7		
				熔渗	8		

表 6-3　加热介质及代号

加热介质	固体	液体	气体	真空	保护气氛	可控气氛	液态床
代号	S	L	G	V	P	C	F

表 6-4　退火工艺及代号

退火工艺	去应力退火	扩散退火	再结晶退火	石墨化退火	去氢退火	球化退火	等温退火
代号	o	D	R	g	h	s	n

表 6-5　淬火冷却介质和冷却方法代号

冷却介质和方法	空气	油	水	盐水	有机水溶液	盐浴	压力淬火	双液淬火	分级淬火	等温淬火	形变淬火	冷处理
代号	a	o	w	B	Y	S	p	d	m	n	f	z

表 6-6　渗碳、碳氮共渗后冷却方法及代号

冷却方法	直接淬火	一次加热淬火	二次加热淬火	表面淬火
代号	g	R	t	h

例:方头圆端紧定螺钉(45 钢)

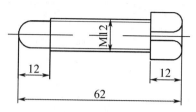

图 6 - 1　热处理技术条件标注示例

热处理技术条件:5151,HBW 230 ~ 250;方头 5213W,HRC 42 ~ 46

任务三　典型零件的选材与热处理

任务描述:掌握典型零件的选材过程。掌握常用零件的热处理方法。

知识目标:金属材料力学性能,金属材料选材方法,热处理工艺的应用。

能力目标:具备齿轮类零件、轴类零件的合理选材及正确应用热处理方法的能力。

知识链接:齿轮类零件选材与热处理工艺;轴类零件选材与热处理工艺的应用。

3.1　齿轮类零件选材与热处理工艺

齿轮是机械工业中应用最广泛的零件之一,它主要用于传递动力、调节速度和方向。

3.1.1　齿轮的工作条件及失效形式

齿轮在工作时,一般齿根受较大的交变弯曲应力作用,在啮合中齿面承受很大的接触应力,在换挡、启动或啮合不匀时轮齿还会受到一定冲击载荷。

齿轮的主要失效形式有轮齿折断、齿面磨损和接触疲劳破坏。除过载外,轮齿根部的弯曲疲劳应力是造成轮齿折断的主要原因。齿面啮合区的接触磨损,会使齿厚减小、齿隙加大,从而引起齿面磨损失效。在交变接触应力作用下,齿面产生显微裂纹并逐渐剥落,形成齿面点蚀,造成接触疲劳失效。

3.1.2　齿轮材料的性能要求及齿轮常用材料和热处理工艺

根据上述情况,制造齿轮的材料应满足下列几项要求。

(1)较高的表面硬度和耐磨性。

(2)足够的心部强度和韧性。

(3)较高的接触疲劳强度和弯曲疲劳强度。

此外,还要求材料有较好的加工工艺性能,如良好的切削加工性能、良好的淬透性能、热处理变形小的性能等。常用机床齿轮材料和热处理方法如表 6 - 7 所示。

表6-7 常用机床齿轮材料和热处理方法

序号	工作条件	钢号	热处理工艺	硬度要求
1	在低载荷下工作,要求耐磨性高的齿轮	15(20)	900~950 ℃渗碳,直接淬冷,或780~800 ℃水淬,180~200 ℃回火	HRC 58~63
2	低速(<0.1 m/s)低载荷下工作,不重要的变速箱齿轮和挂轮架齿轮	45	840~860 ℃正火	HBS 156~217
3	低速(≤1 m/s),低载荷下工作的齿轮(如车床溜板上的齿轮)	45	820~840 ℃水淬,500~550 ℃回火	HBS 200~250
4	中速,中载荷或大载荷下工作的齿轮(如车床变速箱中的次要齿轮)	45	860~900 ℃高频感应加热。水淬,350~370 ℃回火。	HRC 45~50
5	速度较大或中等载荷下工作的齿轮,齿部硬度要求较高(如钻床变速箱中的次要齿轮)	45	860~900 ℃高频感应加热。水淬,280~320 ℃回火	HRC 45~50
6	高速、中等载荷,要求齿面硬度高的齿轮(如磨砂轮箱齿轮)	45	860~900 ℃高频感应加热。水淬,180~200 ℃回火	HRC 52~58
7	速度不大、中等载荷、断面较大的齿轮(如铣床工作台变速箱齿轮,立车齿轮)	40Cr 42SiMn	840~860 ℃油淬,600~650 ℃回火	HBS 200~230
8	中等速度(2~4 m/s),中等载荷,不大的冲击下工作的高速机床进给箱、变速箱齿轮。	40Cr 42SiMn	调质后860~880 ℃高频感应加热。乳化液冷却,280~200 ℃回火。	HRC 45~50
9	高速、高载荷,齿部要求高硬度的齿轮	40Cr 42CrMn	调质后860~880 ℃高频感应加热。乳化液冷却,180~200 ℃回火。	HRC 50~55
10	高速、中载荷、受冲击、模数小于5 mm 的齿轮(如机床变速箱齿轮,龙门铣床的电动机齿轮)	20Cr 20CrMn	900~950 ℃渗碳,直接淬火800~820 ℃再加热油淬,180~200 ℃回火	HRC 58~63
11	高速、重载荷、受冲击、模数大于6 mm 的齿轮(如立车上重要的弧齿锥齿轮)	20CrMTi 20SiMnVB 12CrNi3	900~950 ℃渗碳,降温至820~850 ℃淬火,180~200 ℃回火	HRC 58~63
12	高速、重载荷、形状复杂要求热处理变形小的齿轮	38CrMoAl 38CrAl	正火调质后510~550 ℃氮化	>HV 850
13	不在高载荷下工作的大形齿轮	50Mn2 65Mn	820~840 ℃空冷	<HBS 241

3.1.3　机床齿轮选材与热处理工艺

机床齿轮的工作条件较好,负载不大、转速中等、工作平稳、少有强烈的冲击,对齿轮心部强度和韧性要求不高,但要求有较高的接触疲劳强度、弯曲疲劳强度、表面硬度与耐磨性,还应保证高的传动精度和小的工作噪声。一般情况下可以选用 45 钢或 40Cr,40MnB 等中碳合金钢制造,中碳合金钢淬透性相对更好。机床齿轮的工艺路线一般为:

下料──锻造──正火──粗加工──调质──精加工──齿部高频表面淬火 + 低温回火──精磨

（1）制作毛坯

由于中碳钢或中碳合金钢,经锻造后,可提高材料的致密度和均匀成分,对材料强度、耐磨性和耐冲击性的提高,起到促进作用,故选用锻造方式制作毛坯。

（2）切削加工

由于机床齿轮选用的 45 钢或 40Cr 等均属于中碳钢,中碳钢在切削加工时,具有切削抗力较小、零件加工后表面质量较好、切屑易断等良好的切削加工性能,故选用"车削—滚齿—插键槽"的切削加工方法。

（3）齿面加工

由于中碳钢具有良好的综合机械性能,磨削时不易产生烧伤现象,从而能够保证精磨后的表面质量,故选择精磨齿面的加工方法。

（4）预先热处理

正火可以消除锻造毛坯的内应力,起到细化组织作用,并且可调整毛坯的硬度到最适合切削加工的硬度范围,故将正火作为预先热处理工序。

（5）调质处理

调质的目的是为了保证齿轮具有较高的综合力学性能,保证齿轮心部具有足够的强度和韧性,以承受较大的交变弯曲应力和冲击载荷,故将调质处理作为提高齿轮综合机械性能的热处理工序。

（6）齿面处理

为提高齿面的耐磨性和接触疲劳强度,选择采用高频加热表面淬火 + 低温回火的热处理工序,此工序可使齿面硬度达到 HRC 55～58,有利于提高齿面的抗磨能力和抗接触疲劳能力。尤其是通过高频表面淬火,会使齿面形成残余压应力,有利于提高齿面的接触疲劳抗力,防止齿面出现点蚀疲劳失效。

3.1.4　汽车、拖拉机齿轮选材与热处理

汽车变速箱中的齿轮如图 6-2 所示,变速箱齿轮主要用来调节发动机曲轴和主轴凸轮的转速比,以改变汽车行驶速度。

与机床齿轮比较,汽车、拖拉机齿轮工作时受力较大,受冲击频繁,因而对性能的要求较高。这类齿轮通常采用合金渗碳钢,如 20Cr,20CrMnTi 等制造。其中 20CrMnTi 属于中淬透性合金渗碳钢,能够通过热处理,获得较好的综合机械性能,在经表面渗碳,整体淬火 + 低温回火后,表面硬度为 HRC 58～62,心部硬度为 HRC 30～48,达到"表硬里韧"的良好效果。一般工艺路线为:

下料──模锻──正火──粗加工──半精加工(内孔及端面留加工余量)──渗碳(孔防渗)──淬火＋低温回火──喷丸处理──精加工.

正火是为了均匀和细化组织,消除锻造应力,获得良好的切削工艺性能。

渗碳、淬火＋低温回火是为了使齿面具有较高的硬度及耐磨性,使表面获得低碳回火马氏体组织,提高硬度和抗磨性。同时使心部获得回火托氏体,提高强韧性和抗冲击能力。

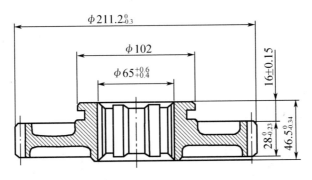

图 6-2　汽车变速箱齿轮

喷丸处理是一种表面冷作强化手段,可使零件渗碳表层的压应力进一步增大,有利于提高疲劳强度,同时可以消除工件表面的氧化皮,获得光洁的表面。

3.2　轴类零件选材与热处理工艺的应用

轴类零件是机械生产中最基础的零件,主要用于支承传动零部件并传递运动和动力。

3.2.1　轴的工作条件及失效形式

(1)承受交变弯曲与扭转复合载荷。

(2)在某些工作条件下,将可能受到冲击应力。

(3)在与其他零件相连结的轴颈或花键处会出现磨损。

(4)轴的失效形式,主要是疲劳断裂和轴颈处磨损,有时也发生冲击过载断裂,个别情况下发生塑性变形或腐蚀失效。

(5)特殊条件下需考虑环境介质与工作温度的影响因素。

3.2.2　对轴类零件材料的性能要求

(1)高的疲劳强度,防止疲劳断裂。

(2)良好的综合力学性能,防止冲击或过载断裂。

(3)良好的耐磨性,防止磨损失效。

(4)足够的淬透性,以便获得均匀的力学性能。

(5)良好的工艺性能,以利于切削加工。

3.2.3　机床主轴零件的选材及热处理

主轴是机床的重要零件之一(如图 6-3),在工作时,高速旋转的主轴承受弯曲、扭转和冲击等复合载荷的作用,要求具有足够的强韧性、耐磨性、冲击韧性和精度稳定性。

机床主轴承主要承受交变扭转和弯曲载荷,但载荷不大、转速不高、冲击载荷相对较小,在轴颈和锥孔处会出现局部磨损。

按以上分析,C620 车床主轴可选用 40Cr 钢,经调质处理后,硬度为 HBW 220 ~ 250,轴颈和锥孔处需进行表面淬火,硬度为 HRC 52 ~ 56。其工艺路线为:

下料——→锻造——→退火——→粗加工——→调质——→精加工——→表面淬火 + 低温回火——→磨削

(1)毛坯锻造。因为 40Cr 钢具有良好的锻造性能,经加热锻造后,金属内部组织致密,成分均匀,有助于提高轴的强度、耐磨性和耐冲击性。同时,可采用模锻方式,对毛坯进行初步成型,减少机械加工切削余量,节约原材料。

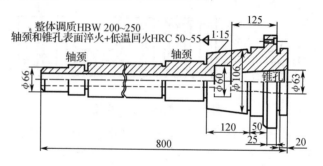

图 6 - 3　C620 车床主轴简图

(2)机械加工。一般选用车削和钻孔的方法,由于机床主轴选用的 40Cr 钢,属于中碳低合金钢,具有良好的切削加工性能,选用车削加工方法较为适宜。

(3)精加工选择磨削。40Cr 钢磨削性能较好,可获得较高加工精度和表面质量。

(4)正火预先热处理。通过正火处理可改善组织,消除锻造缺陷,调整硬度,为随后的调质热处理做准备。

(5)调质处理。40Cr 钢淬透性远比 45 钢好,经调质后,几乎可在整个横截面上获得回火索氏体组织,显著提高疲劳强度和冲击韧性,能获得较好的综合机械性能。

(6)表面淬火 + 低温回火。此工序可在轴颈和锥孔处获得高硬度,从而提高耐磨性。

表 6 - 8 给出了根据工作条件推荐选用的机床主轴材料及其热处理工艺。

表 6 - 8　根据工作条件推荐选用的机床主轴材料及其热处理工艺

序号	工作条件	选用钢号	热处理工艺	硬度要求	应用举例
1	a. 在滚动轴承内运转 b. 低速、轻或中等载荷 c. 精度要求不高 d. 稍有冲击载荷	45	调质:820 ~ 840 ℃淬火,550 ~ 580 ℃回火	HB 220 ~ 250	一般简易机床主轴

表 6 - 8(续)

序号	工作条件	选用钢号	热处理工艺	硬度要求	应用举例
2	a. 在滚动轴承内运转 b. 转速稍高、轻或中等载荷 c. 精度要求不高 d. 冲击、交变载荷不大	45	整体淬硬:820~840 ℃水淬,350~400 ℃	HRC 40~45	龙门铣床、立式铣床、小型立式车床的主轴
			正火或调质后局部淬火 正火:820~840 ℃空冷,调质:820~840 ℃水淬,550~580 ℃回火,局部淬火:820~840 ℃水淬,240~280 ℃回火	HB 220~250 HRC 46~51 (表面)	
3	a. 在滚动或滑动轴承内 b. 低速、轻或中等载荷 c. 精度要求不高 d. 有一定的冲击、交变载荷	45	正火或调质后轴颈部份表面淬火,正火:840~860 ℃空冷,调质:820~840 ℃水淬,550~580 ℃回火,轴颈表面淬火:860~900 ℃高频淬火(水淬),160~250 ℃回火	HB 220~250 HRC 46~51 (表面)	CW61100 CB34463 CA6140 C61200 等重型车床主轴
4	a. 在滚动轴承内运转 b. 中等载荷、转速略高 c. 精度要求较高 d. 交变、冲击载荷较小	40Cr 40MnB 40MnVB	整体淬硬:830~880 ℃,油淬:360~400 ℃回火	HRC 40~45	滚齿机、铣齿机、组合机床的主轴
			调质后局部淬硬,调质:840~860 ℃,油淬:600~650 ℃回火,局部淬硬,油淬:280~320 ℃	HB 220~250 HRC 46~51(局部)	
5	a. 在滚动轴承内运转 b. 中或重载荷、转速略高 c. 精度要求较高 d. 有较高的交变、冲击载荷	40Cr 40MnB 40MnVB	调质轴颈表面淬火,调质:840~860 ℃油淬,540~620 ℃回火,轴颈淬火:860~880 ℃,高频淬火,乳化液冷,160~280 ℃回火	HB 220~280 HRC 46~55(表面)	铣床 C6132 车床主轴、M745B 磨床砂轮主轴
6	a. 在滚动或滑动轴承内运转 b. 轻中载荷,转速较低	50Mn2	正火:820~840 ℃空冷	≤HBW 240	重型机床主轴
7	a. 在滑动轴承内运转 b. 中等或重载荷 c. 要求轴颈部份有更高的耐磨性 d. 精度很高 e. 有较高的交变应力,冲击载荷较小	65Mn	调质后轴颈和方头处局部淬火 调质:790~820 ℃油淬,580~620 ℃回火。820~840 ℃轴颈高频淬火,200~220 ℃回火。头部淬火:790~820℃油淬,260~300℃回火。	HB 250~280 HRC 56~61(轴颈) HRC 50~55(头部)	M1450 磨床主轴

表 6 - 8（续）

序号	工作条件	选用钢号	热处理工艺	硬度要求	应用举例
8	工作条件同上,但表面硬度要求更高	GCr15 9Mn2V	调质后轴颈和方头处局部淬火 调质:840～860 ℃油淬, 650～680 ℃回火。局部 淬火:840～860 ℃油淬, 160～200 ℃回火。	HB 250～ 280 ≥HRC 50 (局部)	MQ1420 MB1432A 磨 床砂轮主轴
9	a. 在滑动轴承内运转 b. 中等载荷、转速很高 c. 精度要求不很高 d. 有很高的交变,冲击载荷	36CrMoAl	调质后渗碳 调质:930～950 ℃油淬, 630～650 ℃回火。 渗氮:510～560 ℃渗氮。	≤HBW 260 ≥HV 850 (表面)	M1G1432 高 精度磨床砂 轮 主 轴、 T4240A 坐标 镗床主轴、 T68 镗杆
10	a. 在滑动轴承内运转 b. 中等载荷、转速很高 c. 精度要求不很高 d. 冲击载荷不大,但交变应力较高,	20Cr 20Mn2B 20MnVB 20CrMnTi	渗碳淬火 910～940 ℃渗碳,790～ 820 ℃淬火(油),160～ 200 ℃回火	≥HRC 59 (表面)	Y236 刨齿 机、Y58 插齿 机主轴,外圆 磨床头架主 轴和内圆磨 床主轴
11	a. 在滑动轴承内运转 b. 重载荷时、转速很高、高的冲击载荷、很高的交变应力	20CrMnTi 12CrNi3	渗碳淬火 910～940 ℃渗碳,320～ 340 ℃油淬,160～200 ℃ 回火	≥HRC 59 (表面)	Y7163 齿 轮 磨床、CG1107 车床、SG8030 精密车床主 轴

3.2.4　内燃机曲轴选材及热处理工艺的应用

曲轴是内燃机中形状比较复杂而又重要的零件之一,它将连杆的往复运动转化为旋转运动,并输出至变速机构。

在这样的复杂工作条件下,内燃机曲轴表现出的失效方式,主要是疲劳断裂和轴颈表面的磨损。因而要求曲轴材料具有高的抗弯强度与扭曲疲劳强度,足够高的冲击韧性,局部较高的表面硬度和耐磨性。

通常低速内燃机曲轴选用正火态的 45 钢或球墨铸铁;中速内燃机曲轴选用调质态的 45 钢或调质态的中碳合金钢(例如 40Cr)或球墨铸铁;高速内燃机曲轴选用强度级别更高一些的中碳合金钢(例如 42CrMo 等)。内燃机曲轴的工艺路线为:

下料——锻造——正火——粗加工——整体调质——精加工——轴颈表面淬火 + 低温回火——磨削

曲轴的热处理关键技术是表面强化处理,各热处理工序的作用与机床主轴的相同。

近年来广泛采用球墨铸铁代替 45 钢制造曲轴,一般工艺路线为:

备料——熔炼——铸造——正火——高温回火——精加工——轴颈表面淬火 + 低温回火

　　要实现"以铁代钢",铸造质量是球墨铸铁的关键,首先要保证铸铁的球化良好、无铸造缺陷;球墨铸铁曲轴一般均采用正火处理,以增加组织中的珠光体含量并细化珠光体组织,提高其强度、硬度和耐磨性,为表面热处理做好组织准备;高温回火是为了消除正火应力,获得性能优于珠光体的回火珠光体组织。表面强化处理,一般采用感应加热表面淬火＋低温回火,低温回火的目的是消除淬火所造成的内应力,并且获得强硬性较好的回火马氏体组织;另外也可以采用表面渗氮工艺对表面进行强化处理。

<h1 style="text-align:center">习题与思考题</h1>

　　1. 选择零件材料应遵循哪些原则?

　　2. 零件的三种基本的失效形式是什么? 哪些因素会造成零件的失效?

　　3. 机床变速箱齿轮多采用调质钢制造,而汽车、拖拉机变速箱齿轮多采用渗碳钢制造,为什么?

　　4. 现有 T12 钢制造的丝锥,成品硬度要求达到 HRC 60 以上,加工工艺路线为:

　　轧制——热处理——机加工——热处理——机加工

　　试写出上述热处理工序的具体内容及其作用。

　　5. 两个 20 钢制造的形状、尺寸相同的工件,一个进行高频感应淬火,一个进行渗碳淬火,试用最简单的方法进行区别。

　　6. 形状复杂、变形量大的低碳钢薄壁工件,常要进行多次冲压才能完成成形,在每次冲压后通常要进行什么热处理? 为什么?

　　7. 为什么齿轮、凸轮轴、活塞销等承受冲击和交变载荷的机械零件要进行表面热处理?

<h1 style="text-align:center">项 目 实 训</h1>

实训　丝锥的选材及热处理工艺的编制

　　任务描述:丝锥是加工金属零件螺纹的专用刃具,主要用于手工改制内螺纹,受力较少,切削速度很低,它的主要失效形式是磨损及扭断。因此,对丝锥的性能要求是:丝锥刃部应有较高的硬度(HRC 58～62),以便形成锋利的切削刃和具有较好的耐磨性;心部及柄部要有足够强韧性,具备较好的抗扭强度。丝锥外形如附图 6－1 所示。

附图 6－1　丝锥

实训内容：(1)根据工作条件及失效形式，合理选用丝锥用材；

(2)根据加工使用要求，合理编制丝锥热处理工艺。

项 目 小 结

通过本项目的学习，使学生了解零件的失效形式与提高材料性能的途径，掌握零件选材的一般原则和方法，合理运用热处理方法改善材料工艺性能和提高使用性能。

(1)选材的一般原则部份：理解和掌握选材的一般原则；掌握选材的具体方法；掌握零件失效分析和失效形式对零件的设计、选材、加工具有的指导意义。具备零件使用性能分析能力和合理选择金属材料的能力。

(2)热处理工艺的制定部份：正确理解热处理的技术条件和热处理工艺目标；掌握热处理工艺在整个加工过程中的位置及选择原则；掌握热处理方法对于改善钢的切削工艺性能、改善钢的使用性能和保证产品质量的重要意义。具备常用热处理工艺的应用能力。

(3)典型零件的选材与热处理部份：掌握典型零件的选材过程及其热处理方法。具备齿轮类、轴类等典型零件的选材及热处理工艺的编制能力。

参考文献

[1]史美堂.金属材料及热处理[M].上海:上海科学技术出版社,1980.

[2]赵忠.金属材料及热处理[M].北京:机械工业出版社,1992.

[3]陈兰芬.机械工程材料与热加工工艺[M].北京:机械工业出版社,1988.

[4]郭登科.工程材料及金属热加工[M].北京:高等教育出版社,1991.

[5]王建安.金属学与热处理[M].北京:机械工业出版社,1980.

[6]吴培英.金属材料学[M].北京:国防工业出版社,1981.

[7]王贵斗.金属材料与热处理[M].北京:机械工业出版社,2008.

[8]房世荣.工程材料与金属工艺学[M].北京:机械工业出版社,1994.

[9]丁建生.金属学与热处理[M].北京:机械工业出版社,2003.

[10]于永泗.机械工程材料[M].大连:大连理工大学出版社,1988.

[11]刘智恩.材料科学基础[M].西安:西北工业大学出版社,2003.

[12]鲁云.先进复合材料[M].北京:机械工业出版社,2003.